普通高等教育"十二五"规划教材

# 电气运行岗位工作仿真教程

## ——水电厂及变电站生产性实训

主 编 傅辉明
副主编 宁日红 姚旭明 何宏华

中国水利水电出版社
www.waterpub.com.cn

## 内 容 提 要

本教材是在总结与电力企业多年的教学合作经验的基础上编写的工学结合教材。内容以实际工作过程为导向，与电力行业标准和企业规范对接。

本教材有5个教学模块，包括：电气设备巡视与异常及故障检查处理；电气运行监控和技术管理；倒闸操作（电气操作）仿真实训；事故处理仿真演习；水电站机电一体运行岗位仿真实训。

本教材内容与工作实际紧密结合，适用于对大学生专业能力和职业素质的综合培养，适合用于电气工程专业师生作为教学用书，也可用于电力行业和企业在职职工的仿真培训教材。

图书在版编目（CIP）数据

电气运行岗位工作仿真教程 ： 水电厂及变电站生产性实训 / 傅辉明主编. -- 北京 ：中国水利水电出版社，2012.8(2022.12重印)
普通高等教育"十二五"规划教材
ISBN 978-7-5170-0022-8

Ⅰ. ①电… Ⅱ. ①傅… Ⅲ. ①电力系统运行—高等学校—教材 Ⅳ. ①TM732

中国版本图书馆CIP数据核字(2012)第190054号

| | |
|---|---|
| 书　　名 | 普通高等教育"十二五"规划教材<br>**电气运行岗位工作仿真教程**<br>——水电厂及变电站生产性实训 |
| 作　　者 | 主编　傅辉明　　副主编　宁日红　姚旭明　何宏华 |
| 出版发行 | 中国水利水电出版社<br>（北京市海淀区玉渊潭南路1号D座　100038）<br>网址：www.waterpub.com.cn<br>E-mail：sales@mwr.gov.cn<br>电话：(010) 68545888（营销中心） |
| 经　　售 | 北京科水图书销售有限公司<br>电话：(010) 68545874、63202643<br>全国各地新华书店和相关出版物销售网点 |
| 排　　版 | 中国水利水电出版社微机排版中心 |
| 印　　刷 | 北京印匠彩色印刷有限公司 |
| 规　　格 | 184mm×260mm　16开本　15.25印张　362千字 |
| 版　　次 | 2012年8月第1版　2022年12月第5次印刷 |
| 印　　数 | 10501—14500册 |
| 定　　价 | **42.00元** |

凡购买我社图书，如有缺页、倒页、脱页的，本社营销中心负责调换
**版权所有·侵权必究**

# 前言

长期以来,在学科体系传统观念下编写的教材不能完全适用基于工作过程的课程需要,很难在教学过程中确立学生自主学习的主体地位。电气运行是一门发电厂、变电站生产性实训课程,多年来,我们采用虚实结合、校企合作的方式,以实际岗位工作过程为导向开展仿真教学。本教材是根据电气运行岗位工作仿真教学的实际要求而编写的。

本教材的特色是:教学内容按行动领域项目化;知识结构按工作过程系统化;教学过程以学生行动为主体;教学方法以培养能力为目标;理论性知识总量适度、够用,且反映新技术、新工艺;"项目引领、任务驱动"设计具体,可操作,能方便地按岗位工作实际设计教学情境;把电力行业和企业的管理规范、工作标准,以及技术规程等实际岗位的技术知识融入具体的实训项目和任务中,让学生做中学,学中做,有利于提高学生的职业能力和职业素质。

本教材由5个教学模块组成。5个模块的教学顺序符合学生职业能力的成长规律。模块1的教学主要在校外实训基地(实际电厂、变电站)进行,通过校企合作方式完成。模块2～模块5主要在校内虚实一体实训基地进行仿真实训。

本教材的5个教学模块及其项目、任务由傅辉明主持整体设计。其中1.1项目～1.6项目,2.1项目～2.3项目和2.5项目,3.1项目～3.4项目、3.10项目～3.15项目,4.1项目～4.3项目和4.7项目由傅辉明编写;1.7项目～1.13项目,2.4项目;3.5项目～3.9项目;4.4项目～4.6项目和4.8项目,附件1.1由宁日红编写;5.1项目～5.9项目及附件5.1～附件5.4由何宏华编写;5.10项目～5.13项目,附件2.1和附件2.2,附件3.1～附件3.5,附件4.1～附件4.3,附件5.5由姚旭明编写。傅莹、岳瑛等参加了编写工作。全书由傅辉明主编。

由于编者经验水平有限,书中难免有疏漏之处,恳请读者和各方面专家提出宝贵意见,使本教材不断完善,促进仿真教学质量的不断提高。

编者

2012年5月

# 目 录

前言

**模块 1　电气设备巡视与异常及故障检查处理** ……………………………………… 1
  1.1 项目　电气运行三个制度的学习与实训 ……………………………………… 1
    1.1.1 任务　按规定路线进行设备巡视检查 ………………………………… 1
    1.1.2 任务　电气运行值班交接 ……………………………………………… 2
    1.1.3 任务　进行设备定期试验与轮换 ……………………………………… 3
  1.2 项目　变压器巡视与异常及故障检查处理 …………………………………… 4
    1.2.1 任务　变压器巡视检查与填写检查记录 ……………………………… 4
    1.2.2 任务　变压器异常及故障的检查处理 ………………………………… 8
  1.3 项目　高压断路器巡视与异常及故障检查处理 ……………………………… 16
    1.3.1 任务　高压断路器及操作机构巡视检查 ……………………………… 16
    1.3.2 任务　高压断路器异常及故障的检查处理 …………………………… 20
  1.4 项目　隔离开关巡视与异常及故障检查处理 ………………………………… 24
    1.4.1 任务　隔离开关巡视检查 ……………………………………………… 24
    1.4.2 任务　隔离开关异常及故障的检查处理 ……………………………… 25
  1.5 项目　电流互感器、电压互感器巡视与异常及故障检查处理 ……………… 25
    1.5.1 任务　电流互感器巡视检查 …………………………………………… 25
    1.5.2 任务　电流互感器异常及故障的检查和处理 ………………………… 26
    1.5.3 任务　电压互感器巡视检查 …………………………………………… 27
    1.5.4 任务　电压互感器异常及故障的检查处理 …………………………… 28
  1.6 项目　母线、电力电缆巡视与异常及故障处理 ……………………………… 28
    1.6.1 任务　母线巡视检查 …………………………………………………… 28
    1.6.2 任务　电力电缆巡视检查 ……………………………………………… 29
    1.6.3 任务　母线异常及故障的检查处理 …………………………………… 29
    1.6.4 任务　电力电缆异常及故障的检查处理 ……………………………… 34
  1.7 项目　电力电容器及其串联电抗器巡视与异常及故障检查处理 …………… 35
    1.7.1 任务　电力电容器及其串联电抗器的巡视检查 ……………………… 35
    1.7.2 任务　电力电容器与串联电抗器的异常及故障检查处理 …………… 36
  1.8 项目　避雷器、接地装置巡视与异常及故障处理 …………………………… 37
    1.8.1 任务　避雷器、接地装置巡视检查 …………………………………… 37
    1.8.2 任务　避雷器异常及故障的检查处理 ………………………………… 38

### 1.9 项目　直流系统和继电保护装置巡视 ········································· 39
   1.9.1 任务　直流系统巡视检查 ················································· 39
   1.9.2 任务　微机继电保护巡视检查 ············································· 40
   1.9.3 任务　直流系统异常及故障检查处理 ······································· 41
   1.9.4 任务　微机保护电源故障检查处理 ········································· 42

### 1.10 项目　电动机巡视与异常及故障检查处理 ···································· 43
   1.10.1 任务　电动机巡视检查 ·················································· 43
   1.10.2 任务　电动机异常及故障检查处理 ········································ 43

### 1.11 项目　电气安全用具巡视和电气设备着火的事故处理 ·························· 47
   1.11.1 任务　电气安全工用具的巡视检查项目 ···································· 47
   1.11.2 任务　电气设备着火的事故处理 ·········································· 47

### 1.12 项目　水轮发电机巡视与异常及故障检查处理 ································ 48
   1.12.1 任务　水轮发电机运行中的监视和检查维护 ································ 48
   1.12.2 任务　滑环和励磁机整流子电刷的检查和维护 ······························ 48
   1.12.3 任务　励磁装置的检查 ·················································· 49
   1.12.4 任务　发电机的特殊检查 ················································ 49
   1.12.5 任务　发电机系统异常及故障的检查处理 ·································· 50

### 1.13 项目　自用电系统工况检查与事故处理 ······································ 50
   任务　自用电系统运行工况检查 ················································· 50

附件 1.1 　设备巡视记录作业样本 ················································· 51

## 模块 2　电气运行监控和技术管理 ················································· 54

### 2.1 项目　通过仿真机掌握综合自动化监控和操作方式 ····························· 54
   2.1.1 任务　了解水电站及变电站综合自动化系统 ································· 54
   2.1.2 任务　综合自动化工作站监控界面的使用及切换 ····························· 56
   2.1.3 任务　计算监控界面中一次、二次设备的基本操作训练 ······················· 59

### 2.2 项目　掌握发电厂、变电站运行和技术管理基础 ······························· 61
   2.2.1 任务　描述水电站仿真系统中各电压等级系统一次主接线并编制运行方式 ······· 61
   2.2.2 任务　水电站仿真系统一次电气主接线系统设备编号规律 ····················· 63
   2.2.3 任务　描述水电站仿真系统各电压等级继电保护和自动装置的配置 ············· 64
   2.2.4 任务　描述厂用电系统主接线并编制其运行方式 ····························· 68
   2.2.5 任务　描述仿真水电站自用电系统继电保护和自动装置的配置 ················· 69
   2.2.6 任务　了解发电机系统继电保护和自动装置 ································· 71
   2.2.7 任务　填写仿真水电站、变电站值班日志和运行日志，学会运行技术管理 ······· 72

### 2.3 项目　线路和母线运行监控和技术管理 ······································· 73
   2.3.1 任务　110kV 以上线路和母线电气运行参数监控 ····························· 73
   2.3.2 任务　35kV 以下线路和母线电气运行参数的监控 ···························· 75

### 2.4 项目　变压器运行监控和运行技术管理 ······································· 76

  2.4.1 任务　调整变压器各侧中性点运行方式 ……………………………………………… 76
  2.4.2 任务　监控变压器允许电压、掌握调压方法 …………………………………………… 77
  2.4.3 任务　变压器正常运行的监控（冷却系统的运行监控）………………………………… 78
  2.4.4 任务　变压器过负荷的监控处理 ………………………………………………………… 80
 2.5 项目　水轮发电机运行监控和运行技术管理 ……………………………………………… 84
  2.5.1 任务　发电机正常运行时的监控 ………………………………………………………… 84
  2.5.2 任务　发电机的过负荷监控处理 ………………………………………………………… 87
  2.5.3 任务　发电机的自动开、停机 …………………………………………………………… 88
 附件 2.1　记录簿填写说明 ………………………………………………………………………… 88
 附件 2.2　记录簿格式 ……………………………………………………………………………… 91

# 模块 3　倒闸操作（电气操作）仿真实训 …………………………………………………… 93
 3.1 项目　了解水电站仿真系统倒闸操作的基本功能 ……………………………………… 93
 3.2 项目　熟悉仿真水电站各系统基本运行方式 …………………………………………… 93
 3.3 项目　自主学习"两票"制度 ……………………………………………………………… 94
  3.3.1 任务　学习"两票"制度 ………………………………………………………………… 94
  3.3.2 任务　学习倒闸操作票的主要内容、工作过程和填写方法 ……………………………… 97
 3.4 项目　改变线路状态的操作 ………………………………………………………………… 105
  3.4.1 任务　学习电气操作常用动词 …………………………………………………………… 105
  3.4.2 任务　学习操作导则 ……………………………………………………………………… 106
  3.4.3 任务　线路运行转检修 …………………………………………………………………… 106
  3.4.4 任务　水电站仿真系统 220kV 1E 线路检修转运行 …………………………………… 108
 3.5 项目　改变线路断路器状态操作 …………………………………………………………… 108
  3.5.1 任务　断路器的操作知识学习 …………………………………………………………… 108
  3.5.2 任务　断路器操作一般规定的学习 ……………………………………………………… 108
  3.5.3 任务　断路器异常操作规定的学习 ……………………………………………………… 109
  3.5.4 任务　故障状态下操作规定的学习 ……………………………………………………… 109
  3.5.5 任务　水电站仿真系统 220kV 1E 线路 204 断路器运行转检修 ……………………… 110
  3.5.6 任务　水电站仿真系统 220kV 3E 线路 206 断路器运行转检修（3E 线路不停电）…… 111
  3.5.7 任务　水电站仿真系统 220kV 3E 线路 206 断路器检修转运行 ……………………… 112
 3.6 项目　综合操作 ……………………………………………………………………………… 113
  任务　水电站仿真系统 220kV 1E 线路及 204 断路器检修转运行接 2E 线路及 205 断路器
    运行转检修 ……………………………………………………………………………… 113
 3.7 项目　改变 220kV 母线状态的操作 ……………………………………………………… 114
  3.7.1 任务　母线操作相关知识 ………………………………………………………………… 114
  3.7.2 任务　水电站仿真系统 220kV Ⅰ母线运行转检修 …………………………………… 115
  3.7.3 任务　水电站仿真系统 220kV Ⅰ母线运行转冷备用 ………………………………… 117
  3.7.4 任务　水电站仿真系统 220kV Ⅱ母线运行转检修 …………………………………… 118

3.7.5 任务　水电站仿真系统220kV Ⅰ母线检修转运行 ……………………………… 120
3.7.6 任务　水电站仿真系统220kV Ⅱ母线检修转运行 ……………………………… 121
3.8 项目　改变110kV母线状态的操作 …………………………………………………… 123
3.8.1 任务　水电站仿真系统110kV Ⅰ母线运行转冷备用（停电） ………………… 123
3.8.2 任务　水电站仿真系统110kV Ⅰ母线冷备用转运行 …………………………… 124
3.9 项目　发电机自动开、停机操作 ………………………………………………………… 126
3.9.1 任务　发电机自动开机操作（计算机控制开机） ……………………………… 126
3.9.2 任务　发电机自动停机操作（计算机控制停机） ……………………………… 126
3.10 项目　发电机手动升压并网操作 ……………………………………………………… 127
3.10.1 任务　水电站仿真系统3号机组手动自励升压并网 ………………………… 128
3.10.2 任务　水电站仿真系统2号机组手动自励升压并网 ………………………… 130
3.11 项目　发电机由运行转空转冷备用 …………………………………………………… 131
3.11.1 任务　手动控制发电机从并网发电转额定转速冷备用状态 ………………… 131
3.11.2 任务　水电站仿真系统1号发电机手动解列停电
（并网发电状态转额定转速冷备用状态） ……………………………… 132
3.12 项目　发电机运行转检修的操作 ……………………………………………………… 134
3.12.1 任务　水电站仿真系统2号机组在正常运行方式下运行转检修 …………… 134
3.12.2 任务　水电站仿真系统3号机组在正常运行方式下运行转检修 …………… 136
3.13 项目　厂用电切换操作 ………………………………………………………………… 139
3.13.1 任务　水电站仿真系统6kV Ⅰ段厂用电切换操作 …………………………… 139
3.13.2 任务　水电站仿真系统400V厂用电切换操作（对6kV Ⅰ段运行转检修操作前） …… 139
3.14 项目　厂用电恢复操作 ………………………………………………………………… 140
任务　水电站仿真系统6kV Ⅰ段恢复正常操作 ……………………………………… 140
3.15 项目　改变变压器状态的操作 ………………………………………………………… 141
3.15.1 任务　变压器相关知识学习 ……………………………………………………… 141
3.15.2 任务　主变运行转检修操作知识学习 …………………………………………… 143
3.15.3 任务　水电站仿真系统1T主变运行转检修（1G已解列） …………………… 143
3.15.4 任务　水电站仿真系统1T主变运行转检修，1号厂用变转为冷备用 ……… 145
3.15.5 任务　水电站仿真系统2T主变检修转运行 …………………………………… 146
3.15.6 任务　水电站仿真系统2T主变及2号厂用分支检修转运行 ………………… 149
附件3.1　仿真工作环境 ……………………………………………………………………… 151
附件3.2　水电站仿真系统电气主接线 ……………………………………………………… 152
附件3.3　110kV、2G主系统 ………………………………………………………………… 153
附件3.4　水电站仿真系统主电气设备额定参数 …………………………………………… 153
附件3.5　根据操作指导步骤写出仿真操作票样例 ………………………………………… 154

# 模块4　事故处理仿真演习 ………………………………………………………………… 157
4.1 项目　事故处理知识 …………………………………………………………………… 157

任务　了解事故处理的主要要求 ·················································· 157
4.2 项目　断路器故障的紧急处理 ····················································· 159
　　4.2.1 任务　水电站仿真系统 110kV 系统 107 断路器操作机构油压过低紧急处理 ·········· 159
　　4.2.2 任务　220kV 系统 207 断路器操作机构油压过低紧急处理 ······················ 161
4.3 项目　母线故障事故处理 ························································ 163
　　4.3.1 任务　水电站仿真系统 220kV Ⅰ 母线故障事故处理 ···························· 163
　　4.3.2 任务　水电站仿真系统 220kV Ⅱ 母线故障事故处理 ···························· 165
4.4 项目　110kV 母线故障事故处理 ··················································· 167
　　任务　110kV Ⅰ 母线故障事故处理 ················································ 167
4.5 项目　6kV 母线故障处理 ························································· 169
　　4.5.1 任务　掌握 6kV 厂用电系统单相接地的处理要求 ······························ 169
　　4.5.2 任务　6kV 系统发生单相接地故障处理 ········································ 170
4.6 项目　变压器故障事故处理 ······················································· 171
　　4.6.1 任务　水电站仿真系统 2T 主变差动保护动作事故处理 ·························· 171
　　4.6.2 任务　2T 主变重瓦斯保护、差动保护动作，伴 11ABP 动作不良事故处理 ·········· 173
4.7 项目　发电机异常运行、故障和事故处理 ·············································· 174
　　4.7.1 任务　发电机定子绕组过热和转子绕组过热的处理 ····························· 174
　　4.7.2 任务　发电机的 10 种异常运行和故障处理 ···································· 175
　　4.7.3 任务　发电机启动时升不起电压处理 ·········································· 176
　　4.7.4 任务　发电机失磁事故处理 ················································· 176
　　4.7.5 任务　励磁系统的故障现象及处理 ············································ 176
　　4.7.6 任务　励磁系统不正常运行或出现故障时的处理 ································ 176
　　4.7.7 任务　仿真发电机组突然甩负荷的处理 ········································ 177
4.8 项目　仿真直流供电系统故障紧急处理 ·············································· 178
　　任务　直流接地（或绝缘不良）处理预案演习 ········································ 179
附件 4.1　班组反事故演习记录样例 ···················································· 180
附件 4.2　一例无人值守变电站的设备异常及事故处理规程（供参考） ······················· 180
附件 4.3　学生事故处理记录卡 ······················································· 185

# 模块 5　水电站机电一体运行岗位仿真实训 ············································ 186
5.1 项目　机组自动开机启动前的检查操作 ·············································· 186
　　5.1.1 任务　机组油系统的检查操作 ··············································· 186
　　5.1.2 任务　机组气系统检查 ···················································· 187
　　5.1.3 任务　机组水系统检查 ···················································· 188
　　5.1.4 任务　发电机灭火系统检查 ················································ 190
　　5.1.5 任务　水机保护、动力和调速控制系统检查 ··································· 190
　　5.1.6 任务　顶转子 ···························································· 191
5.2 项目　机组系统检修后启动前的检查和试验 ·········································· 191

5.2.1 任务　接力器检修或排油后在机组启动前应进行的充油操作 …………… 191
　　5.2.2 任务　冷却水系统检修后机组启动前应做通水试验 …………………… 192
　　5.2.3 任务　制动系统检修后机组启动前应进行试验 ………………………… 192
　　5.2.4 任务　水泵和电机检修后检查 …………………………………………… 193
　　5.2.5 任务　空压机检修后启动前的检查操作 ………………………………… 193
　　5.2.6 任务　启动前发电机的检查 ……………………………………………… 193
5.3 项目　机组正常开机及开机后的检查 ………………………………………… 193
　　5.3.1 任务　调速器自动、手动切换操作 ……………………………………… 193
　　5.3.2 任务　机组正常自动开机操作 …………………………………………… 194
　　5.3.3 任务　在"机械液压柜"手动开机操作 ………………………………… 195
　　5.3.4 任务　机组开机后的检查 ………………………………………………… 196
5.4 项目　机组停机操作及停机后的检查 ………………………………………… 196
　　5.4.1 任务　机组正常自动停机操作 …………………………………………… 196
　　5.4.2 任务　在"机械液压柜"手动进行机组停机操作 ……………………… 197
　　5.4.3 任务　紧急事故停机操作 ………………………………………………… 197
　　5.4.4 任务　停机后的检查 ……………………………………………………… 197
5.5 项目　机组事故停机后的开机操作 …………………………………………… 198
　　5.5.1 任务　机组事故停机后重新自动开机操作 ……………………………… 198
　　5.5.2 任务　机组事故停机后重新手动开机操作 ……………………………… 198
5.6 项目　机组运行中的维护 ……………………………………………………… 199
　　5.6.1 任务　机组运行中调速器的检查 ………………………………………… 199
　　5.6.2 任务　机组运行中压油装置及油管路的检查 …………………………… 200
　　5.6.3 任务　机组运行中机旁盘、制动系统的检查 …………………………… 200
　　5.6.4 任务　机组运行中发电机部分检查 ……………………………………… 200
　　5.6.5 任务　机组运行中上风洞的检查 ………………………………………… 200
　　5.6.6 任务　机组运行中下风洞的检查 ………………………………………… 201
　　5.6.7 任务　机组运行中水轮机部分的检查 …………………………………… 201
5.7 项目　机组停机检修措施和恢复措施 ………………………………………… 201
　　5.7.1 任务　机组的停机检修措施 ……………………………………………… 201
　　5.7.2 任务　机组检修后的恢复措施 …………………………………………… 202
5.8 项目　机组辅助设备的检修措施和恢复措施 ………………………………… 202
　　5.8.1 任务　压油泵的检修措施和恢复措施 …………………………………… 202
　　5.8.2 任务　事故油泵的检修措施和恢复措施 ………………………………… 202
　　5.8.3 任务　水泵和电动机的检修措施和恢复措施 …………………………… 202
　　5.8.4 任务　空压机和电动机的检修措施和恢复措施 ………………………… 203
5.9 项目　机组事故和故障仿真处理 ……………………………………………… 203
　　5.9.1 任务　机组过速仿真处理 ………………………………………………… 204
　　5.9.2 任务　压油槽低油压事故 ………………………………………………… 204

5.9.3 任务　转轮操作油管折断 …………………………………………… 204
　　5.9.4 任务　轴承温度升高 ……………………………………………… 205
　　5.9.5 任务　1号机组、2号机组单机或并列运行时，水导轴承润滑水中断 … 205
　　5.9.6 任务　压油槽油压降低不能自动恢复时的异常处理 ……………… 206
　　5.9.7 任务　机旁盘母线两相或三相短路 ………………………………… 206
　　5.9.8 任务　集油槽油面升高、降低处理 ………………………………… 206
　　5.9.9 任务　轴承油槽油面降低处理 ……………………………………… 206
　　5.9.10 任务　轴承油槽油面升高处理 …………………………………… 207
　　5.9.11 任务　热风温度升高处理 ………………………………………… 207
　　5.9.12 任务　漏油槽油位升高处理 ……………………………………… 207
　　5.9.13 任务　导水叶破断销折断处理 …………………………………… 207
　　5.9.14 任务　电动机故障处理 …………………………………………… 207
　　5.9.15 任务　水轮机顶盖水位升高处理 ………………………………… 207
　　5.9.16 任务　集水井水位升高处理 ……………………………………… 208
　　5.9.17 任务　计算机电调故障信号处理 ………………………………… 208
　　5.9.18 任务　导叶、轮叶机械故障 ……………………………………… 209
　　5.9.19 任务　发电机着火处理 …………………………………………… 209
　　5.9.20 任务　励磁机或永磁发电机着火处理 …………………………… 210
　　5.9.21 任务　厂用电全停时，机械部分处理 …………………………… 210
　5.10 项目　辅助设备故障处理 ……………………………………………… 210
　　5.10.1 任务　水泵吸水滤网堵塞处理 …………………………………… 210
　　5.10.2 任务　处理滤水器堵塞、破裂引起水压显著降低，摆动很大 …… 211
　　5.10.3 任务　冷却水泵抽空处理 ………………………………………… 211
　　5.10.4 任务　集水井水位升高处理 ……………………………………… 211
　　5.10.5 任务　集水井水泵抽空处理 ……………………………………… 211
　　5.10.6 任务　廊道排水泵抽空处理 ……………………………………… 211
　　5.10.7 任务　电动机两相运行保护动作处理 …………………………… 211
　　5.10.8 任务　高压空压机故障 …………………………………………… 211
　　5.10.9 任务　低压空压机故障 …………………………………………… 212
　　5.10.10 任务　高（低）压空压机应立即停止运转的情况 ……………… 212
　5.11 项目　利用综合自动化装置进行机组监控实训 ……………………… 212
　　5.11.1 任务　四台水轮发电机一起全自动停机 ………………………… 212
　　5.11.2 任务　四台水轮发电机从并网发电状态转额定转速冷备用状态 … 213
　　5.11.3 任务　四台水轮发电机一起全自动开机 ………………………… 213
　　5.11.4 任务　在机组综合自动化"机组监控盘台"进行"手动"开机操作 … 213
　5.12 项目　在机组综合自动化"机组监控盘台"完成自动开、停机 …… 215
　　5.12.1 任务　在机组监控盘台中"一键开机" ………………………… 215
　　5.12.2 任务　在机组监控盘台界面中"一键停机" …………………… 216

5.12.3 任务　在机组监控盘台中手动控制停机 ………………………………………… 217
5.13 项目　仿真事故处理实操演习 ……………………………………………………… 217
　　5.13.1 任务　处理 110kV Ⅰ 母线故障、1T 主变 110kV 101 断路器拒跳、
　　　　　　　　3G 水轮机调速器故障事故 …………………………………………… 217
　　5.13.2 任务　处理 220kV Ⅰ 母线电压互感器故障（单相接地）；1T 主变 220kV 侧
　　　　　　　　201 断路器拒跳事故 ……………………………………………………… 219
附件 5.1　水电站仿真系统的机组仿真情况简介 ………………………………………… 220
附件 5.2　发电机状态转换图 ……………………………………………………………… 221
附件 5.3　仿真机组运行规范 ……………………………………………………………… 221
附件 5.4　继电保护时间整定值 …………………………………………………………… 223
附件 5.5　仿真水电站 1 号、2 号发电机组和 1 号、2 号主变继电保护时间
　　　　　整定值 ………………………………………………………………………… 223

**参考文献** ………………………………………………………………………………… 231

# 模块 1　电气设备巡视与异常及故障检查处理

## 1.1 项目　电气运行三个制度的学习与实训

电气运行岗位工作"两票三制"中的"三制"是指设备巡视制度、交接班制度、设备定期试验与轮换制度。运行人员按制度规定的周期、项目、标准，对电气设备定期、或不定期的巡视、检查、测试和轮换，并做好记录和值班交接。

### 1.1.1 任务　按规定路线进行设备巡视检查

设备巡视检查是电气运行人员维护电气设备安全稳定运行的一项重要的工作。电气设备的许多缺陷是由运行人员在设备巡视检查中发现的，尽管设备巡视检查发现的缺陷多数是表观的，但往往是重大事故隐患的预兆。虽然目前可以采用高科技手段进行带电检测和在线监测，从而获得更准确、更细微、更确定的信息，但这也只是运行人员进行设备巡视检查的深入和扩展。巡视检查这一传统的电气设备状态信息采集方式，不仅不会被取代，而且还要通过培训，提高巡视检查人员用眼看、耳听、鼻嗅、手摸的方法，去亲自获取设备状态信息的巡视检查能力。即使无人值守变电站和电厂，也必须进行定期和特殊的巡视检查。

运行人员不仅要巡视检查一、二次电气设备，还要巡视检查综合自动化设备。要明确所管辖设备的所有巡视部位及其异常或故障现象，要根据实际运行情况，准确判断设备是否处于正常状态；要根据巡视检查中发现的各种异常情况，认真分析其产生的原因，明确设备缺陷的严重程度，制定和采取正确有效的处理措施。

巡视人员对所管辖的电气设备进行巡视时，要认真检查，不要随便一望而过。还要注意巡视线路上环境的变化，将各种异常情况记入巡视记录簿。

1. 巡视检查制度和主要规定

设备巡视检查制度是保证设备正常运行，确保安全发电和供电的有效措施，运行人员必须严格遵守，认真执行。

运行人员应通过巡视检查，充分了解设备的健康状况，及时发现设备缺陷，及时汇报调度和上级，及早处理，确保设备和电力系统安全运行，预防或杜绝事故发生。

巡视检查（以下简称"巡查"）运行设备应遵守《电业安全工作规程（发电厂和变电所电气部分）》，在保证安全的前提下，值班人员必须严格按照现场运行规程的具体要求，按巡视路线，采用听、嗅、摸、看、测相结合的办法，认真负责，一丝不苟地对设备进行巡视检查，并做好检查记录。

设备巡查遵循"正常运行按时查，高峰、高温重点查，天气突变及时查，重点设备专项查，薄弱设备仔细查"的原则。

(1) 巡查的范围：

1) 运行及备用的一、二次设备。

2）电缆沟、构架及房屋。

3）通风及照明设备。

（2）巡查方式：

1）正常巡查。

2）事故或异常运行及设备有重大缺陷时进行重点巡查。

3）天气变化或特殊天气时进行特殊巡查。

4）夜间进行熄灯巡查。

（3）巡查次数规定：

1）正常巡查除交接班巡查外，每班检查不少于一次。

2）夜间熄灯巡查每周一次。

3）发现重大缺陷和不正常情况的设备，应每隔2h巡查一次。

4）根据下列情况适当增加巡查次数进行特殊巡查：①设备过负荷，或负荷有显著增加时；②设备经过检修、技术改造或长期停用后重新投入系统运行，新安装设备加入系统运行；③设备缺陷近期有发展时；④恶劣气候、事故跳闸和设备运行中有可疑的现象时；⑤法定节日及上级通知的重要保供电任务期间。

2. 电气设备异常时的处置要求和原则

电气设备的异常处理必须严格按照调度管理规程及现场运行规程的规定执行。

发电厂内发现设备异常时，首先将情况及时报告班（值）长和值班调度，取得必要的指示。各级值班人员在本岗位上应主动、积极地进行详细检查、分析、处理。如果发令人的命令直接威胁到人身和设备的安全，受令人应拒绝执行，并将不执行的理由报告上级有关领导，做好记录。可不经上级许可，自行操作后再汇报的情况如下：

（1）将直接威胁人身和设备安全的设备停电。

（2）将已损坏的设备进行隔离。

（3）运行中的设备有受损坏的威胁，需立即进行隔离时。

（4）当厂用电全停或部分停电需尽快恢复其电源时。

（5）发电机发生剧烈震荡或失去同期时的调整。

变电站出现设备异常状况时，变电运行人员应确定异常影响的范围，同时派人到现场检查设备运行情况，加强运行监视，并做好事故预想，拟定危险点控制措施。并向调度汇报，按调度员的指令处理。无人值班变电站在确定异常可能影响设备和电网安全后，必要时派人值守。

## 1.1.2 任务  电气运行值班交接

本任务主要是熟悉交接班制度的主要内容。

运行人员一般要提前做好接班的准备工作。到交接班时，接班人员未到，交班人员应坚守工作岗位，并立即报告本部门领导，做好安排。

交班当值的倒闸操作，原则上应由交班人员负责完成；在处理事故或进行倒闸操作时，不得进行交接班；交班时发生事故，停止交接班并由交班人员处理，接班人员在交班班长指挥下协助工作。

交班前，值班长应组织全体人员进行本值工作小结，并填写运行工作记录。

接班人员在接班中发现的问题应由交班人员重新整理，直至达到要求方可履行交接班签名手续。接班后，值班长主持召开班会，向全值人员交代本值运行注意事项和安排本值的工作。

做好交接班是做好运行值班工作的前提，交接班必须在严肃、认真的气氛中进行。

（1）读有关记录簿，交待设备的运行情况（包括一、二次设备，直流系统及站用变设备）。

（2）倒闸操作情况。

（3）使用中的工作票，设备检修、试验、校验情况及安全措施的布置，接地线的位置、数量和编号。

（4）新发现的设备缺陷和异常运行及处理经过。

（5）继电保护、自动装置的动作和变更。

（6）上级命令、指示内容及执行情况。

（7）提醒下一值的注意事项。

（8）交代当值的运行方式和设备的实际位置。

（9）按专责分工，会同到现场巡视设备，检查环境卫生，交接工具、仪表、文具用品、材料、消防设施、锁匙及有关资料记录等。

（10）交接巡视完毕，专责人应向接班值班长汇报接班检查结果，双方确认清楚无误后，交、接班值班长签名并写上交班完毕时间。

运行部门制定了《交接班工作标准》，运行人员就应按照制定的《交接班工作标准》进行交接，未办完交接手续前，不得擅离职守。

### 1.1.3 任务　进行设备定期试验与轮换

本任务主要讲述设备定期试验与轮换制度的主要内容。

电气设备必须严格按照设备定期试验与轮换制度规定的项目、周期进行试验或检验。

定期试验检查的设备一般包括保护传输通道（高频通道）、直流充电电源、事故照明、设备室通风装置、逆变电源、音响信号、备用电源切换装置、重合闸、事故照明等。

定期轮换的设备一般包括厂用变或站用变、变压器冷控电源、变压器冷却器、直流电源等。

需要联系调度进行轮换的设备包括备用电源、电抗器、电容器、备用的变压器等。

运行部门制定有设备定期轮换、试验检查周期表，并编写设备试验与轮换的操作方法。按照定期检查试验与轮换时间表对电气设备、消防设施、安全工器具等进行定期检查、试验及轮换。

运行部门掌握着所辖设备的试验、定检周期表和年度、月度设备试验、定检计划。应保存完整、齐全的设备试验、定检记录，并分类归档。对运行设备影响较大的轮换试验，应安排在适当的时候进行，并做好事故预想、落实安全措施。轮换试验结果应及时地记入有关记录簿中。举例如下：

（1）变压器散热风扇电机和通风机每年应轮换进行一次检查和维护工作（清扫、调整、轴承加油或更换等）。

（2）主变压器有载分接断路器每3个月对切换断路器取油样做试验（应符合部颁标

准)。若低于标准时应换油或过滤,当运行时满一年或变换次数达到 4000 次时应换油。

(3) 备用变压器长期处于备用时,应在每季度用备用变压器带负荷运行 4~5h 后,观察运行是否正常。

(4) 每年根据系统短路电流计算,检查断路器遮断容量是否满足系统短路容量和重合闸的要求。如不能满足系统短路容量的要求,则应更换断路器或采取其他。

(5) 运行中的 $SF_6$ 断路器应定期测量 $SF_6$ 气体含水量,新装或大修后,每 3 个月一次,待含水量稳定后可每年一次。

(6) 检修后或长期停运的母线,投入运行前应遥测绝缘电阻,并对母线进行充电检查。隔离开关、母线及引线每年利用停电检修进行修理检查。

(7) 35kV 以上电缆终端头,每年停电清扫检查一次,10kV 电缆线路每年停电检查清扫两次。

(8) 停电超过一个星期不满一个月的电缆,在重新投入运行前,应用摇表测量绝缘电阻。如有疑问时,必须用直流高压试验,检查绝缘是否良好。停电超过一个月但不满一年的,必须用直流高压试验。

(9) 配电装置的照明应经常保持良好,事故照明装置应定期检查切换,平时不用的照明灯巡视后应及时关闭。

(10) 每年应仔细检查,防雷设施应完好,核实雷电动作记录。每次雷击后、事故发生后以及户外设备每操作完毕后,要检查雷电动作指数器,并做好记录。

(11) 接地电阻应定期进行测量,并检查设备外壳、构架引下线的接地电阻。接地电阻不合格时,应挖开上层进行检查并及时处理。

## 1.2 项目 变压器巡视与异常及故障检查处理

### 1.2.1 任务 变压器巡视检查与填写检查记录

电力变压器的巡视检查分为定期外部检查、特殊巡视检查、变压器送电前的检查。

1. 定期外部检查,填写检查记录

定期外部检查的项目如下:

(1) 检查所带负荷电流应符合规定,变压器的油温和温度计应正常,变压器上层油温度及温升不应超过容许值,并应与表计、热电偶测量装置指示一致。定时抄录变压器的运行参数,如电流、电压、功率、温度、温升等。

油浸式变压器上层油温一般不应超过表 1.1 规定的限值(制造厂有规定的按制造厂规定),当冷却介质温度较低时,上层油温也相应降低。

表 1.1　　　　油浸式变压器冷却介质温度最高时上层油温的限值　　　　单位:℃

| 冷却方式 | 冷却介质最高温度 | 最高上层油温 |
| --- | --- | --- |
| 自然循环自冷、风冷 | 40 | 95 |
| 强迫油循环风冷 | 40 | 85 |
| 强迫油循环水冷 | 30 | 70 |

注　自然循环冷却变压器的上层油温一般不宜经常超过 85℃。

（2）检查变压器本体。油浸式变压器本体结构如图1.1所示，对变压器本体各部分应进行以下检查：

1）检查本体油枕及有载调压开关油枕：油位应正常，储油柜的油位应与油位计的温度标志相符合，检查油位与油色（一般正常油色为透明微黄色），各部位无渗油、漏油。

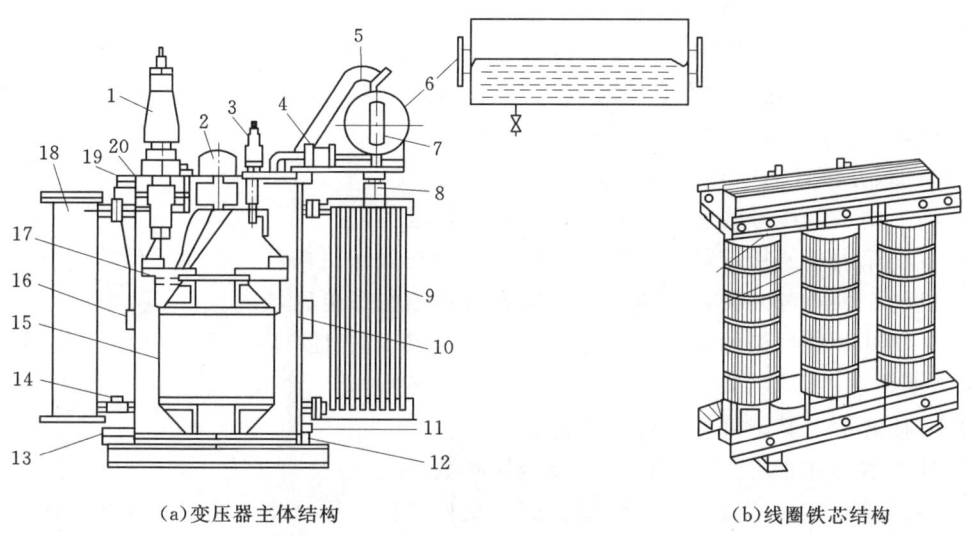

(a) 变压器主体结构　　(b) 线圈铁芯结构

图1.1　油浸式电力变压器的本体结构图

1—高压套管；2—分接开关；3—低压套管；4—瓦斯继电器；5—防爆管；6—油枕；7—油位表；8—吸湿器；9—散热器；10—铭牌；11—接地螺栓；12—油样活门；13—放油阀门；14—活门；15—绕组；16—温度计；17—铁芯；18—净油器；19—油箱；20—变压器油

2）检查瓷套管外部：无破损裂纹、无严重油污（无明显污垢）、无放电痕迹及其他异常现象。法兰应无生锈、无裂纹、无放电声。注油套管内的油位应正常，无渗油、漏油。（设备渗漏油的程度为：有油迹者为渗油，有油渗出为渗点，有油珠下滴者为一般漏油。油每5min一滴为严重漏点。）

3）检查变压器本体：各部位有无渗、漏油；如果渗油，两滴间隔时间不应小于5min；安全气道防爆膜（压力释放器）无喷油痕迹，应完好无破裂。

4）检查气体继电器：玻璃窗清洁、不渗油，无气体；接线端子盒应严密、无积水。

5）检查呼吸器：应完好，无放电、爆裂及零件松动声；呼吸器应畅通，吸附剂颜色正常；硅胶变色（正常呈蓝色，如为粉红色，则表示受潮，已失效）不应超过2/3，如超过应安排更换。

6）检查变压器运行声响：应正常，无异常。

7）检查引线接头：应无过热、散股；示温蜡片应无变色或熔化。示温蜡片一般涂有颜色，以表示其温度：黄色熔化为60℃，绿色熔化为70℃，红色熔化为80℃。温度很高时，会产生焦臭味。可用红外线测温仪测量。

（3）冷却系统的检查。

1）冷却器投入运行方式是否满足变压器的对称冷却运行要求，手摸检查各散热器的温度应一致。

2）冷却风扇、油泵工作正常，无擦壳及轴承磨损等异常声响，接线盒有防水防潮处理。

3）检查冷控箱内电源和切换开关位置正确，油泵启动时油流继电器指针偏转至工作区且无抖动，信号指示正确。

4）检查冷却器及片散组合冷却器能按照工作设置启停，冷却器电源实现互备自动投切，冷却器能按照设置的油面、绕组温度及负荷电流自动投入或切除，所有信号灯指示正确，且与远方信号一致。

（4）有载分接开关检查。

1）高、中、低压母线电压应在规定电压偏差范围内。

2）机构箱内电源指示灯显示正确，挡位显示与操作机构箱内指示一致。

3）机构箱内电源开关在接通位置，位置指示停在绿色区域内。

4）分接开关储油柜的油位、油色、吸湿器及其干燥剂均应正常，分接开关油位不得高于本体油位。

5）分接开关及其附件各部位应无渗、漏油。

6）计数器动作正常，及时记录分接变换次数。

7）电动机构箱内部应清洁，润滑良好，机构箱门关闭严密，防潮、防尘、防小动物，密封良好。

（5）检查各控制箱和二次端子箱应关严，无受潮现象，防湿加热器投、退正常。

（6）检查外壳接地线连接应牢固。各接地装置应良好、可靠。

（7）检查中性点放电间隙光滑无烧伤痕迹、无异物，棒间隙距离无明显变化、中心应一致。

（8）检查消防设施齐全、完好，保持储油坑的排油管道畅通，以便事故发生时能迅速排油；室内变压器集油池或挡油矮墙应完好，防止火灾蔓延。

（9）检查室（洞）内变压器冷却通风设备应完好。

（10）检查储油池和排油设施应保持良好状态。

（11）检查在线监测装置（若有）应保持良好状态，并及时对数据进行分析、比较。

（12）根据现场运行规程变压器的结构特点，补充其他项目的检查。

（13）当发现下列异常必须立即停止变压器运行：

1）发生人身触电。

2）变压器外壳破裂。

3）油枕和防爆管向外喷油。

4）套管炸裂，闪络放电。

5）变压器内部音响很大，有强烈的不均匀的"噼啪"火花放电声。

6）上层油温不断上升，达到95℃以上。

7）强油循环风冷变压器冷却电源中断，冷却器全停超过规定时间（18～20min）或上层油温已超过75℃。

8）变压器着火。变压器着火的处理方法：①立即切断变压器各侧电源；②备用变压器未联动时手动抢合；③报告调度、值长；④立即对变压器各侧停电，拉开变压器各侧隔离开关，立即停油泵，停冷却器，迅速采取灭火措施灭火，防止火势蔓延。

2．填写检查记录

变压器检查记录的填写，参看附件1.1"设备巡视记录作业样本"。

3．特殊巡视检查项目

（1）大负荷（高峰负荷、过负荷运行）时：检查三相负荷不平衡情况，检查上层油温及冷却系统的工作情况，并检查接头是否过热，监视负荷、油温、油位变化是否正常。

（2）大风天气时：检查引线摆动情况及引线上有无异物。

（3）雷电后：重点检查套管瓷瓶有无放电痕迹，检查变压器各侧避雷器动作记录器动作情况，检查套管有无破损，裂纹及放电痕迹，各引线连接处有无水气。

（4）大雾天气时：检查套管瓷瓶有无放电以及电晕、闪络现象，并重点监视污秽瓷质部分有无异常。

（5）大雪天气时：检查瓷瓶上有无冰凌，引线是否结冰，各连接处有无积雪溶化。

（6）气温剧烈变化时：检查油枕的油位、有无漏油，检查温度及温升值变化是否突然，瓷瓶有无裂纹，用红外测温仪进行一次测温。

（7）夜巡时：重点检查接线端子有无过热发红、发亮等现象。

（8）短路故障后：检查油温油色、声响及各连接部位有无变形烧伤，瓷瓶有无放电痕迹、有无破损，导线弛度是否适当。

4．变压器送电前的检查

（1）检查工作人员已全部撤离，并已办理工作票结束手续，检查现场清洁情况良好，检查各种试验数据应合格，符合投入运行的要求。

（2）检查变压器各侧的所有一次设备应清洁完好，无杂物，接线已全部恢复，接头连接牢固。

（3）检查变压器外部、呼吸器、散热器、热虹吸装置及油枕与本体之间的阀门应打开；油枕、套管的油位、油色正常，各部位无渗、漏油，无放电痕迹及其他异常现象。分接头开关位置符合有关规定、防爆膜完好、外壳接地线连接牢固、气体继电器内无气体。

（4）对冷却系统进行检查及试验，各散热器管及油枕至箱体的油门全部打开，风冷装置经试验运转。

（5）对有载调压变压器的调压装置进行传动试验，增、减分接头动作应灵活，切换可靠，无连续调整的现象。

（6）检查保护、信号、测量仪表及控制回路的接线正确，保护定值无误，各控制压板在规定位置，各保护模拟试验动作正确。

（7）测量绝缘电阻应合格。变压器线圈电压500V以上者使用1000～2500V摇表，线圈电压500V以下者用500V摇表，分别测量高、低压对地及高、低压间绝缘电阻，其阻值应不低于上次测量值的1/3，并测量"$R_{60}/R_{15}$"之比值，应不小于1.3，最低不能低于每千伏1MΩ。

绝缘电阻测量结果与历次测量结果相比较，不应低于表1.2所列数值。

表 1.2　　　　　　　　　不同环境温度下的最低绝缘电阻

| 温度（℃） | 10 | 20 | 30 | 40 | 50 | 60 | 70 | 80 |
|---|---|---|---|---|---|---|---|---|
| 最低绝缘电阻（MΩ） | 450 | 300 | 200 | 130 | 90 | 60 | 40 | 25 |

### 1.2.2 任务　变压器异常及故障的检查处理

#### 1.2.2.1　变压器瓦斯保护动作后的检查处理

**1. 重瓦斯保护动作后的检查处理**

重瓦斯保护是变压器的主保护，作用于变压器各侧断路器跳闸。当变压器内部出现匝间短路、绝缘损坏、接触不良、铁芯多点接地等故障时，都将产生大量的热能，使变压器油分解成许多可燃性气体，向油枕方向流动。当流速超过气体继电器的整定值时，气体继电器的挡板受到冲击动作。重瓦斯保护动作后，说明变压器内部发生严重故障，因变压器严重故障产生大量可燃气体，容易使变压器着火，是极其危险的事故，处理不及时可能发生爆炸或使火灾扩大。变压器着火的主要原因是：套管的破损和闪络，油在油枕的压力下流出并在顶盖上燃烧；变压器内部故障使外壳或散热器破裂，使燃烧着的变压器油溢出。发生这类事故时，变压器保护应动作使断路器断开。若因故断路器未断开，应立即手动断开断路器，拉开隔离开关，停止冷却设备，进行灭火。

重瓦斯保护动作后，故障变压器被切除，如果变压器断路器拒跳，故障变压器未被切除，要立即手动切除；有备用变压器，则应检查备用变压器投入，然后检查故障变压器外壳有无过热和上层油温变化情况，检查油枕防爆门，各焊接缝是否裂开，变压器外壳是否变形，并取气体进行分析，判断内部故障的性质和原因。对变压器进行内部试验，未经试验合格的变压器，不允许再投入运行。

**2. 轻瓦斯保护动作后的检查处理**

变压器的轻瓦斯保护作用于信号。当变压器内部有部分轻微气体，气体上升，聚集在气体继电器内部超过整定量时，可以使气体继电器的信号接点接通，发出轻瓦斯保护动作警报信号，说明变压器内部有轻微故障，或是变压器内部存在空气、二次回路故障等。

轻瓦斯保护动作发出信号后，运行人员应立即对变压器进行外部检查，倾听变压器内部响声。使用气体收集器取气体分析，判断故障性质和原因（按表 1.3），采取相应的处理措施。

图 1.2 所示为气体取样器连接示意图。当气体继电器动作时，需对变压器内部气体取样。气体取样时，要准备好气体收集器和装油的容器，按下列步骤进行：

(1) 检查进油阀打开（注：正常运行时，进油阀应是打开的）。

(2) 拧下取油样阀的阀口帽盖；装油容器接到阀口上；打开取油样阀，把排出的油收集到相应的容器。

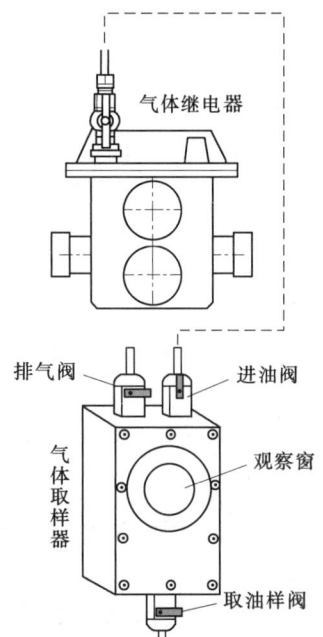

图 1.2　气体取样器连接示意图

## 1.2 项目 变压器巡视与异常及故障检查处理

(3) 当气体取样器中的油位在观察窗中可见时,关上取油样阀;盖上取油样阀的阀口帽盖。

(4) 拧下排气阀的阀口帽盖;把气体取样器接到排气阀的阀口上;打开排气阀进行气体取样。

(5) 取样结束,关上排气阀,取下气体取样器。

(6) 取样后,还要将气体继电器里的气体排尽,因此,要再次打开排气阀,让剩下的气体排出,当气体取样器完全充满油,油从排气阀冒出时,立即关上排气阀;盖上排气阀的阀口帽盖。

完成气体收集后,应检查轻瓦斯保护动作间隔时间,并立即进行气体检测分析,根据取出气体的颜色和可燃性,按表1.3判断故障性质,然后采取相应的处理措施。

表1.3 气体性质及故障处理方法

| 气体颜色和可燃性 | 故 障 性 质 | 处 理 措 施 |
| --- | --- | --- |
| 无色、无味、不可燃 | 空气 | 放气、继续运行 |
| 黄色、不易燃 | 木质绝缘故障 | 停运、检查、内部试验 |
| 淡灰色、可燃 | 纸质绝缘或绝缘纸板故障 | 停运、检查、内部试验 |
| 灰色或黑色易燃 | 绝缘油因闪络过热气化 | 停运、检查、内部试验 |

**3. 空气使瓦斯保护动作的检查处理**

(1) 检查变压器辅助设备。

1) 检查变压器的呼吸系统、大型变压器的气囊呼吸器、有载调压呼吸器等,是否有异常、不畅或堵塞。

变压器油中含有分解气体,大多数分解气体在油中的溶解度是随温度的升高而降低的。但空气却不同,当温度升高时,它在油中的溶解度是增加的。因此,对于空气饱和的油,如果温度降低,将会有空气释放出来。即使油未饱和,当负荷或环境温度骤然降低时,油的体积收缩,油面压力来不及或是不能通过呼吸器与大气平衡而降低,油中溶解的空气也会释放出来,造成瓦斯保护动作。

2) 气体继电器频繁动作时,检查冷却系统是否密封不严进入了空气;检查是否因冷却器入口阀门关闭造成堵塞,检查散热器上部进油阀门是否关闭。如果关闭,也会引起气体继电器的频繁动作。

3) 检查潜油泵是否有缺陷。当有破裂时,由于油流急速而造成负压,可以带入大量空气;检查潜油泵滤网是否堵塞。

4) 检查变压器各密封垫是否老化和破损、法兰结合面是否变形、油循环系统各焊接处是否有砂眼进气等。

5) 检查运行中的变压器,其油枕下部与油箱连通管上的蝶阀是否被误关闭,如果被误关闭,当气温下降时,变压器主体内油的体积缩小,致使油箱顶部或气体继电器内出现负压区,油中逸出的气体向负压区流动,最终导致气体继电器动作。

6) 检查胶囊隔膜式油枕油室中是否有气体。

胶囊隔膜式油枕中，胶囊将油枕分为气室和油室两部分。若油室中有气体，当运行时油面升高就会产生假油面，此时变压器油箱内的压力经呼吸器法兰突然释放，在气体继电器管路产生油流，同时套管升高座等死区的气体被压缩而积累的能量也突然释放，使油流的速度加快，导致瓦斯保护动作，严重时会从呼吸器喷油或造成防爆膜破裂。

7) 检查净油器是否有气体进入变压器。在检修后安装净油器时，由于排气不彻底、净油器入口胶垫密封不好等原因，使空气进入变压器，导致轻瓦斯保护动作。另外，检查是否因停用净油器时引起轻瓦斯保护动作。

（2）检查变压器本体。

1) 检查是否因气温骤降使运行正常的变压器油压和温度下降，油中空气过饱和而逸出，引起瓦斯保护动作。

2) 对于变压器在大修后投入运行不久就发生重瓦斯保护动作，引起跳闸的现象，可能是检修后器身排气不充分造成的。当变压器投运后，温度升高时，器身内的气体团突然经气体继电器进入储油柜，随之产生较大的冲击流造成重瓦斯保护动作。

3) 检查是否因安装存在问题导致轻瓦斯保护动作。对于新装的变压器，轻瓦斯保护动作的多数原因是在安装时存在问题。例如，某部分没有进行真空注油、气体继电器安装不当等，都可能使瓦斯保护动作。

4) 检查是否因值班员误操作而导致重瓦斯保护动作，引起跳闸。

当气温很高或变压器负荷突然增大时，值班员应加强巡视检查，当发现油位计油位异常升高、压力表指示数增大时，应及时进行放气。放气时，必须是缓慢地打开放气阀，而不要快速打开阀门，以防止因油枕空间压力骤然降低，油箱的油迅速涌向油枕导致重瓦斯保护动作。

#### 1.2.2.2 变压器各部位油渗漏和油位异常的检查处理

变压器运行过程中，一旦出现油渗漏，就意味着变压器的密封状态被打破，对变压器的绝缘品质和使用寿命产生不利影响。如果对变压器油渗漏不能及时发现和处理，还将导致变压器油位降低，引起变压器低油位，造成带电接头处在无绝缘油的状态下运行，从而导致绝缘能力降低、击穿、短路、烧损，甚至爆炸。

1. 渗漏现象的检查处理

常见的变压器油渗漏部位及其渗漏原因分析和相应的处理措施，见表1.4。

表1.4　　　　　　　　　　分析和处理措施作业表

| 序号 | 部位及现象 | 检查与分析 | 处理和措施 |
| --- | --- | --- | --- |
| 1 | 阀门接口、螺纹处渗漏 | 耐油垫胶材质不合格，安装位置不对称、偏心；阀门安装不良、精度不高，造成不密封；一般胶垫应保持压缩时仍有一定的弹性，但随运行时间胶垫老化失去弹性；温度、震动等因素，阀门胶垫不密封造成渗漏 | 即时向值班长报告、向调度汇报，定时派人到现场加强监视 |
| 2 | 高压套管升高座法兰、油箱外表、油箱底盘法兰等焊接处渗漏 | 制造工艺粗糙，焊接质量不高，造成油箱体本身或油箱与管道的连接焊缝渗、漏油 | |

续表

| 序号 | 部位及现象 | 检查与分析 | 处理和措施 |
|---|---|---|---|
| 3 | 空冷器放空塞及散热器渗漏，净油器、潜油泵渗漏 | 有裂缝、密封不好，造成空冷器运行时向变压器内吸水及进气，引起重者轻瓦斯保护动作，同时使变压器绝缘能力降低等 | 即时报告，拟定危险控制措施，做好事故预想，按上级指令处理 |
| 4 | 高压套管基座电流互感器出线桩头胶垫处渗漏。绝缘套管、导管处渗漏 | 胶垫不密封或已无弹性，造成接线桩头胶垫处渗漏；绝缘子破裂，造成引线及绕组匝绝缘能力降低，引起匝间短路，引发火灾；渗漏使变压器油位低于气体继电器引起轻瓦斯保护动作报警 | |

2. 变压器油位异常的检查处理

（1）变压器油位异常的检查。

1）检查变压器的油面是否正常变化：正常变压器油位受变压器油温的影响，如果变压器油温变化正常，而油位的变化不正常则说明是假油位。运行出现假油位的原因可能是油标管堵塞、油枕呼吸器堵塞等。

2）检查变压器油位因温度上升而逐渐升高时，若最高油温时的油位高出油位指示，则应放油至适当高度，以免溢出。

3）检查变压器是否油位过低，如果油位过低，原因主要有：变压器严重漏油或长期渗漏油；维修人员因工作需要（如取油样），多次放油后没补油；气温过低而油枕储油量不足等。

（2）变压器油位异常处理要求。在处理油位过低时，重瓦斯保护跳闸出口改投"信号"位。

### 1.2.2.3 变压器声音异常时的检查处理

变压器正常运行时，交流电通过变压器线圈时产生的电磁力吸引硅钢片及变压器自身振动时会发出均匀的响声。如果产生不均匀声音或其他异音，都属不正常。

变压器出现声音异常有两种情况：①电网和变压器发生电气故障造成声音异常；②变压器内、外部机械故障造成声音异常。

1. 电网和变压器发生电气故障时造成声音异常的检查处理

电网和变压器发生的电气故障的特点：变压器声音异常，故障消除后，变压器声音应会自动恢复正常。

（1）电网发生单相接地或产生谐振过电压时，都会使变压器的声音异常增大，出现这种情况时，可结合电压表计的指示进行综合判断处理。

（2）变压器过负荷时，会使变压器发出沉重均匀的"嗡嗡"声，若发现变压器的负荷超过容许的正常过负荷值时，应根据现场运行规程的规定采取限电措施降低变压器负荷。

（3）若在夜间或阴雨天气下检查时看到变压器套管附近有蓝色闪络或电晕、火花，则说明瓷件污秽严重或是设备线卡有接触不良，应记录并向上级报告。

（4）若检查到变压器内部有爆裂放电声，则应检查是否因不接地系统有过电压现象，使变压器内部不接地的部件放电；检查分析是否由于分接开关接触不良放电，是否存在线圈匝间放电。应立即申请变压器停电，作进一步检查处理。

(5) 变压器绕组发生短路或分接开关接触不良引起严重过热时，变压器有沸腾声，且温度急剧变化，油位升高，应立即变压器停电，待检查处理。

2. 变压器内、外部机械故障造成声音异常的检查处理

变压器内、外部机械故障的特点：变压器声音增大，有持续不均匀杂音。

一般，由于变压器内部或外部某些零部件松动会引起的振动声音，如果伴有变压器声音明显增大，且电流电压无明显异常，则可能是内部夹件或压紧铁芯的螺钉松动，使硅钢片振动增大造成的，应申请安排对变压器停电。

#### 1.2.2.4 油浸式变压器温度异常的检查处理

油浸式变压器温度异常是指油温异常或温升异常。油温表指示的是变压器顶层油温，如果超过规定值，其内部线圈的温度就要超过线圈绝缘材料的耐热温度，绝缘过快老化。温升是指变压器顶层油温减去冷却介质入口温度。以环境温度40℃为标准，自然循环自冷、风冷变压器的温升不得超过55℃，强迫油循环风冷变压器的温升不得超过45℃。故环境温度40℃时，自然循环自冷、风冷变压器的顶层油温不得超过95℃，强迫油循环风冷变压器的顶层油温不得超过85℃。

当环境温度在30℃以下时，自然循环自冷、风冷变压器稳定运行的顶层油温被规定在85℃以下，强迫油循环风冷变压器的顶层油温规定在75℃以下。

1. 冷却装置正常，温度异常的检查处理

变压器铁芯用硅钢片叠成，硅钢片之间有绝缘漆膜，若铁芯紧固不好，会使漆膜破坏，产生涡流，引起局部过热；若夹紧铁芯的穿心螺丝、压铁等部件的绝缘破坏，也会发生同样的部件过热现象。

(1) 如果检查到变压器在同等条件下（环境温度、负荷、油位等），油温比平时高出10℃或负荷不变但温度不断上升，在确认冷却装置正常运行和温度表无误差或失灵的情况下，可认为变压器内部有缺陷。例如，引线接头发热、铁芯绝缘故障等造成铁芯涡流增大引起过热；零序不平衡电流等漏磁通与铁件油箱形成回路而发热等。处理措施是加强监视，申请对变压器限电或停用。

(2) 在变压器过负荷时，要检查记录变压器油温异常情况。

(3) 在变压器内部故障时（如匝间短路或层间短路，线圈对围屏放电等因素）会引起变压器温度异常，所以，在瓦斯保护和差动保护动作后，要检查记录变压器油温异常情况。

(4) 检查温度指示器有误差或指示失灵，应更换温度指示器。

2. 冷却系统不正常运行或发生故障引起温度异常的检查处理

强油循环风冷变压器冷却系统不正常运行或发生故障时，变压器冷却平衡条件遭到破坏，此时的温度异常主要特点是变压器油温迅速上升，温升大大增加，甚至超过规定值。如果变压器油温迅速上升超过规定值，变压器绝缘的寿命损失会急剧增加。因此，当冷却系统不正常运行或发生故障时，应当迅速处理。处理方法如下：

(1) 立即向上级调度和运行负责人报告。

(2) 同时立即投入备用冷却设备，尽快恢复冷却系统的正常运行。

(3) 检查故障情况，根据查明的情况作进一步处理。

(4) 强油循环风冷变压器在环境温度较低、变压器负荷未超过冷却设备故障条件下规定的限值、上层油温尚未达到75℃时，在冷却系统故障期间，变压器可维持一定负荷运行一段时间（按照规程规定，上层油温尚未达到75℃时，允许带额定负荷运行20min）。因此在冷却系统故障期间，运行人员要密切监视变压器的温度和负荷，随时向上级调度部门和运行负责人报告，并按现场运行规程的规定申请减调变压器的负荷，但要注意这样运行的最长时间不得超过1h。

**1.2.2.5 变压器冷却系统故障原因和处理**

（1）检查冷却设备的电源：①检查是否有风扇或油泵三相电源中的一相断路（熔断器熔断、接触不良或断线），使电动机运行电流增大，热继电器动作切断电源或是使电机烧坏；②主变压器有一相或三相油泵风扇全部停止运转，一般是主变压器该相或三相冷却总电源故障引起。如查明原因属于电源或回路故障时，应迅速修复断线，更换熔断器，恢复电源及回路正常；如控制继电器损坏，应用备品更换，然后迅速恢复电源。

处理电源故障，恢复电源时应注意：①重装熔断器时，应先拉开回路电源和负荷侧断路器，因为在带电逐相换装熔断器的过程中，当装上第二相熔断器时，三相电动机加上两相电源，会产生很大电流，使装上的熔断器又熔断；②应使用符合设计容量的熔断器；③恢复电源重新启动冷却设备时，尽可能采取分步、分组启动的步骤，避免所有风扇油泵同时启动，造成电流冲击，可能使熔断器再次熔断；④三相电源恢复正常后，风扇或油泵仍不启动，可能是由于热继电器动作未复归所致，可复归热继电器，冷却设备若无故障，应可重新启动。

（2）冷却设备都有备用电源自动投入回路，当工作电源因故障消失时，备用电源应能自动投入，若备用电源未自动投入，应检查备用电源：①备用电源是否无电压（断路器未合上或熔断器断开）；②工作电源监视继电器是否因故不动作；③备用电源自动投入装置是否本身存在缺陷或故障，拒绝动作；④备用电源供电回路是否有故障或熔断器容量太小，自动投入又断开。

（3）检查是否风扇或油泵轴承或机械故障：若风扇或油泵损坏，应立即申请检修。

（4）检查控制回路：①风扇或油泵控制回路中是否有控制继电器、接触器或其他元件故障；②回路断线、端子接头是否接触不良；③热继电器整定值是否过小而误动作，热继电器整定值过小，可按相关标准的规定适当调整，一般规定约为电机正常额定电流的1.2倍。

**1.2.2.6 变压器外部异常的检查处理**

**1. 呼吸器硅胶变色过快的检查处理**

呼吸器又叫吸湿器，其作用是供清除和干燥由于变压器油温变化而进入变压器储油柜的空气中的杂物和潮气，以保持变压器油的清洁和绝缘强度。呼吸器分两种：一是吊式；二是座式。油浸变压器多采用吊式，主体为一玻璃管，内盛有氯化钴浸渍过的硅胶（变色硅胶）作为吸湿剂，罩中装有变压器油作为杂物过滤剂，当变压器由于负荷或环境温度的变化时，变压器油的体积发生膨胀，迫使储油柜内的气体通过吸湿器产生呼吸，以清除空气中的杂物和潮气，保持变压器内油的绝缘强度。

变色硅胶在干燥状态下呈蓝色，吸收潮气后呈粉红色，此时说明硅胶已失去吸湿效能，必须进行干燥或更换。呼吸器硅胶变色过快应进行下列检查：

（1）检查硅胶玻璃罩罐是否有裂纹及破损、呼吸器管道密封是否不严。

（2）检查呼吸器下部油封罩内是否无油或油位太低，起不到良好油封作用等，使湿空气未经油封过滤而直接进入硅胶罐中。

（3）检查呼吸器是否安装不良，如胶垫不合格，螺丝松动不密封。

2. 防爆管防爆膜破裂的检查处理

防爆管防爆膜破裂，会引起水和潮气进入变压器内，导致绝缘油乳化及变压器绝缘强度下降。

正常运行的变压器，如果有防爆管防爆膜破裂破损，应及时申请对变压器停电，在变压器停电后，安排以下检查处理：

（1）防爆膜材质与玻璃是否选择不当；材质是否未经压力试验验证，是否因自身内应力的不均匀导致裂面。

（2）防爆膜及法兰加工是否不精密平正，装置结构是否合理，检修人员安装防爆膜时工艺是否符合要求，紧固螺丝受力是否均匀，接触面有无弹性等。

（3）呼吸器是否堵塞或因抽真空充氮不慎，受压力而破损。

（4）是否受外力或自然灾害袭击。

3. 压力释放阀动作后的检查处理

大中型变压器大多应用压力释放阀装置（代替原来的防爆管装置）进行全密封。（一般防爆管和油枕只能起到"半密封"作用。）当变压器油在超过一定标准时释放装置便开始动作，压力释放阀的阀门开启，进行溢油或喷油，从而减少油压保护油箱。当变压器油箱中的压力恢复到正常时，立即复位。

当变压器出现少量气体时，压力释放阀可通过排除少量气体防止误动作。当压力释放阀动作时，阀内的膜盘推动标志杆升高，突出护板。标志杆突起时，说明压力释放阀已动作，当膜盘复位后，标志杆还滞留在动作后位置，需用手动复位。

释放装置设有动作报警信号，以便运行人员迅速对异常进行检查处理。当压力释放阀动作时，其标志杆自动弹出，此时应检查导油管口或地面是否有油迹，如属变压器的油量过多，气温高而非内部故障发生的溢油现象，压力释放阀会自动复位。如果压力释放阀不能复位，则可能是变压器内部有故障发生，应及时报告，申请对变压器停电，安排处理。

4. 套管异常闪络的检查处理

变压器套管是将变压器绕组的高压引线引出到油箱外部的绝缘装置，是引线对地（外壳）的绝缘，又担负着固定引线的作用，因此必须具备规定的电气强度和良好的热稳定性。

对于油浸变压器多采用充油套管，主要由接线头、导电杆、引线头、绝缘套管、导电管等组成，套管内的变压器油与变压器主体相连通。在运行中，为保证套管内充满油，应使变压器储油柜的油面高度不低于套管带电部分 40mm。另外变压器注油时，必须将放气塞打开，等到油充满后再拧紧。变压器套管的瓷质不良，有砂眼或裂纹、制造上有缺陷、内部有游离放电、套管密封不好、有漏油现象、套管积垢严重等，都可能引起异常闪络。套管闪络会造成局部发热导致绝缘老化、受损，甚至引起爆炸。套管和绝缘子的放电、闪络时会产生臭氧,有一种特殊的臭氧味。

(1) 变压器套管闪络时应做的检查工作。

1) 检查套管表面是否过脏、污秽,如粉尘污秽等在阴雨天气就会发生套管表面绝缘强度下降,容易发生闪络事故。

2) 检查套管表面是否有损伤,如果损伤严重表面不光洁,表面电场不均匀,就会发生异常放电。

3) 检查是否因系统过电压或大气过电压、套管内部存在隐患而导致击穿。

(2) 套管闪络的处理。套管闪络放电应及时报告,及时对变压器停电进行检查处理。

#### 1.2.2.7 变压器调压分接开关异常及故障的检查处理

**1. 无载调压分接开关异常及故障的检查处理**

无载调压分接开关发生异常或故障时,应按现场运行规程的规定申请将变压器退出运行进行检查。

(1) 检查是否由于长时间靠压力接触,出现弹簧压力不足,滚轮压力不均,使分接开关连接部分的有效接触面积减小以及连接处接触部分镀银层磨损脱落,引起分接开关在运行中发热损坏。

(2) 检查是否引出线连接和焊接不良,分接开关接触不良,经受不住短路电流的冲击而造成分接开关在变压器向外供出瞬间短路电流时被烧坏而发生故障。

**2. 有载调压分接开关异常及故障的检查处理**

有载分接开关可以在变压器带有负载的运行状态下改变分接位置,达到不停电改变压比调整运行电压的目的。它由分头选择器和切换开关两部分组成,由统一的电动操作机构控制和协调工作。分头选择器的作用是先在无载状态下变换选择分头,然后由切换开关进行有负载的切换。

(1) 有载调压分接开关失步的检查处理。变压器有载分接开关三相应在同一位置。分接开关失步是指调压中由于某种原因,使变压器的三相分接头位置不一致。在这种状态下,由于次级电压三相不平衡,会产生零序电压和零序电流。在变压器调压过程中,短时失步是可能的,如果长时间失步,可能使变压器过热或者跳闸。失步时应按下列步骤进行检查处理:

1) 检查变压器有载调压三相分接开关的实际位置,检查其中一相或两相分接开关是否由于电气或机械故障而拒动,或启动后中途停止。查明拒动原因,予以处理,使三相恢复同步。

2) 为了避免变压器长期在失步状态下运行,可将已动作的相分接开关先调回原位(现场电动或手动),然后检查拒动相拒动的原因。如因机械故障不能使变压器恢复同步,应按现场运行规程的规定申请将变压器退出运行。

(2) 有载调压分接开关拒动的检查处理。

1) 检查操作是否正确。不正确的操作有:①操作方式选择分接开关(如远方或就地操作选择分接开关,手动或自动选择分接开关等)位置不正确,应将它们置于正确位置上;②操作超越极限位置(已在最高位继续调增或已在最低位继续调减),应向发令人报告,改正错误。

2) 检查操作回路直流电源和操作机构交流电源是否正常。如不正常应及时恢复电源。

3) 检查有载分接开关是否有机械故障。有载分接开关机械故障包括切换开关或分头选择器故障、操作机构机械故障等，都是十分严重的故障，可能产生的后果是：①分接开关机构故障，由于卡塞使分接开关停在过程位置上，会使过渡电阻因长期通电而过热，造成分接开关烧坏；可能使切换开关气体继电器动作，将变压器跳闸；②切换开关或分头选择器触头接触不良过热，发生类似情况时，应及时申请将变压器退出运行，进行检修。

(3) 有载调压分接开关油位异常的检查处理。有载分接开关的变压器，分接开关油箱与变压器油箱是互不相通的。严重渗、漏油导致分接开关油箱缺油，会使分接开关切换操作过程中发生电弧引发短路故障，烧损分接开关。因此，在运行中应分别监视分接开关油箱与变压器油箱这两个油箱的油位、油色是否正常。若检查分接开关油箱表面有油渍和油位异常，说明切换开关油箱发生严重渗、漏油，应申请将变压器退出运行，进行检修。

## 1.3 项目　高压断路器巡视与异常及故障检查处理

### 1.3.1 任务　高压断路器及操作机构巡视检查

对高压断路器的巡视检查分为正常巡视检查和特殊巡视检查两种。发生故障跳闸后和天气突变时应进行特殊巡视检查。

检修后的断路器或停运长期备用的断路器，在投入运行前除按正常进行巡视检查外，还应将两侧隔离开关拉开进行整组传动实验。

此外，每年主管部门应根据系统短路电流计算，检查断路器遮断容量是否满足系统短路容量和重合闸的要求。如不能满足系统短路容量的要求，则应更换断路器或采取其他措施。

#### 1.3.1.1　高压断路器正常巡视检查项目

1. 油断路器运行检查项目

(1) 标志牌名称、编号齐全、完好。

(2) 断路器表面应清洁，本体无油迹、套管、瓷瓶完好，无断裂、裂纹、损伤放电现象。

(3) 引线连接部位无发热变色现象。各部件完整牢固、无锈蚀、无放电、无异音。断口电容无漏油现象、无明显的渗油现象。

(4) 绝缘油油标指示应在规定的范围内，油筒无渗漏，油色正常。

(5) 位置指示器与实际运行方式相符。

(6) 断路器的分合闸线圈无焦味、冒烟及烧伤现象。

(7) 油筒内部无杂音和放电声；放油阀关闭严密，无渗漏。

(8) 少油断路器应检查支架接地情况，多油断路器应检查外壳接地；基础无下沉、倾斜；接地螺栓压接良好，无锈蚀。

(9) SN1、SN2 专型断路器操作后应检查软铜片无断裂。

(10) 传动销子连杆完整无断裂；连杆、转轴、拐臂无裂纹、变形。

(11) 操作机构应完整无锈蚀；端子箱电源开关完好、名称标注齐全、封堵良好、箱门关闭严密。

2．$SF_6$封闭组合电器（GIS）巡视检查项目

(1) 标志牌名称、编号应齐全、完好。

(2) 外观应无变形、无锈蚀、连接无松动；传动元件的轴、销应齐全、无脱落、无卡涩；箱门应关闭严密；无异常声音、气味等。

(3) 气室压力在正常范围内，并记录压力值。

(4) 闭锁完好、齐全、无锈蚀。

(5) 位置指示器与实际运行方式相符。

(6) 套管完好、无裂纹、无损伤、无放电现象。

(7) 避雷器在线监测仪指示正确，并记录泄漏电流值和动作次数。

(8) 带电显示器指示正确。

(9) 防爆装置防护罩无异样，其释放出口无障碍物，防爆膜无破裂。

(10) 汇控柜指示正常，无异常信号发出；操动切换把手与实际运行位置相符；控制、电源开关位置正常；连锁位置指示正常；柜内运行设备正常；封堵严密、良好；加热器及驱潮电阻正常。

(11) 接地接地线、接地螺栓表面无锈蚀，压接牢固。

(12) 设备室通风系统运转正常，氧量仪指示大于19.6％，$SF_6$气体含量不大于1000ppm。无异常声音、异常气味等。

(13) 基础无下沉、倾斜。

3．$SF_6$断路器运行中巡视检查项目

(1) 检查断路器的外绝缘部分（瓷套）应完好，无破损、脏污及闪络放电现象；内部应无异常声响。

(2) $SF_6$气体压力表或密度表在正常范围内，并记录压力值。

(3) 分、合闸状态符合当时运行方式，合闸位置指示器应指示正确。

(4) 各连接线夹接触良好，软连接及各导流压接点压接良好，无过热变色、断股现象，无松动、过热。

(5) 全所配操作机构运行正常，各连杆、传动机构无弯曲、变形、锈蚀，轴销齐，储能电机无异常声响。

(6) 整体紧固件应无松动、脱落。

(7) 断路器接地外壳或支架接地应良好，基础无下沉、倾斜。

(8) 端子箱电源开关完好、名称标志齐全、封堵良好、箱门关闭严密断路器外壳或操动机构箱应完整、无锈蚀。

(9) 断路器标志牌名称、编号齐全、完好；各部件应无破损、变形、锈蚀严重等现象。

4．真空断路器运行检查项目

(1) 标志牌名称、编号齐全、完好。

(2) 位置指示器与运行方式相符。

(3) 绝缘子无断裂、裂纹、损伤、放电等现象。

(4) 检查真空断路器无机械损伤、柜内无异物、绝缘拉杆完好、无裂纹。

(5) 各连杆、转轴、拐臂无变形、无裂纹,轴销齐全。

(6) 引线连接部位接触良好,接头无松动,无发热变色、异味现象。

(7) 灭弧室无放电、无异音、无破损、无变色;观察真空泡玻璃罩内无金属氧化物,玻璃外壳上无灰白色雾气。

(8) 端子箱电源开关完好、名称标注齐全、封堵良好、箱门关闭严密。

(9) 接地螺栓压接良好,无锈蚀。

(10) 基础无下沉、倾斜。

5. 高压开关柜巡视检查项目

(1) 标志牌名称、编号齐全、完好。

(2) 外观检查无异音、无过热、无变形等异常。

(3) 表计指示正常。

(4) 操作方式切换开关正常在"远控"位置。

(5) 操作把手及闭锁位置正确、无异常。

(6) 高压带电显示装置指示正确。

(7) 位置指示器指示正确。

(8) 电源小开关位置正确。

#### 1.3.1.2 高压断路器特殊巡视检查

1. 高压断路器在运行中需要进行特殊巡视检查的情况

(1) 设备新投运及大修后。

(2) 遇有下列情况,应对设备进行特殊巡视:

1) 设备负荷有显著增加。

2) 设备经过检修、改造或长期停用后重新投入系统运行。

3) 设备缺陷近期有发展。

4) 恶劣气候、事故跳闸和设备运行中发现可疑现象。

5) 法定节假日和上级通知有重要供电任务期间。

2. 特殊巡视检查项目

(1) 大风天气:引线摆动情况及有无搭挂杂物。

(2) 雷雨天气:瓷套管有无放电闪络现象。

(3) 大雾天气:瓷套管有无放电,打火现象,重点监视污秽瓷质部分。

(4) 大雪天气:根据积雪溶化情况,检查接头发热部位,及时处理悬冰。

(5) 温度骤变:检查注油设备油位变化及设备有无渗漏油等情况。

(6) 节假日时:监视负荷及增加巡视次数。

(7) 高峰负荷期间:增加巡视次数,监视设备温度,触头、引线接头,特别是限流元件接头有无过热现象,设备有无异常声音。

(8) 短路故障跳闸后:检查隔离开关的位置是否正确,各附件有无变形,触头、引线接头有无过热、松动现象,油断路器有无喷油,油色及油位是否正常,测量合闸保险丝是否良好,断路器内部有无异音。

(9) 设备重合闸后：检查设备位置是否正确，动作是否到位，有无不正常的音响或气味。

(10) 严重污秽地区：瓷质绝缘的积污程度，有无放电、爬电、电晕等异常现象。

**1.3.1.3　高压断路器操作机构的巡视检查项目**

1. 弹簧机构巡视检查项目

(1) 机构箱门平整、开启灵活、无变形、关闭紧密，无锈迹、无异味、无凝露等。

(2) 储能电机储能电源完好，电源空开（闸刀、熔丝）位置正确。

(3) 储能电机运转正常、行程开关接点无卡涩、变形，分、合闸线圈无冒烟、变色、异味。

(4) 断路器在分闸备用状态时，分闸连杆应复归，分闸锁扣倒拉，合闸弹簧应储能。

(5) 防凝露加热器良好。

(6) 弹簧完好，正常。

(7) 二次接线压接良好，无过热变色、断股现象。

(8) 加热器（除潮器）正常完好，投（停）正确。

(9) 储能指示器指示正确。

2. 液压机构巡视检查项目

(1) 机构箱开启灵活无变形、密封良好，无锈迹、无异味、无凝露等；机构内各连接部位和与开关连接的管道应无渗油现象；油管及接头无渗油、漏气异常现象。

(2) 机构箱内二次接线接触良好；计数器动作正确并记录动作次数。

(3) 活塞杆、工作缸无渗漏，油压力表根据温度变化应与铭牌参数相符。

(4) 储能电源开关位置正确，各微动开关切换正常，行程开关无卡涩、变形，接触器、热继电器完好。

(5) 机构压力正常；油泵电源正常，油泵运转正常，每天启、停次数正常时应不超过两次。

(6) 加保温热器（除潮器）电源投入、正常完好，投（停）正确（根据气温选择投运），恒温控制器完好。

(7) 常压油箱油位、油色正常；油位应在油标中心位置、油色淡黄透明无浑浊。

(8) 机构箱门平整、开启灵活、关闭紧密。

3. 电磁操动机构巡视检查项目

(1) 机构箱开启灵活无变形、密封良好，无锈迹、无异味、无凝露等。

(2) 合闸电源开关位置正确。

(3) 合闸熔断器检查完好，规格符合标准。

(4) 分、合闸线圈无冒烟、异味、变色。

(5) 合闸接触器无异味、变色。

(6) 直流电源回路端子无松动、锈蚀。

(7) 二次接线压接良好，无过热变色、断股现象。

(8) 加热器（除潮器）正常完好，投（停）正确。

4. 气动机构巡视检查项目

(1) 机构箱开启灵活无变形、密封良好，无锈迹、无异味。

(2) 压力表指示正常，并记录实际值。

(3) 储气罐无漏气，按规定放水。

(4) 接头、管路、阀门无漏气现象。

(5) 空压机运转正常，油位正常。

(6) 计数器动作正常并记录次数。

(7) 加热器（除潮器）正常完好，投（停）正确。

**1.3.1.4　高压断路器巡视检查的注意事项**

(1) 高压断路器有下列情况之一者，应申请立即停电处理：

1) 套管有严重破损和放电现象。

2) 断路器内部有爆裂声。

3) 少油断路器灭弧室冒烟或内部有异常声响。

4) 断路器严重漏油，油位看不见。

5) $SF_6$ 气室严重漏气发出闭锁信号。

6) 液压机构突然失压到零。

7) 气压操作机构气压到零。

8) 断路器真空泡漏气。

(2) 巡视检查不准擅自解除闭锁。例如，液压（气压）操作机构，如因压力异常导致断路器分、合闸闭锁时，不准擅自解除闭锁进行操作。

**1.3.2 任务　高压断路器异常及故障的检查处理**

**1.3.2.1　$SF_6$ 断路器气体压力下降的检查和处理**

$SF_6$ 断路器平时可用气压表监视 $SF_6$ 气压，在相同的环境温度下，气压表的指示值在逐步下降，说明断路器漏气。$SF_6$ 断路器如果气压压力过低，将对断路器性能有直接影响。因此，在 $SF_6$ 断路器上装有密度继电器，当断路器的气体压力下降到一定值时，发出信号；若漏气严重，则自动闭锁分合闸回路，以确保断路器不能动作。运行人员应将该断路器改为非自动，并断开其控制电源；并与调度和有关部门联系，及时采取措施，断开上一级断路器（或代路送电），以便将该故障断路器停用、检修。

1. 密度继电器发信号的检查处理

如 $SF_6$ 气体渗漏至密度继电器发出信号，但继电器控制电源灯未熄灭，表示还未降到闭锁压力值。如果由于系统的原因不能停电时，可在保证安全的情况下，用合格的 $SF_6$ 气体做补气处理。要按 $SF_6$ 气体压力—温度曲线进行补气，使其达到额定压力。补气可在带电运行状态下进行。

2. 当 $SF_6$ 气体压力迅速下降或出现零表压时的检查处理

当 $SF_6$ 气体压力迅速下降或出现零表压时，应立即断开该 $SF_6$ 断路器的操作电源，在手动操作把手上挂禁止操作的标示牌。汇报调度，根据命令，采取措施将故障 $SF_6$ 断路器隔离。检查分析造成漏气的原因具体如下：

(1) 焊接件质量有问题，焊缝漏。

(2) 铸件表面漏气（有针孔或砂眼）。
(3) 密封圈老化或密封部位的螺栓、螺纹松动。
(4) 气体管路连接处漏气。
(5) 压力表或密度继电器漏气，应予以更换。

找出具体漏气原因，在制造厂家协助下进行检修。

注意，虽然纯净的$SF_6$气体无毒，在设备运行过程中，$SF_6$气体在电气设备中经电晕、火花及电弧放电作用，会产生多种有毒、有腐蚀性气体。在工作场所的毒性分解物不能超过容许含量。现场对从事$SF_6$电气设备运行、试验及检修人员的安全防护有明确的规定。在接近设备时要谨慎，尽量选择从"上风"接近设备，必要时要戴防毒面具、穿防护服，并应注意与带电设备的安全距离。室内$SF_6$气体泄露时，除应采取紧急措施处理，还应开启风机通风15min后方可进入室内。

去除$SF_6$气体中的毒性分解物的方法有：①采用吸附剂吸收去除；②与酸溶液或碱溶液进行化学反应去除等。用各种方法去除$SF_6$气体中毒性分解物的过程称为$SF_6$气体净化处理。

#### 1.3.2.2 断路器拒合（合闸失灵）检查处理

1. 断路器拒合的常见情况
(1) 重合闸装置动作后断路器拒合。
(2) 备用电源装置动作后断路器拒合。
(3) 控制操作合闸时断路器拒合。特别是分相操作机构易发生非全相合闸。

2. 断路器合闸失灵原因的检查
(1) 合闸熔断器、控制熔断器熔断或接触不良。
(2) 直流接触器接点接触不良或控制开关接点及开关辅助接点接触不良。
(3) 直流电压过低。
(4) 合闸闭锁动作。

3. 检查和处理
(1) 对控制回路、合闸回路、自动装置有关回路进行检查处理。
(2) 对直流电源进行检查处理。
(3) 若直流母线电压过低，调节蓄电池组端电压，使电压达到规定值。
(4) 检查$SF_6$气体压力是否过低、液压机构压力是否正常；弹簧机构是否储能。
(5) 当值班人员现场无法消除时，按危急缺陷报值班调度员。

#### 1.3.2.3 断路器拒跳（分闸失灵）的检查处理

1. 断路器拒跳的常见情况
(1) 保护动作后断路器拒跳。
(2) 控制操作跳闸时断路器拒跳。对于分相操作的断路器，在全相分闸时发生非全相跳闸。
(3) 备用电源装置动作后工作电源断路器拒跳（因此还造成备用电源断路器"拒合"）。

断路器分闸失灵原因：①跳闸回路断线，有关接点和开关辅助接点接触不良；②操动

熔断器接触不良或熔断；③分闸线圈短路或断线；④操动机构故障；⑤直流电压过低。

断路器拒跳是危害性很大的故障。例如：线路故障、保护动作后，线路断路器的拒跳对系统运行危害很大，会造成上一级断路器跳闸（越级跳闸），形成大面积停电，甚至导致系统解列的重大事故。

2. 线路断路器拒跳故障处理举例

（1）线路断路器拒跳故障的特征。信号掉牌显示保护动作，但该断路器红灯仍亮，断路器失灵保护动作、或者上一级后备保护动作。

（2）操作处理。

1）当上一级电源断路器后备保护动作或分支线路断路器失灵保护动作造成停电时，若查明有分支线路断路器保护动作，但断路器未跳闸，应在隔离故障的分支线路和拒跳的断路器后，尽快恢复送电。

2）若查明各分支线路断路器保护均未动作（有可能是保护拒动或拒掉牌），则应检查停电范围内设备有无故障，若难以查出故障或需要尽快恢复送电，应拉开所有分支线路断路器，在合上级电源断路器送电后，逐一试送各分支线路断路器。当合某一分支线路断路器送电时，如果电源断路器再次跳闸，则可判明该分支线路有永久性故障，该断路器拒跳。这时应隔离该分支线路和断路器，同时恢复其他分支线路的供电。

3. 对拒跳断路器的检查处理

（1）在检查拒跳断路器时，如果是因为控制电源电压过低，或是控制回路熔断器接触不良、熔丝熔断、保护出口压板接触不良，或是有关二次回路上的工作造成后备保护误动作等一般性故障造成的拒跳，应迅速排除，而后进行远方操作分闸试验，分闸成功，就尽快恢复送电。

（2）对一时难以处理的二次回路电气故障或机械性故障，应汇报调度、值长，尽快联系转检修处理。

**1.3.2.4 断路器液压机构异常的检查处理**

在110kV以上断路器普遍使用的液压机构，其体积小、功率大，效率高于弹簧和电磁操作机构，但故障率也较高。

1. 液压机构常见异常情况的检查和处理

（1）当压力不能正常保持，油泵频繁启动时，应检查液压机构有无漏油等缺陷。

（2）压力低于油泵启动值，油泵不启动，应检查油泵及电源系统是否正常；油泵电机是否过载，热继电器脱扣。

（3）"打压超时"，应检查液压部分有无漏油，油泵是否有机械故障，压力是否升高超出规定值。检查油泵低压侧是否有空气存在，是否有放油阀没有复位等原因。若液压异常升高，应立即切断油泵电源。

以上异常情况应即时上报，并申请对断路器进行停电、检修处理。

2. 运行中断路器液压机构油压力过低的检查处理

当压力不能保持，油泵过于频繁启动或运转不停，液压机构油压过低引起保护动作时，应立即处理：①立即断开油泵电机电源（严禁打压）；②立即断开断路器的控制电源（停用断路器，严禁操作）；③汇报调度，根据命令断开上一级断路器（或用旁路代路）以将该故障断路器隔离；④报缺陷，等待检修。

检查及分析：其原因多为高压油路封垫损坏，阀门密封不良，漏油。

**1.3.2.5　油断路器油位异常的检查处理**

运行中油断路器油位指示应正常，应及时调整油位，当发现油位过低时应停电注油，过高时则应停电放油。当油面看不到并伴有严重漏油情况时，应视为严重缺陷。这时要禁止将其自动断开，应退出该断路器的操作电源，以防断路器突然跳闸，造成设备的更大损坏，同时应设法（如用旁路断路器代送电）使断路器退出运行。

油断路器严重缺油应在停电后进行原因检查：①放油阀门胶垫是否老化或关闭不严，引起渗漏油；②油标玻璃是否有裂纹或破损而漏油；③修试人员是否多次放油后是否未作补充；④气温是否突降且原来油量不足。

**1.3.2.6　真空断路器真空度下降的检查处理**

真空断路器是利用真空的强度灭弧。真空度必须保证在规定值以下，才能可靠地运行。若低于规定真空度，则不能灭弧。由于现场测量真空度非常困难，因此一般均以检查其承受耐压的情况为鉴别真空度是否下降的依据。正常巡视检查时要注意屏蔽罩的颜色，应无异常变化。特别要注意断路器分闸时的弧光颜色，真空度正常情况下弧光呈微蓝色，若真空度降低则变为橙红色。这时故障断路器应该停用（退出其操作电源），应采取措施使断路器退出运行（断开上一级断路器或用旁路代路）。

检查的内容有：①使用材料是否气密情况不良；②金属波纹管是否密封质量不良；③检查在调试过程中是否行程超过波纹管的范围，或超程过大，受冲击力太大造成。

处理并排除故障后，更换真空灭弧室，恢复运行。

**1.3.2.7　断路器因故障跳闸后的检查处理**

断路器在切断短路故障后，值班员应立即记录事故发生的时间，停止音响信号，并立即进行特殊巡视检查，检查断路器本身有无故障，汇报调度；断路器因故障跳闸后应做好记录，累计跳闸次数。每次故障跳闸后，要连同保护动作情况及时填入事故障碍记录并上报主管部门。

现场运行规程中对断路器容许跳闸次数有规定。当断路器达到容许故障跳闸次数时，应退出重合闸，并汇报领导安排检修。

若$SF_6$断路器跳闸出现异常，或油开关出现喷油、油色变黑，看不见油面等，即使开关未达到跳闸次数，亦应及时上报主管部门安排进行内部检查。

系统故障有下级断路器拒动，造成越级跳本断路器时，应将发生拒动的下级断路器保持原状与系统隔离后，本断路器方可投入运行恢复送电。

下列情况不得恢复送电：

（1）断路器已达容许故障跳闸次数。

（2）断路器失去灭弧能力。

（3）用于系统并列的断路器跳闸。

（4）低周减载装置动作断路器跳闸。

若需检同期合闸的断路器，在调度的指挥下进行操作，检同期合上该断路器，禁止将该断路器直接合上。

# 1.4 项目 隔离开关巡视与异常及故障检查处理

## 1.4.1 任务 隔离开关巡视检查

1. 隔离开关巡视检查项目

(1) 标志牌名称、编号齐全、完好。

(2) 当隔离开关通过较大负荷时应注意检查合闸状态。

(3) 隔离开关接触严密,无弯曲、发热、变色等异常现象。触头导电部分接触良好,无过热、变色及移位等异常现象;动触头的偏斜度不大于规定数值。接点压接良好,无过热现象,引线弛度适中。

(4) 支持绝缘子等应清洁,无裂纹、损坏。瓷瓶清洁,无损伤、放电现象;防污闪措施完好。法兰连接无裂痕,连接螺丝无松动、锈蚀、变形。

(5) 所有的示温蜡片、蜡帽无熔化,特别是铜铝接头应严格检查。

(6) 在高温负荷下和对接头有怀疑时应进行温度测量。

(7) 母线连接处应无松动脱落现象。

(8) 隔离开关的传动机构应正常。传动连杆、拐臂连杆无弯曲,连接无松动、无锈蚀,开口销齐全;轴销无变位脱落、无锈蚀、润滑良好;金属部件无锈蚀,无鸟巢。

(9) 接地刀闸位置正确,弹簧无断股、闭锁良好,接地杆的高度不超过规定数值;接地引下线完整、可靠接地。

(10) 接地应有明显的接地点,且标志色醒目。螺栓压接良好,无锈蚀。

(11) 基础无损伤、下沉和倾斜。

2. 隔离开关操作箱机构检查项目

(1) 操作机构是否灵活,连动拉杆机构部分无损伤、损坏、变形现象。

(2) 机构连锁完好、无松动,防误闭锁装置齐全、完好。隔离开关辅助接点切换、接触良好,外罩封闭完好。

(3) 转轴、齿轮、框架、连杆、拐臂、十字头、销子等零部件应无开焊、变形、锈蚀、位置不正确、歪斜、卡涩等不正常现象。

闭锁装置机械闭锁装置完好、齐全,无锈蚀变形。

(4) 操动机构密封良好,无受潮。操作箱密封完好。

(5) 事故及天气骤变,进行特殊巡视检查:

1) 瓷瓶是否清洁,有无裂纹、破损及放电痕迹。

2) 在推上位置时,触点接触应良好、三相应同期、定位销钉定位可靠。

3) 在拉开位置时,检查张角正确、定位销钉定位可靠。

4) 接头、引线有无松动、断股及烧伤现象。

(6) 隔离开关在运行中可能出现下列异常:

1) 接触部分过热。

2) 瓷瓶破损断裂。

3) 支持式瓷瓶胶合部分因质量不良或自然老化造成瓷瓶掉盖或弹子盘烧坏。

4）因严重污秽或过电压产生闪络、放电、击穿接地。

### 1.4.2 任务　隔离开关异常及故障的检查处理

**1. 隔离开关接触部分过热的检查**

隔离开关接触部分过热，一般根据红外线测温结果来确定，过热部分通常可观察到颜色变化，甚至有发红、火花等现象。隔离开关接触部分过热产生的主要原因是由于接触部分接触不良、过负荷引起。

隔离开关接触部分过热的处理：

（1）如由于接触不良引起，应向调度汇报，采取措施将隔离开关退出运行，进行检查。

（2）如由于过负荷引起，应向调度汇报要求降低隔离开关的负荷电流。

**2. 隔离开关拒绝分、合闸的检查处理**

隔离开关不能分、合闸时，操作人员不可用力过猛，强行操作，应来回轻摇操作把手，检查拒动原因。一般机构卡涩，轻摇把手几次即可以分、合闸。冬季，户外隔离开关被冻得不能操作时，应设法除掉冰冻。如主接触部分有阻力，不得强行操作，以免损坏传动杆、瓷瓶；若属于闭锁装置故障，值班人员不得任意解除闭锁装置。

## 1.5 项目　电流互感器、电压互感器巡视与异常及故障检查处理

### 1.5.1 任务　电流互感器巡视检查

电流互感器（TA）允许在设备最高电流下和额定连续热电流下长期运行。

电流互感器二次侧严禁开路，备用的二次绕组也应短路接地。检查电流互感器二次回路的工作时，必须带上绝缘工具，站在绝缘垫上，注意人身安全。检查电流互感器二次回路是否开路时要使用合格的绝缘工具。

禁止用手触摸的方式检查电流互感器二次接线端子、保护仪表回路是否断线。

**1. 电流互感器巡视检查项目**

（1）各部件接点无松动现象。

（2）有无异味、异常声音。

（3）一次接头各部连接牢固，无松动、过热现象；二次侧无开路现象，接地良好。

（4）瓷件部分清洁完整，无损伤和放电现象。

（5）充油互感器油面正常，无渗、漏油现象，检查波纹膨胀器运行状况，油位窥视窗口油位指示器应在规定刻度上下。

（6）基础牢固，接地良好。

**2. 对干式（树脂）电流互感器还应进行的检查**

（1）干式（树脂）电流互感器外壳无裂纹，无碳化脆皮、发热、熔化现象。

（2）无异常声响。

（3）二次回路一点接地良好，各连接端子排紧固，二次线和电缆无腐蚀、损伤。

（4）检查电流互感器二次有无以下异常现象：①有内部"吱吱"放电声，交流互感声

变大并有振动感；②二次回路接线端子排有无打火、烧伤或烧焦现象；③电流表或功率表指示为零，电能表不转而伴有"嗡嗡"声；"嗡嗡"声较大，可能是铁芯穿芯螺丝夹得不紧、硅钢片松弛，也可能是因一次负载突然增大或过载等；"嗡嗡"声很大，可能是二次回路开路；内部有"噼啪"放电声，可能是线圈故障。

#### 1.5.2 任务　电流互感器异常及故障的检查和处理

##### 1.5.2.1　油浸式电流互感器油异常及故障的检查处理

油浸式电流互感器渗、漏油时，电流互感器的表面有渗、漏油所产生的油渍，且油位下降，要及时报告调度及主管部门。若渗、漏油不是太多，且油位还在正常范围内，可选择合适的时间处理，处理前一定要加强巡视。若油浸式电流互感器严重漏油，或长期渗油，油位已看不到，则应向调度申请立即停电。

油色异常时，油色变为暗红或局部黑色，可根据实际情况，选择合适的时间处理，处理前一定要加强巡视。应查明变色的原因并作出相应的处理后再换油。

##### 1.5.2.2　电流互感器（TA）二次回路开路故障现象的检查和处理

**1. 电流互感器二次回路开路故障现象**

当二次回路突然开路时，电流互感器的运行状况会发生三大改变：第一，在二次绕组产生很高的感应电势，其峰值可达几千伏以上，危及在二次侧工作人员的生命和设备的安全，而且高压可能引起电弧起火；第二，由于铁芯里磁通急剧增加，达高度饱和状态，铁芯损耗发热严重，可能损坏电流互感器的二次绕组；第三，铁芯磁通密度增加引起非正弦波，使硅钢片振动极不均匀，从而发生较大的噪声。这些改变导致电流互感器二次回路开路时常有以下故障现象：

（1）电流互感器二次线柱、二次回路元件接头、接线端子等处出现火花，严重时使绝缘击穿。

（2）仪表、电流表、继电保护等冒烟烧坏。

（3）电流互感器本体可能有严重发热，并伴有异味、变色、冒烟。

（4）电流互感器出现类似有变压器的响声。

（5）监控系统相关数据不正常。

（6）在有负荷的情况下，如果测量用 TA 二次开路，测量和计量仪表会出现异常：开路相的电流表指示到零值，功率表指示降低，电能计量表计不转或转速变慢。

（7）有些继电保护和自动装置拒动或误动。具有互感器二次断线闭锁的保护自动闭锁使保护拒动，由负序、零序电流启动的保护、差动保护可能误动。

要注意，当一次负荷回路中没有负荷电流或负荷很小时，由于励磁电流很小，铁芯没有饱和，即使发生电流互感器二次回路开路，也不会观察到有明显的异常现象，如果开路不是出现在测量用电流回路时，一般不容易发现。运行人员可根据运行经验及开路故障现象，及时发现电流互感器二次回路出现的开路故障。

**2. 电流互感器二次回路开路故障的处理**

（1）运行人员发现有电流互感器二次回路开路的异常现象后，须立即向调度及主管部门汇报。

（2）要根据现象，结合实际图纸应先分清电流互感器二次开路属于哪一组电流回路、

## 1.5 项目 电流互感器、电压互感器巡视与异常及故障检查处理

开路的相别、对保护有无影响。如果是电流测量回路开路则对保护无影响,如果是保护回路开路则应向调度员申请退出可能误动的保护,对不允许退出的保护应申请代路运行或停电处理。

**3. 电流互感器二次回路开路故障原因的检查**

在故障电流互感器停电后,应检查电流互感器二次回路开路故障的原因。根据现场运行经验,电流互感器二次回路开路点通常位于:

(1)检修和调试时触动过的接线端子。刚进行检修或调试过的将继电器或仪表内部的接头未接好,验收时又未发现,造成二次回路开路。

(2)交流电流回路中的试验端子或连接片。由于结构或质量存在某些缺陷,在运行中导致螺杆和铜板螺孔之间接触不良或操作不到位均有可能造成开路。

(3)二次回路中二次接线端子接头。由于接头压接不紧,回路中电流很大时,会因发热或氧化严重造成开路。另外,室外端子箱、接线盒受潮后,端子螺丝和垫片锈蚀严重,也会造成开路。

### 1.5.2.3 电流互感器本体故障的检查处理

在现场发现电流互感器有下列情况之一时,则电流互感器本体发生严重故障,应向调度汇报并申请立即停电:

(1)电流互感器严重过热。

(2)电流互感器有臭味、冒烟。

(3)电流互感器内部有放电声。

(4)电流互感器套管有破损、裂纹及放电闪络现象。

### 1.5.3 任务 电压互感器巡视检查

电压互感器允许在1.2倍额定电压下连续运行,中性点有效接地系统中的互感器允许在1.5倍额定电压下运行30s,中性点非有效接地系统中的电压互感器,在系统无自动切除对地故障保护时,允许在1.9倍额定电压下运行8h。

电压互感器二次侧严禁短路,检查电压互感器时应防止二次短路。电压互感器一次回路上都不装开关。电压互感器出现一般性异常,可用隔离开关隔离,在故障时,严禁用隔离开关断开故障的电压互感器。因隔离开关没有灭弧能力,若用隔离开关切断故障,还可能会引起母线短路,使设备损坏或造成人身事故,因此只能通过用开关切断全部电源后处理。

(1)电压互感器巡视检查项目。

(2)外观清洁,油位、油色正常无渗、漏;渗油时应及时汇报。

(3)有无不正常声音;运行无异味、无异常声音,导电部位不变色。

(4)各连接处连接是否紧密;端子箱密封良好。

(5)瓷套管或其他绝缘部件无裂纹、破损及放电现象。

(6)检查电压互感器高低压熔断器及二次空气开关运行良好;一、二次回路连接部分应良好,无松动现象。

(7)内部应无放电声和其他异声、异味。

(8)接地良好,各部连接应牢固、无松动过热现象;表计指示(或遥测)正常。

### 1.5.4 任务 电压互感器异常及故障的检查处理

**1.5.4.1 电压互感器二次回路断线的检查处理**

电压互感器二次回路开路时常有以下现象：

(1) 有电压互感器断线信号出现。

(2) 有关仪表指示不正常，如电压表、功率表、频率表、电能表。

(3) 有关保护装置的电压回路失去电压。

检查发现电压互感器二次电压不正常或电压互感器断线信号时，必须立即检查并汇报调度和主管部门，按规定将失去电压可能会误动的保护停用（如距离保护、低电压闭锁过流保护），立即对电压互感器的熔断器进行检查处理：①若一、二次熔断器良好时，应检查二次回路各接头、端子有无松动、断线等情况；②若二次熔断器熔断，检查电压互感器未发现其他异常情况，可更换熔断器，如更换后再熔断，应查明原因并处理后，才能更换。

**1.5.4.2 充油式和充胶式电压互感器故障的检查处理**

由于绕阻绝缘及支架绝缘能力降低、进水受潮、绝缘老化、内部过电压、外部闪络等原因，会引起电压互感器发生故障，有时甚至引起电压互感器爆炸。

在运行中，当发现充油式和充胶式电压互感器有下列情况之一时，则判定为电压互感器故障：

(1) 温度过高。

(2) 内部有烧焦臭味、冒烟、着火。

(3) 35kV 及以下电压等级的电压互感器一次侧高压熔断器熔断。

(4) 瓷套管破裂或有闪络放电。

(5) 大量漏油或流胶。

(6) 引线与外壳之间有火花。

发现电压互感器有故障后，立即汇报调度和主管部门，应立即停用故障互感器。停用故障的电压互感器，必须先断开故障电压互感器的电源断路器，而后在停电状态下隔离故障的电压互感器。禁止在故障电压互感器带电时，用直接拉开电压互感器隔离开关的方法将故障电压互感器停电。

但对于中性点不接地的 35kV 及以下电压等级系统中的电压互感器，在确定一次侧高压熔断器熔断后，可先取下二次侧熔断器，再直接拉开电压互感器隔离开关；在做好安全措施后，用摇表测绝缘电阻判断电压互感器是否有内部故障。若绝缘电阻不合格，则通知有关人员处理。经过测量检查确认绝缘电阻良好的电压互感器，可更换熔断器后直接合上电压互感器隔离开关投入运行。绝不能不经过测量检查就直接更换高压熔断器、合上电压互感器隔离开关对故障电压互感器送电。

当 35kV 及以下电压等级的中性点不接地系统发生单相接地时，严禁用隔离开关断开电压互感器。

## 1.6 项目 母线、电力电缆巡视与异常及故障处理

### 1.6.1 任务 母线巡视检查

母线的巡视检查分为正常巡视检查和特殊巡视检查。

1.6 项目　母线、电力电缆巡视与异常及故障处理

1. 母线正常巡视检查项目

(1) 硬母线及引线有无发热、振动、损伤。

(2) 软母线及引线有无松股、断股、锈蚀现象。

(3) 表面光滑整洁，无断股、裂纹、麻面、毛刺、灯笼花。

(4) 颜色正常无发热、变色、变红、锈蚀、磨损、变形、腐蚀、损伤或闪络烧伤。

(5) 运行中应无严重放电响声和成串的荧光，导线上无搭挂的杂物。

(6) 母线的连接部位接触应紧固，接触应严密，无松动、无锈蚀、无断裂、无过热现象，无悬挂物。

(7) 耐张绝缘子串连接金具完整良好，无锈蚀、磨损、断裂。

(8) 导线松紧应适度，无过松、过紧及剧振现象。

(9) 母线构架无鸟窝、无杂物，瓷瓶无裂纹、破损、放电及严重积灰。

(10) 户内外母线排、穿墙套管及支持瓷瓶无裂纹、放电，接头无发热、变黑。

2. 母线特殊巡视检查

(1) 大风时：引线无较大摆动现象，母线的摆动情况符合安全距离要求，无异常飘落物。

(2) 大雪天：各部接头及隔离开关上落雪后，无立即溶化蒸发及放电现象。

(3) 雷雨后：瓷瓶无放电闪络痕迹。

(4) 气温突变：母线弧度无过大或收缩过紧现象。

(5) 雾天：绝缘子无闪络。

(6) 检修后或长期停运的母线：投入运行前应遥测绝缘电阻，并对母线进行充电检查。

### 1.6.2 任务　电力电缆巡视检查

(1) 检查电缆头是否清洁，有无渗漏油、发热、放电现象，引出线是否牢固可靠，无松动、断股现象。

(2) 电缆外壳接地良好，外表无过热、电缆铝皮无渗漏油。

(3) 电缆运行时通过的电流是否超过容许值。

(4) 电缆沟道内支架是否牢固，有无松动、锈蚀现象；电缆沟道内有无积水。

(5) 检查电缆有无异味。

### 1.6.3 任务　母线异常及故障的检查处理

#### 1.6.3.1 母线过热的检查处理

1. 母线过热的检查

运行人员可通过目测或红外线测温仪扫描发现母线过热。

(1) 局部过热。母线与隔离开关连接处如接触不良将会局部过热。另外，母线接头处如因长期氧化或固定螺栓松动等原因使接触电阻加大，也将引起局部过热，特别是在负荷高峰期，极易出现母线接头温升超标过热。

(2) 大面积过热。当母线过负荷时将会造成母线大面积过热，特别是通风不良的户内母线，在过负荷情况下，过热更易产生。

2. 母线过热处理

(1) 对因过负荷引起的应尽快汇报调度，请求倒母线或转移负荷。

(2) 对局部过热，汇报调度后应加强监视并尽快处理。

(3) 如发现发热严重甚至局部发红时，应立即停电。

#### 1.6.3.2 母线绝缘子破损、放电的检查处理

母线的悬式绝缘子或支柱绝缘子一旦破损，会造成母线接地或相间短路，严重时可能由于绝缘子击穿放电而将母线烧坏、烧断。另外，母线绝缘子因绝缘不良或零值击穿等故障影响，会出现明显放电现象，尤其在大雾或雪雨天气。因此，发现母线绝缘子放电、破损、裂痕等异常时，运行人员应尽快报告调度，及时申请停电处理。在停电更换绝缘子前，应加强对破损绝缘子的监视，增加巡视检查次数。此外，还应定期停电检测支柱绝缘子外观有无破损裂纹等情况和对悬式绝缘子的零值检测。

#### 1.6.3.3 硬母线变形的检查处理

硬母线在正常状态下，相间与相对地间的安全距离裕度不大，一旦出现母线变形，原来相与相、相对地间的安全距离将无法保证，可能造成相间短路或接地短路等后果。硬母线变形原因有母线过热、外力造成的机械损伤、母线通过较大的短路电流时的电动力作用等。运行人员发现硬母线变形时，一方面应尽快汇报调度及设备主管部门请求处理；另一方面应尽可能找出变形原因，以利于消除缺陷。

#### 1.6.3.4 小电流接地系统中母线单相接地的检查和处理

小电流接地系统是指中性点不接地或经消弧线圈接地的系统，35kV 及以下电网为小接地电流系统。在发生单相接地时，由于线电压的大小和相位不变（仍对称），且系统绝缘又是按承受线电压设计的，所以允许短时运行而不切断故障设备，相关标准规定可持续运行不超过 2h。但此时，非故障相对地电压升高为线电压，特别是发生故障点产生间歇性电弧，极易导致谐振，产生谐振过电压，过电压对系统的安全威胁很大，可能使其中的一相绝缘击穿而造成两相接地短路故障。因此，在 35kV 及以下小电流接地系统中母线发生单相接地时，运行人员应迅速寻找接地点，并及时隔离。

1. 小电流接地的母线系统中单相接地现象检查

当中性点非直接接地系统发生单相接地时，一般出现下列现象：

(1) 预告警铃响，监控系统有"××kV 系统××母线接地"信号，中性点经消弧线圈接地的系统，常常还有"消弧线圈动作"的光字牌亮，配置了小电流接地选线装置的系统会有"××线路有接地"或"××kV 母线接地"信号。

(2) 绝缘监察电压表三相指示值为：接地相电压降低或等于零，其他两相电压升高为线电压（金属性稳定接地），如果绝缘监察电压表指针不停地来回摆动，出现这种现象即为间歇性接地。

(3) 电压互感器开口三角形电压增大，对于经消弧线圈接地的系统，消弧线圈电流表指示增大。

(4) 当发生间歇性弧光接地产生过电压时，非故障相电压很高，常伴有电压互感器一次侧熔断器熔断，出现"电压回路断线"信号，严重时甚至烧坏电压互感器。

## 1.6 项目 母线、电力电缆巡视与异常及故障处理

2. 小电流接地系统中母线单相接地的处理

(1) 母线系统无小电流接地选线装置的处理方法。

1) 发生接地时，立即汇报调度。若系统母线运行方式为并列运行，则应立即按调度令将两母线解列，以缩小故障范围。

2) 按调度令，先对闭环线路解环（如果有闭环线路），然后用瞬停法查找站外故障点。瞬停法是对运行中的断路器进行瞬时拉开又立即合上的方法。查找时，要按现场运行规程中规定的顺序，对母线所接各线路依次瞬间停电，直至找到接地线路为止。在断开线路断路器后，若接地信号消失且对地绝缘监察电压表恢复正常值，则可确定接地点就在该线路上，不须再合上该线路断路器送电。

瞬间停电一般按下列顺序确定：①空载线路；②有备用的设备，或有备用电源的线路；③历史记录经常发生接地的线路；④较多分支的线路；⑤较长的线路；⑥负荷较小的线路；⑦不太重要的线路；⑧较重要的负荷线路。

3) 按以上瞬间停电查找后，若查找不出故障线路，应确定故障是在变压器进线和母线及其附属设备（如电压互感器、避雷器）上。应在并列母线后，拉开变压器进线断路器。若绝缘监察电压表仍然不恢复正常，应确定故障是在母线及其附属设备上。

4) 运行人员穿绝缘鞋、戴绝缘手套，检查站内被判为有接地故障的母线，检查其所接的设备有无故障，如检查设备瓷质部分有无损坏，有无放电闪络，设备上有无落物，有无小动物及外力破坏，有无断线接地，检查互感器、避雷器、电缆头有无击穿损坏等。检查时，发现站内设备外部有明显的接地迹象、或没有发现接地迹象，都应汇报调度及上级有关部门，申请停电处理。运行人员绝不能带电作业、处理接地故障。

(2) 母线系统装有小电流接地选线装置的处理方法。

1) 汇报调度。

2) 根据现象判断接地点。

装有接地选线信号装置的系统，若装置正常投入，故障范围很容易区分，若报出母线接地信号的同时，某一线路也有接地信号，则接地点多在该线路上。若只报出母线接地信号，接地点可能在母线及附属设备上。

若母线和某一线路都报出接地信号，应检查故障线路的站内设备是否有异常。若只报出母线接地信号，应检查接地母线所接的站内设备有无故障。如经检查，站内设备无异常，则有可能线路有故障，而其接地信号装置失灵，汇报调度，按调度令进行瞬停检查。

(3) 检查判断出接地点故障后的处理。可按表1.5所列方法进行。

表 1.5 接地故障点对应的处理方法

| 接 地 故 障 点 | 处 理 方 法 |
| --- | --- |
| 线路出线 | 汇报调度，按调度令对线路停电 |
| 变压器进线 | 汇报调度，按调度令对变压器停电处理 |
| 母线及其附属设备 | 汇报调度，按调度令断开母线所接的全部线路断路器，进行母线停电检查 |

如果母线停电检查和测试后，还是没找到接地点，则可能是系统中不同线路同名相发生单相接地，应尽快恢复母线送电，然后逐一恢复全部线路的送电。当对某条线路断路器

送电时，接地现象又重新出现，则可判故障点在这条线路上，应立即对故障线路停电检查。

#### 1.6.3.5 母线谐振的检查处理

**1. 母线谐振的分类**

母线谐振分为铁磁谐振和串联谐振两种。

（1）铁磁谐振是指由系统中的铁芯电感元件（如发电机、变压器、电压互感器、电抗器，消弧线圈等）和系统的电容元件（如输电线路、电容补偿器等）满足谐振条件而形成的谐振。例如：①由线路接地、断线、断路器非同期合闸等引起的系统冲击；②分、合空母线开关或系统扰动激发谐振；③系统在某种特殊运行方式下，参数匹配，达到了谐振条件。铁磁谐振分为基波谐振和高次谐波谐振、分次谐波谐振。

（2）串联谐振是指由高压断路器电容与母线电压互感器的电感耦合产生的谐振。例如，进行停电倒闸操作时，在断路器断开而断路器隔离开关还接于空母线，如果此时断路器断口电容与母线电压互感器线圈正好满足谐振条件，就会发生串联谐振。谐振时，电压互感器将产生过电压，铁芯饱和使电流激增，除了造成电压互感器一次侧熔断器熔断外，还可能导致电压互感器烧毁。此外，还可能引起避雷器、变压器、断路器的套管发生闪络或爆炸。因此应及时进行处理。

**2. 铁磁谐振的现象**

（1）基波谐振时：一相或两相电压升高超过线电压电压，有接地信号发出。

（2）高次谐波谐振时：三相电压同时升高，有低频变动。

（3）串联谐振的现象：线电压升高、相电压表摆动，电压互感器开口三角形电压超过100V，电压互感器发出较大声音。

**3. 判断谐振和单相接地的方法**

小电流接地系统谐振发生时，因电压互感器开口三角形电压高，会出现接地信号，要防止误判为单相接地。因当系统发生单相接地故障时，可在故障状态下继续运行 2h，若将母线电压互感器谐振误判为单相接地延误了处理时间，将使设备长时间承受铁磁谐振产生的过电压，继而会引发接地和短路故障。判断谐振和单相接地的方法是：看电压的测量结果和开口三角消谐灯。

谐振和单相接地的区别为：

（1）对于小电流接地系统谐振时，系统线电压升高，且相电压也无规律升高变化（如有一相电压或两相升高超过线电压），并伴有电压表低频无规律性摆动现象。而单相接地时，系统线电压是正常的，若属非金属性接地，故障相电压降低；若属于金属性接地，故障相的相电压为零，其他两相电压升高最大也只能到达线电压（超不过线电压）；对于大电流接地系统中发生单相接地，属于短路故障、会有保护动作开关跳闸。

（2）单相接地时电压互感器开口三角消谐灯平光发亮。而谐振时，开口三角消谐灯随谐振程度的不同亮度不同、伴有低频变动。

（3）谐振时消弧线圈上无电流。

**4. 母线谐振的处理**

汇报调度，按调度令进行以下处理：

(1) 在合上或断开某线路后发生谐振,则应将该线路恢复到原来状态。
(2) 当母线充电后发生谐振时,应立即送上部分线路。
(3) 正常运行时发生谐振,可以送上部分线路或停用部分线路,改变系统参数,破坏谐振条件。
(4) 站内操作无法消除谐振时,应汇报调度,通过改变系统运行方式消除谐振。
(5) 应尽可能保证发电机和变压器中性点消弧线圈的正常运行。
(6) 串联谐振主要出现于电压互感器一次绕组与断路器断口均压电容构成 $L-C$ 串联谐振回路中,因此采用合理的倒闸操作顺序可有效防止和避免串联谐振产生。

#### 1.6.3.6 母线差动保护范围内设备故障的检查处理

1. 母线差动保护范围内发生故障时的现象

母线差动保护的特点是:保护的设备多、范围大,包括母线本身、母线电压互感器、避雷器、连接母线的隔离开关、进出线断路器、进出线电流互感器、导线等。这些设备故障时,都会引起母线差动保护动作,切除故障。母线差动保护动作后监控系统作出反应,发生报警信号,保护动作,接于母线的各断路器自动跳闸,故障母线电压为零,接于故障母线上的进出线的电流表、功率表指示为零等。在故障处可能发生烧焦、冒烟、起火或爆炸等现象。

2. 母线差动保护范围内故障设备的检查处理

(1) 汇报调度,对停电母线进行外部检查。检查母线差动保护范围内的所有设备有无异常和故障痕迹,如故障设备或故障点在母线隔离开关以外,应迅速将该故障点隔离,再进行母线试送电。

(2) 如果是母线上的设备发生故障且主接线为双母线接线时,必须在隔离故障母线及其各进出线断路器后,对各进出线断路器和隔离开关进行确认性检查,要结合系统中有无其他保护动作情况认真分析判断,确实正常后,才能将各进出线断路器改投至备用母线或另一正常运行母线上恢复运行。

(3) 如果检查没有发现明显故障点,应汇报调度。运行人员必须根据调度命令试送母线,不得擅自进行试送母线的操作。试送母线时可以有几种选择:①用短路容量小的线路另一端断路器试送电;②用遮断故障次数多且遮断容量大的线路另一端断路器试送电;③用保护健全并能快速动作跳闸的线路另一端断路器试送电;④用能迅速恢复用户供电和正常运行方式的变压器侧断路器试送电;⑤用系统稳定规程中规定的强送电端试送电;⑥试送母线时,只有在无其他试送电条件下,方可使用母联断路器试送母线。使用母联断路器对母线充电时,要投入母线差动保护和母线充电保护;⑦对于水力发电厂的母线,若有条件可按调度令利用发电机对母线进行从零起的升压检查。

#### 1.6.3.7 母线保护装置误动检查处理

1. 母线保护装置误动现象检查

(1) 出现事故音响,保护动作信号,接于母线的断路器自动跳闸,故障母线电压为零,接于故障母线上进出线的电流表、功率表指示为零。

(2) 伴有直流接地或差动保护断线等二次回路的故障信号和现象。

2. 母线保护装置误动处理

(1) 汇报调度。

(2) 对母线差动保护范围内的设备进行检查,对母线差动保护出口进行检查测量,当检查一次设备无异常现象,确属母线保护误动作时,应拉开母线上的所有断路器的隔离开关,通知继电保护维护负责人退出该母线保护,检查处理母线差动保护装置,检查处理各差动电流互感器二次回路的故障。只有在母线保护重新正常投运后,才能给母线试送电。当母线送电成功后,才可恢复正常运行方式。

### 1.6.3.8 因线路故障造成电源被切除使母线失压的检查和处理

现在的线路保护装置都装有失灵保护,线路故障线路断路器拒动则会启动失灵保护,切除该线路所接母线上的所有断路器。但若是线路故障而保护未动作造成失灵保护不能启动或是失灵保护本身因故不动作(如同未装失灵保护),此时则由主变压器(或发电机侧升压变压器)后备保护和线路对侧的保护动作切除电源(主变压器或发电机侧升压变压器),造成母线失压。这种情况还同时造成发电机甩负荷,系统解列。

这种事故发生时,应尽快汇报调度,断开所有断路器;拉开失压母线拒动断路器两侧隔离开关。经调度许可,尽快恢复非故障主变和失压母线的运行,尽快恢复发变组并网发电。尽快恢复其他非故障线路的运行。经调度许可,可用旁路断路器代拒动断路器给线路试送电。

对拒动断路器和失灵保护不启动的故障原因进行检查和处理,要依次对故障线路断路器拒动和失灵保护不启动相关的控制回路,如直流熔断器、端子、直流母线电压、断路器辅助接点、跳闸线圈、断路器机构及外观等进行外部检查,查找越级跳闸的故障原因,若能查出故障原因,迅速排除,恢复送电;若不能排除,将事故汇报上级及有关部门,待安排检修。

### 1.6.4 任务　电力电缆异常及故障的检查处理

(1) 电力电缆的异常情况有两种:

1) 电压异常。运行中电力电缆的电压不得超过额定电压的15%,超过时,应视为异常,因其容易造成电缆绝缘击穿事故。

2) 温度异常。电力电缆运行中的长期容许工作温度不应超过制造厂规定。

限制其最高容许温度的原因是:电缆过热会加速绝缘老化,缩短使用寿命并可能造成事故。电缆长时间过热会造成的危害有:①电缆终端头外部接触部分损坏;②电缆绝缘降低、老化;③铅包龟裂膨胀、铠装缝隙开裂;④沥青绝缘胶受热膨胀,使电缆端头、中间接头胀裂。

电力电缆运行中的温度高低主要取决于所带负荷的大小,因此值班人员可以通过监视和控制其负荷,使电力电缆不致于温度过高。

(2) 如果检查到下列情况,应立即向调度汇报并申请转移负荷或减负荷,情况严重时,可直接申请停电:

1) 电缆过负荷运行或温度升高超过规定值。

2) 电缆或电缆头有放电声。

3) 电缆有焦味或冒烟。

4) 电缆终端接头（电缆头）严重漏油。

如果检查发现电缆或电缆头爆炸或着火，可不经调度立即采取措施切断电源，采取措施隔离火源，用干式灭火器或沙子灭火。要查清爆炸或着火的原因，检查是否是因电缆过负荷引起过热、电缆和电缆头漏油、电缆受腐蚀、电缆纸受潮、电缆终端接头施工不良、地基下沉、弯曲度过大产生机械损伤等问题引起绝缘击穿，造成电缆或电缆头爆炸或着火。

# 1.7 项目　电力电容器及其串联电抗器巡视与异常及故障检查处理

## 1.7.1 任务　电力电容器及其串联电抗器的巡视检查

### 1.7.1.1 电力电容器的巡视检查

电力电容器巡视检查分为正常巡视检查和特殊巡视检查。

1. 电力电容器正常巡视检查项目

(1) 认真监视运行电压、电流和围周环境温度，应不超过规定范围，做好记录。

(2) 检查瓷绝缘有无破损裂纹、放电痕迹，表面是否清洁。

(3) 母线及引线是否过紧、过松，设备连接处有无松动、过热。

(4) 设备外表涂漆无变色，变形，外壳无鼓肚、膨胀变形，接缝无开裂、渗漏油现象，内部无异声，外壳温度不应超过50℃。

(5) 电容器编号应正确，各接头无发热现象。

(6) 熔断器、放电回路是否完好，接地装置、放电回路是否完好，接地引线有无严重锈蚀、断股；熔断器、放电回路及指示灯是否完好。

(7) 电容器室干净整洁，照明通风良好，室温不超过40℃或低于－25℃；门窗关闭严密。

(8) 电抗器附近无磁性杂物存在；油漆无脱落、线圈无变形；无放电及焦味；油电抗器应无渗漏油。

(9) 电缆挂牌是否齐全完整、内容正确、字迹清楚。电缆外皮有无损伤、支撑是否牢固，电缆和电缆头有无渗油、漏胶，有无发热放电，有无火花放电等现象。

(10) 电容器支架是否安全可靠。

2. 电力电容器特殊巡视检查项目

(1) 雨、雾、雪、冰雹天气应检查瓷绝缘有无破损、裂纹、放电现象，表面是否清洁；冰雪融化后有无悬挂冰柱，桩头有无发热；建筑物及设备构架有无下沉倾斜、积水、屋顶漏水等现象。大风后应检查设备和导线上有无悬挂物，有无断线；构架和建筑物有无下沉倾斜变形。

(2) 大风后检查母线及引线是否过紧、过松，设备连接处有无松动、过热。

(3) 雷电后应检查瓷绝缘有无破损、裂纹、放电痕迹。

(4) 环境温度超过或低于规定值时，检查温蜡片是否齐全或熔化，各接头有无发热现象。

(5) 断路器故障跳闸后应检查电容器有无烧伤、变形、移位等，导线有无短路；电容器温度、音响、外壳有无异常；熔断器、放电回路、电抗器、电缆、避雷器等是否完好。

(6) 系统异常（如振荡、接地、低周或铁磁谐振）运行消除后，应检查电容器有无放电，温度、音响、外壳有无异常。

#### 1.7.1.2 电抗器的巡视检查项目

(1) 支柱应完整、无裂纹，线圈应无变形，支柱及线圈绝缘等应无严重损伤和裂纹。

(2) 各接头无发热现象。

(3) 线圈应无变形；线圈外部的绝缘漆应完好。

(4) 支柱绝缘子及其附件齐全。

(5) 支柱或线圈不应遭受损伤和变形。

(6) 电抗器外露的金属部分应有良好的防腐蚀层，油浸铁芯电抗器无渗漏油及附属装置齐全、完整。

(7) 串联电抗器编号正确。

(8) 室内电抗器的风道应清洁、无杂物。

(9) 室内电抗器的通风装置应良好（运行中的电抗器室温度最高不应超过35℃，当室温在35℃时，电抗器线圈表面温度不得超过75℃）。

(10) 油浸铁芯电抗器的密封性能应足以保证最高运行温度下不出现渗漏。

### 1.7.2 任务　电力电容器与串联电抗器的异常及故障检查处理

#### 1.7.2.1 电力电容器一般故障的检查处理

当发现电容器有单台熔丝熔断，温度过高，轻微渗漏油时，可判断电容器发生一般故障。对电容器一般故障产生的原因及处理方法见表1.6，处理过程中应的注意：

(1) 电容器组断路器跳闸后，不允许强送电。过流保护动作跳闸应查明原因，否则不允许再投入运行。

(2) 在检查处理电容器故障前，应先拉开断路器及隔离开关，然后验电装设接地线；由于故障电容器可能发生引线接触不良，内部断线或熔丝熔断，因此有一部分电荷有可能未放出来，所以在接触故障电容器前，应戴绝缘手套，用短路线将故障电容器的两极短接，方可动手拆卸。对双星形接线电容器组的中性线及多个电容器的串接线，还应单独放电。

表1.6　　　　　　　　电容器一般故障产生的原因及处理方法

| 故障现象 | 产　生　原　因 | 处　理　方　法 |
|---|---|---|
| 单台熔丝熔断 | (1) 过电流。<br>(2) 电容器内部短路。<br>(3) 外壳绝缘故障。 | (1) 严格控制运行电压。<br>(2) 测量绝缘，对于双极对地绝缘电阻不合格或交流耐压不合格的，应及时更换。投入后继续熔断，则应退出该电容器。<br>(3) 查清原因，更换熔断器。若内部短路则将其退出运行。<br>(4) 因熔断器熔断，引起相对电流不平衡接近2.5%时，应更换故障电容器或拆除其他相电容器进行调整 |

续表

| 故障现象 | 产 生 原 因 | 处 理 方 法 |
|---|---|---|
| 温度过高 | (1) 环境温度过高，电容器布置过密。<br>(2) 高次谐波电流影响。<br>(3) 频繁分、合电容器，反复受过电压的作用。<br>(4) 介质老化 | (1) 改善通风条件，增大电容器间隙。<br>(2) 加装串联电抗器。<br>(3) 采取措施，限制操作过电压及涌流。<br>(4) 停止使用，及时更换 |
| 渗漏油 | (1) 法兰焊接出裂缝。<br>(2) 接线时打螺丝过紧，瓷套焊接出损伤。<br>(3) 产品制造缺陷。<br>(4) 温度急剧变化。<br>(5) 漆层脱落，外壳锈蚀 | (1) 用铅锡料补焊，但勿使过热，以免瓷套管上银层脱落。<br>(2) 改进接线方法，消除接线应力，接线时勿搬摇瓷套，勿用猛力拧螺丝帽。<br>(3) 防爆晒，加强通风 |

#### 1.7.2.2 电容器严重故障的检查处理

（1）电容器运行中，若发生下列情况之一者，则说明电容器严重故障：

1）电容器发生爆炸。

2）接头严重发热或电容器外壳示温蜡片熔化。

3）电容器套管发生破裂并有闪络放电。

4）电容器严重喷油或起火。

5）电容器外壳明显膨胀，有油质流出或三相电流不平衡超过5%以上，以及电容器或电抗器内部有异常声响。

6）当电容器外壳温度超过55℃，或室温超过40℃时，采取降温措施无效时。

7）密集型并联电容器压力释放阀动作。

（2）电容器严重故障的处理。

1）应立即切断电容器电源开关。

2）着火时，用沙子或干式灭火器灭火。

#### 1.7.2.3 电抗器的异常及故障检查处理

（1）检查发现有电抗器过热、接头热熔化、线圈变形、瓷瓶裂纹、放电、移位等异常现象时，立即通知主管领导，汇报调度并申请停电处理。

（2）发现电抗器线圈有爆炸声、冒烟、着火等，应立即断开该回路断路器，拉开隔离开关，做好安全措施，用干式灭火器或沙子灭火；并汇报调度。

## 1.8 项目　避雷器、接地装置巡视与异常及故障处理

### 1.8.1 任务　避雷器、接地装置巡视检查

**1. 避雷器巡视检查项目**

（1）瓷套管表面是否清洁完整，有无严重污秽及放电痕迹。

（2）瓷套、法兰有无裂纹、破损及放电现象。

（3）内部无异常声响，与避雷器连接的导线及接地引下线有无烧伤痕迹或烧伤、断股现象，接地端子是否牢固。

（4）放电计数器指示是否变化（判断避雷器是否动作）、放电计数器连接线是否牢固、罩内有无积水。

（5）在线监测仪指示在正常范围内；如与上次检查时相比差值达10%、投产时差值达20%，必须立即汇报。

（6）发生雷击、接地或谐振后，应对避雷器重点检查（如接地线、引下线应是否良好，底座有无烧断等情况），并记录动作次数。

2. 接地装置巡视检查项目

（1）检查接地线等设备外壳及同接地网的连接处是否良好，有无松动脱落现象。

（2）检查接地线有无损伤碰断及腐蚀等现象。

（3）对含有重酸碱盐或金属矿岩等化学成分的土壤地带，接地装置应挖开局部地面进行检查接地线体腐蚀情况。

（4）对移动的电器设备的接地线每次使用前应进行检查。

（5）定期测定接地装置的接地电阻，其数值满足规程要求。

（6）测量接地电阻应在土壤电阻率最大的季节进行。

（7）对接地线距地面50cm以上部分应定期挖开地面检查。

### 1.8.2 任务　避雷器异常及故障的检查处理

1. 避雷器常见的异常检查处理

避雷器最常见的异常情况是基础不均匀沉降，接地电阻不合格，接地引下线开焊、锈蚀使截面不符合要求等。一旦发生这些异常情况，应尽快处理。

（1）避雷器的上、下引线接头松脱或折断，应尽快处理。

（2）当发现避雷器引下线连接点上产生烧伤或熔断现象，或者动作记录器内部烧黑或烧毁时，应对避雷器做电气试验或拆除检查。

（3）避雷器接地不良、阻值过大，应向调度申请停电尽快处理。

（4）避雷器瓷套破裂放电，应及时向调度申请停用，并通知有关部门进行更换。

（5）运行中发现避雷器瓷套有裂纹时，根据天气情况处理如下：

1）如天气良好，应请示调度停下损坏的避雷器进行更换，无条件时，在考虑不致威胁安全运行的条件下，可在裂纹深处涂漆或涂上环氧树脂防潮，并安排短期内更换。

2）如雷雨天气，应尽可能不使避雷器退出运行，待雷雨过后再申请调度处理，如因瓷质裂纹已造成闪络，但未接地者，在可能条件下，应将故障相避雷器停用；如已造成接地故障，禁止用隔离开关停用故障的避雷器。

2. 避雷器的泄漏电流异常增加的检查处理

运行中发现避雷器的泄漏电流明显增加时，检查处理的方法如下：

（1）正常天气，应立即要求调度停电检修，进行泄漏电流的阻性分量和容性分量的测量，对阻性分量超过标准值的避雷器应进行更换。

（2）雷雨天气，尽可能保持运行，并加强监视，如果有继续增大的迹象，应要求停用处理。

3. 避雷器内部有放电声及避雷器爆炸的处理
(1) 运行中发现避雷器内部有放电声，应立即将其退出运行，予以更换。
(2) 避雷器爆炸的处理：
1) 爆炸尚未造成接地时，在雷雨过后拉开相应的隔离开关将避雷器停用更换。
2) 避雷器器裂纹或爆炸已造成接地者，须停电更换，禁止用隔离开关停用故障的避雷器。

## 1.9 项目　直流系统和继电保护装置巡视

### 1.9.1 任务　直流系统巡视检查

直流系统为信号设备，保护，自动装置，事故照明及断路器分、合闸操作等提供电源。直流系统的可靠与否，对发变电站的安全运行起着至关重要的基本保证作用。

直流系统主要由晶闸管高频充电装置、蓄电池及直流系统的各种监控和测量单元等组成。充电装置内有将交流交换为直流的整流装置，整流装置输入端接由厂（站）用电母线供出的交流电，输出端接直流母线，为了提高供电的可靠性，直流母线上还接有蓄电池组。正常情况下，直流母线的电源来自厂（站）用电供出的交流电，供电的路径为：厂（站）用电母线→充电装置→直流母线，蓄电池组作为后备电源，处于浮充状态。当外部交流电中断时，由后备电源——蓄电池继续向直流母线供电。

运行人员在日常工作中必须注意对直流系统进行巡视检查，并在发生各类事故的时候优先考虑恢复直流系统的供电。直流系统的巡视检查主要包括直流系统、整流装置、蓄电池的巡视检查。

1. 直流系统的巡视检查项目
(1) 检查蓄电池浮充电正常，充电电流正常。
(2) 检查控制母线、合闸母线电压表计指示在正常范围内变化（控母电压变化范围不超过额定值的±5%、合母电压变化范围不超过额定值的±10%）。
(3) 检查整流输出电压、电流均在正常范围。
(4) 检查直流屏上无异常光字及告警信号。
(5) 检查直流屏各电源指示灯、运行指示灯正常。
(6) 检查所有应投运的控制电源、合闸电源、信号电源等正确投入，指示灯燃亮正常。
(7) 检查直流母线对地绝缘良好。
(8) 事故照明开关能正常投入。
(9) 闪光装置工作正常。
(10) 直流屏柜内各元件无异声、异味。
(11) 带有电压调节的还应检查端电压调整器触头接触应良好。
(12) 测量直流电压及绝缘，数值正常。

2. 整流装置巡视检查项目
(1) 在正常运行的情况下硅整流元件的温度不应超过规定（60℃），输出电流不超过额定值。

(2) 定期做逆止阀反向性试验。

(3) 正常运行时不准断开硅整流的交流电源,储能电容器的开关应在充电位置上。

(4) 直流母线电压应经常保持在220～230V之间。

(5) 晶闸管整流装置应经常清洁干燥,每周进行一次清扫,避免水或油落在硅整流元件。

(6) 检查晶闸管整流元件,不应采用兆欧表做绝缘试验,以免元件击穿。

3. 蓄电池组的巡视检查项目

(1) 检查电池连接部分无松动和发热现象。

(2) 检查电池表面无污垢,电解液无外流,支架清洁、干燥。

(3) 电池缸不倾斜,表面清洁、无裂纹,导线连接处不锈蚀,凡士林涂层完好。

(4) 室内清洁,无强酸气味,照明、通风良好。

(5) 铅酸蓄电池单瓶电压温度、密度正常 [浮充运行是蓄电池的最佳运行条件,在25℃时,浮充电压按照每节电池 (2.23±0.01) V 设定]。

(6) 加热装置能正常投入,室温控制在10～30℃范围内(蓄电池可在环境温度为-15～45℃范围内正常工作,适宜工作温度为5～35℃。蓄电池室应配备必要的调温、通风设施,保持清洁、干燥)。

(7) 铅酸蓄电池极板颜色正常,外形无弯曲、开裂、脱粉、膨胀生盐现象,内部无短路。

(8) 电解液高于极板1～2cm,并在两标线之间。

### 1.9.2 任务　微机继电保护巡视检查

#### 1.9.2.1　微机保护装置的正常巡视检查

1. 装置电源的巡视检查

装置交直流电源供电正常,无异常故障指示灯点亮;继电保护及自动装置的工作电源为直流电压110V和220V (±5%)。

2. 表面的巡视检查

(1) 继电保护装置柜门关闭严密。

(2) 微机保护装置面板各指示正常。例如,绿色"运行"指示灯亮、红色"跳闸"指示灯不亮、黄色"告警"灯不亮。

(3) 微机保护显示屏显示内容正确,符合相关标准的规定。

(4) 微机保护应定期核对时间。

(5) 检查气体继电器油位观察窗清晰、油位正常、无气体,防雨罩完好。

(6) 遥信、遥测量正常,本地机与工作站主机接收数据正常,指示正确,数据刷新正常。

(7) 接线端子是否牢固可靠。

(8) 装置无异常声音及发热、冒烟和烧焦气味。

3. 压板、切换开关及空气开关的巡视检查

(1) 切换压板应接触良好,置于两垫片中间,牢固紧固,双编号齐全。

1.9 项目 直流系统和继电保护装置巡视

（2）切换压板加用、停用的操作应根据调度指令执行，实际位置应与压板投退卡一致。

（3）应投入运行的装置拨码开关及连接片是否在投入位置，应退出的装置拨码开关及连接片是否在切除位置。

（4）动作出口方式是否正确，即切换片 QP 位置是否正确（作用于跳闸或发信号）。

（5）电流互感器二次切换联片位置正确。

（6）空气开关在投入位置。

4．定值的巡视检查

（1）现场继电保护装置定值，应按定值通知单的要求执行，固化定值区正确。

（2）定期对定值进行一次核对检查。

### 1.9.2.2 二次回路的正常巡视检查

（1）室外接线盒密封完好，无积水、无放电现象。

（2）屏（柜）、箱内清洁，无杂物、无潮气，接地良好，取暖、驱潮装置设施完好，能保证正常工作；正面及背面清洁，编号牌字迹清晰，柜门密封完好；孔洞封堵完好，有照明设施的应检查照明设施完好，端子排应清洁，无损坏、无锈蚀及接线松动脱落现象。

（3）二次回路各熔断器及空气开关完好，标示完整，无熔断及跳闸。

（4）继电保护及自动装置电源、工作、信号、位置、电压互感器切换等运行指示灯指示正确，屏面各功能小开关位置正确，符合现场运行规程规定，无报警、异常等信号。

（5）二次电缆无破损、无受潮，每季对电缆沟二次电缆进行一次检查。

### 1.9.3 任务 直流系统异常及故障检查处理

当直流监控系统发出"整流模块告警"、"电池告警"、"模块交流电源告警"、"副监控微机模块告警"等任一报警信息时，运行人员应按直流系统日常巡视检查项目检查与报警有关的部分，能处理的立即处理，在无法自行处理且不能保证安全的情况下，必须立即汇报调度和继电保护的专职人员，切忌盲目处理。

#### 1.9.3.1 交流电压低的检查处理

在发电厂和变电站，直流系统的电源来自厂用或站用 380V 交流母线，当交流母线电压过低时，直流监控系统发出"交流过欠压"报警，此时，可按以下步骤检查处理：

（1）是否已经失去 380V 厂（站）用电，如果是，则应按恢复厂（站）用电的操作步骤设法恢复厂（站）用电。

（2）检查厂（站）用电配电屏上的充电屏电源的三相熔断器是否正常，有否某相或三相熔断现象，熔断器管与熔断器座是否都接触良好，如果发现有熔断现象，应立即换上同规格的熔断器。

（3）如果再次熔断，应检查电缆及充电机屏是否有短路现象。

（4）如果检查不出的应立即汇报调度及有关部门。

#### 1.9.3.2 控制母线电压异常的检查处理

当控制母线电流异常时，监控系统发出"主监控控母过欠压"或"副监控控母过欠压"报警，应进行以下检查处理：

（1）检查充电柜上控制母线电压表指示是否正常，如果电压表指示母线电压正常，则应是监控模块发生故障，应立即汇报管理所。

（2）如果母线电压不正常，应进行以下检查：

1）电压过高时的检查：①检查充电电压是否过高；②检查调压开关是否在适当位置；③检查硅链外观是否有异常现象，如果调节开关调节时控制母线电压不变，则说明硅链已经被击穿。

2）电压过低时的检查：①应检查充电机是否正常，是否已经停机；②用万用表检查蓄电池端电压是否正常；③如果蓄电池端电压不正常，应在充电屏上检查浮充电压是否正常，是否发生过充电机长时间停电，造成欠充电；④检查蓄电池组外观是否有损坏现象。

（3）当查出是由于充电机充电电压不正常，应进行调节，如果是硅链电压调节装置挡位不对或由于长时间停电造成欠充电，应将其打到控制母线正常的挡位。

（4）当检查是由于充电机故障、硅链击穿、电池损坏时，应立即汇报有关部门。

### 1.9.4 任务 微机保护电源故障检查处理

微机保护装置电源由装置内部的电源插件提供，通常采用逆变电源，即将直流逆变为交流，再把交流整流为微机保护各部分所需的直流电压，这样就可为微机保护装置提供抗干扰能力极强的电源。电源插件的输入端接入来自直流系统的 220V 或 110V 直流电，输出端输出三组直流电压（5V、±15V、24V）给微机保护各部分供电，其中 5V 供保护 CPU 等芯片电源；±15V 供运算放大器、模数转换等部分电源；24V 供启动、跳闸及信号、告警继电器的开出电源和开入电源。在正常运行时，保护装置面板上的电源指示灯和保护装置电源内部电源插件上的电源指示灯均应正常发光。

1. 微机保护电源故障的现象

微机保护电源故障时，保护装置面板的电源正常指示灯熄灭，监控系统发出"保护电源故障"告警信号。在失去电源情况下保护装置不能正常工作，有些保护将自动闭锁，并自动向线路对方发出闭锁信号。

2. 微机保护电源故障的检查处理

微机保护电源故障有两种情况：一是来自直流系统的供电中断；二是保护装置内部的电源插件发生故障。应先测量保护屏上直流电源端子电压，判断是哪一种情况，然后再有针对性地进行检查处理。

（1）直流电源端子电压为零，则进行以下检查处理：

1）直流配电屏上保护电源熔断器是否熔断，保护屏直流电源端子上电压是否正常。

2）如果直流配电屏上电源熔断器熔断，可换规定的相同容量的熔断器试投。在装新熔断器之前最好将保护出口（包括跳闸和启动开关失灵保护回路）暂时断开，待电源恢复后再接通，避免在电源恢复过程中保护误动跳闸。

如果换上熔断器又熔断，可能保护装置内部（包括保护内部专用电源装置）或直流配线有短路故障，应申请将保护装置暂时退出，然后进一步进行检查。

3）如果直流配电屏上熔断器没有熔断，直流供电正常，而保护屏直流电源端子没有电压，可能直流电源回路断线。应立即汇报调度及有关部门。

（2）直流电源端子电压正常。如果保护屏上直流电源端子电压正常、装置电源开关正常，而保护电源故障信号不能复归，可能是保护内部电源插件故障，则应汇报调度和有关部门。经调度同意退出保护装置后,由继电保护人员再进一步进行检查:检查装置内部电源插件的正常运行指示灯是否发光,测量电源插件输入和输出电压是否正常,如电源指示灯灭,或测得电源装置输出电压不正常,说明装置电源插件故障,应尽快更换。

# 1.10 项目　电动机巡视与异常及故障检查处理

## 1.10.1 任务　电动机巡视检查

1. 电动机正常巡视检查项目

(1) 检查是否发出异常响声或者不能达到正常转速。
(2) 检查电动机发生剧烈振动,电流表指示值是否正常;定子电流是否周期性摆动。
(3) 电动机温度是否正常。
(4) 电动机是否有剧烈振动。
(5) 检查电动机机座和基础固定处的地脚螺栓是否紧固。

2. 电动机巡视检查中注意事项

(1) 电动机发生下列情况之一者,可将备用设备投入,无备用时,可继续运行,但必须加强监视:
1) 电动机(或所带机械设备)外壳或轴承温度升高,但未超过容许值。
2) 电动机或所带机械设备内部有异音。
3) 振动或串动过大。
(2) 电动机发生下列情况之一者,应立即切除电动机电源,通知检修人员处理:
1) 轴承或线圈发热超过容许值。
2) 电动机冒烟着火,切除电源后用干式灭火器灭火。
3) 剧烈振动或串动危及安全运行时。
4) 电动机转速过低发出异音。
5) 电动机转子与定子发生碰撞、摩擦或其所带的机械设备发生故障。

## 1.10.2 任务　电动机异常及故障检查处理

1. 电动机启动时异常的检查处理

电动机在运行过程中,会因为启动次数过多、长期过载、绝缘受潮、机械损伤等原因发生异常或故障。

(1) 电动机启动时的异常检查。电动机启动时,出现下列现象之一者,电动机不能正常启动:
1) 电动机不转且无声。
2) 电动机转动很慢或不转并伴有"嗡嗡"声。
3) 电动机内出现火花或冒烟。
4) 电动机启动合不上闸(或合上后,开关即跳闸)。
5) 新安装或检修后的电动机启动时保护动作。
(2) 电动机启动时的异常处理。
1) 立即切断电动机电源。备用电动机时,还应立即启动备用电动机。

2）运行人员必须根据检查到的不正常现象，进行针对性的检查，找出故障原因。电动机启动时各种异常现象所对应的故障原因见表1.7。

表1.7　　　　　　　　电动机起动时各种异常现象所对应的故障原因

| 序号 | 异常现象 | 故障原因 |
| --- | --- | --- |
| 1 | 电动机不能转且无声 | (1) 电源没有电。<br>(2) 开关未合。<br>(3) 熔断器熔断。<br>(4) 电动机定子绕组引线断 |
| 2 | 电动机转动很慢或不转并伴有"嗡嗡"声 | (1) 电源电压过低。<br>(2) 电动机定子绕组接线错误：三角形接线误接为星形，星形接线的一相反接等。<br>(3) 电动机承受缺一相的电源或电动机定子绕组有一相断线（熔断器一相熔断，电缆头、隔离开关或开关等一相接触不良，定子绕组一相断开）。<br>(4) 转子回路中断线或接触不良。<br>(5) 电动机或机械部分发卡 |
| 3 | 电动机内出现火花或冒烟 | (1) 中心不正或轴瓦磨损，定转子间相互摩擦。<br>(2) 鼠笼式转子铜（铝）条断裂或接触不良。<br>(3) 定转子间隙里积粉尘太多 |
| 4 | 电动机启动合不上闸（或合上后，开关即跳闸） | (1) 电源熔断器有某相熔断。<br>(2) 小车开关插件，转换接点接触不良。<br>(3) 电动机启动负荷大，启动时间长，造成热偶保护脱扣器动作。<br>(4) 合闸电压过低。<br>(5) 合闸回路有断线，合闸接触器被卡。<br>(6) 合闸回路中的有关闭锁接点在合闸闭锁状态。<br>(7) 开关机构和转动部分有卡住现象。<br>(8) 事故按钮或跳闸铁芯不返回。<br>(9) 保护定值过低或存在问题 |
| 5 | 新安装或检修后的电动机启动时保护动作 | (1) 一、二次回路接线有误。<br>(2) 电动机或电缆有故障。<br>(3) 绕线式电动机启动时，滑环短路或变阻器不在启动位置。<br>(4) 被带机械有故障。<br>(5) 保护定值不正确 |

2. 电动机运行中的发生异常的检查处理

(1) 运行中的电动机有下列情况之一者，可先启动备用电动机，然后停止故障电动机，对无备用电动机者应汇报值长，决定是否停止：

1）电动机有不正常的声音或绝缘有烧焦气味。

2）电动机内或启动装置内出现火花或冒烟。

3）轴承及铁芯线圈温度升高超过容许值。

4）负荷未变而定子电流不正常的升高，超过容许值。

5）大型密闭式冷却电动机的冷却水系统发生故障。

6）电动机被水淋、蒸汽熏、绝缘受潮时。

## 1.10 项目 电动机巡视与异常及故障检查处理

(2) 电动机运行时突然声音变化，发生鸣声，电流上升或回零，转速下降，如电源未发生问题，应立即启动备用电动机，拉开故障电动机开关，进行下列检查处理：

1) 检查定子回路是否一相断线（开关、隔离开关、接触器一相断线，熔断器一相熔断）。
2) 检查绕组匝间是否短路。
3) 检查被带动的机械是否有故障。
4) 系统电压是否正常。

(3) 运行中的电动机、定子电流发生周期性剧烈摆动，应启动备用机组，将故障电动机停止运行，检查处理，其原因有：

1) 鼠笼式电动机转子铜（铝）条损坏。
2) 绕线式转子绕组焊头损坏。
3) 绕线式电动机的滑环短路装置或变阻器有接触不良等故障。
4) 机械负荷发生不均匀变化。

(4) 运行中电动机不正常发热，超过容许值，应尽快查明原因，设法消除，有备用电动机可启动备用电动机运行，无备用电动机应降低出力运行。发热原因可能如下：

1) 冷却系统有问题（通风堵塞、进风门或进水门关闭，进风温度过高等）。
2) 电源电压过低或三相电压不平衡。
3) 过负荷或机械部分有问题。
4) 冷却器断水或水压不足，进水或进风温度超过规定值。
5) 长时间过负荷运行，电压过低或三相电压不平衡。
6) 加装临时通风或降低出力运行。
7) 若加强通风或降低出力之后，温度仍上升，则可能有故障，应停止电动机运行。

(5) 运行中电动机轴承温度过高，应加强监视，并设法消除或通知有关人员进行处理。

1) 发热原因。
a. 油不清洁、油太浓或油中有水或油种用错。
b. 供油不足，油循环、润滑不良，油泵卡住或旋转缓慢。
c. 传动皮带拉得过紧，轴承盖盖得过紧，轴瓦面刮得不好，轴承间隙太小。
d. 电动机的轴或轴承倾斜。
e. 中心不正或弹性联轴器的凸齿工作不均匀。
f. 轴承有电流流过，轴颈磨蚀不光，轴瓦合金熔化等。
g. 滚动轴承内部磨损。
h. 转子不在磁场中心，引起轴向串动，轴承受挤压。

2) 处理方法。
a. 监视温度，调整油位。
b. 启动备用电动机，通知检修处理，无备用电动机，应汇报值长，决定是否继续运行。

(6) 电动机振动过大。

1) 原因。

a. 电动机和所带机械之间的中心不正。

b. 基础螺丝松动,机组失去平衡。

c. 定转子间摩擦。

d. 轴承损坏或轴颈磨损。

e. 联轴器及其连接装置损坏。

f. 所带机械损坏。

g. 电动机缺相运行或个别线圈断线。

2) 处理方法。

a. 汇报值长,并对电动机电气回路进行检查处理。

b. 联系检修进行检查处理。

(7) 绕线式电动机、直流电动机运行中电刷冒火,有备用电动机倒备用电动机运行,无备用电动机设法消除,并加强监视,通知有关人员。电刷冒火的原因有:

1) 电刷压力不均匀。

2) 电刷、滑环或整流子表面不清洁,磨损严重。

3) 电刷在刷框中摆动或卡涩。

4) 电刷牌号不符合规定或不完全一样。

5) 电刷振动。

6) 电刷和引线,引线端子间连接松动。

(8) 重要的厂用电动机失去电压或电压下降时,在 1min 内,禁止值班人员切断电动机,以便自启动。

(9) 电动机一相熔断器熔断时,必须测量绝缘电阻,两相熔断或保护跳闸时,除测量绝缘外,必须测量电动机的直流电阻,其三相差不得大于 2%。

3. 电动机运行中的发生事故的检查处理

(1) 电动机运行时发现下列情况之一者,应立即停止运行:

1) 电动机及所带机械危机人身安全时。

2) 电动机及所属电气装置冒烟起火时。

3) 电动机强烈振动及轴承温度剧烈升高或超过规定时,且有继续上升趋势时。

4) 电动机转速下降,声音异常,且电流超过额定值不返回时。

5) 电动机定、转子发生扫膛冒烟时。

6) 发生明显威胁电动机安全运行的其他情况(如水淹、火灾、机械严重损坏等)。

(2) 电动机自动跳闸检查处理。电动机自动跳闸时,应起动备用机组,对跳闸电动机从各方面详细检查、测试,原因不明不得投入运行。对重要电动机无备用机组或不能迅速启动备用机组时,取得值长同意后,允许试投一次,但遇有下列情况除外:

1) 电动机跳闸时有很大电流冲击时。

2) 电动机回路有明显短路或损坏征象。

3) 电动机低电压保护动作停机。

(3) 电动机合闸后,保护动作跳闸的处理:

1) 启动备用机组。
2) 检查保护回路有无问题，联系检修处理。
3) 检查跳闸电动机本体及回路有无短路或断线现象。
4) 检查电动机所带机械是否有卡涩现象。
5) 测定电动机绝缘电阻。
6) 检查电动机开关。

（4）装有低电压保护的电动机，在厂用电消失或电压低引起保护跳闸后，在电压未恢复前，不准启动电机。

# 1.11 项目 电气安全用具巡视和电气设备着火的事故处理

## 1.11.1 任务 电气安全工用具的巡视检查项目

（1）检查安全工用具是否定置摆放，是否在试验周期内，试验标签是否粘贴规范、完好。

（2）各种绝缘工具外观无裂纹、无磨（破）损、无腐蚀。

（3）验电器电池完好，音响、灯光信号正常。

（4）绝缘手套无磨损、黏连、腐蚀现象，检查绝缘手套不漏气。

（5）接地线不散（断）股、不起毛、胶套管完好、不老化，线鼻、连接螺丝紧固。

（6）遮栏网绳无污损，标示清晰。

（7）各种标示牌齐全、数量相符、字迹清楚，无破损。

（8）安全带、脚扣、升降板、木梯无断裂、无裂纹，安全带铆钉扣完好，升降板绳索不散（断）股，且在试验周期内。

（9）安全帽完好无裂纹，无损伤、无明显变形，帽标组件（帽箍、顶衬、后箍、下额带）完好、齐全、牢固。

（10）存放安全工用具的地方无渗水，无其他杂物及腐蚀性物品。

（11）特别注意防火设施是否完整。

## 1.11.2 任务 电气设备着火的事故处理

（1）特别注意防火设施是否完整。

（2）电气设备着火的事故处理。

1) 迅速断开各方面的电源，停止运行中的冷却装置或通风装置。
2) 通知消防单位。
3) 启用灭火器或变电站的其他消防设施集中灭火。
4) 充油设备上部着火，则应打开油箱底部阀门，放油至适当位置。
5) 迅速将着火设备与运行设备隔离。

（3）进行电气灭火时的注意事项。

1) 如能将负荷转移的，尽可能转移，将事故损失缩小在最小范围。
2) 工作所用变着火，应迅速投入备用所用变电源。

3) 油内着火可用干式灭火器，泡沫灭火器，$CCl_4$ 灭火器进行灭火，不得已时可用沙子灭火。电气设备着火可用干粉灭火器、$CO_2$ 灭火器灭火。

4) 灭火人员应选择适当的位置，看清方向，注意灭火器喷射药粉或溶液与带电运行设备保持安全距离。

5) 当保护、控制、信号回路着火时，不得电动分、合断路器。

## 1.12 项目　水轮发电机巡视与异常及故障检查处理

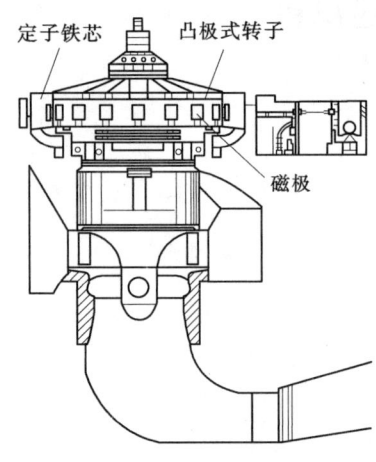

图1.3　水轮机的结构特点

凸极式转子是水轮发电机的结构特征。凸极式转子上有明显凸出的成对磁极和励磁绕组（参见图1.3）。当励磁绕组中通过直流励磁电流后，每个磁极就出现一定的极性，相邻磁极交替为 N 极和 S 极。由于水轮机的转速较低，要发出工频电能，需要的极数就比较多。转子的极数多、直径大、轴向长度短。大多数水轮发电机为立式。水轮发电机的直径很大，定子铁芯由扇形硅钢片拼装叠成。为了散热的需要，定子铁芯中留有径向通风沟。转子磁极由厚度为 1～2mm 的硅钢片叠成；磁极两端有磁极压板，用来压紧磁极冲片和固定磁极绕组。有些发电机磁极的极靴上开有一些槽，槽内放上铜条，并用端环将所有铜条连在一起构成阻尼绕组，其作用是用来抑制短路电流和减弱电机振荡。

### 1.12.1 任务　水轮发电机运行中的监视和检查维护

按现场运行规程规定的内容进行定期巡视和检查：

(1) 检查发电机仪表盘上的电气指示仪表。

(2) 检查发电机定子绕组、定子铁芯、进出风，发电机各部轴承的温度。

(3) 检查润滑系统、冷却系统的油位、油压、水压等。

(4) 检查监视励磁回路绝缘的电压表，定期测量。

(5) 检查发电机及其附属设备。

(6) 检查润滑油和轴承的允许温度及油压、进出风温度和冷却水水压。

(7) 检查发电机润滑、轴承、冷却水系统的定期试验、切换、清扫、排污等维护工作。

(8) "无人值班"（少人值守）电厂的发电机及其电气机械仪表的定期巡视检查和表计记录。

### 1.12.2 任务　滑环和励磁机整流子电刷的检查和维护

(1) 定期检查整流子和滑环时，应进行下列检查：

1) 整流子和滑环上电刷的冒火情况。

2) 电刷在刷框内应能自由上下活动（一般间隙 0.1～0.2mm），并检查电刷有无摇动、跳动或卡住的情形，电刷是否过热；同一电刷应与相应整流子片对正。

3）电刷连接软线是否完整、接触是否紧密良好、弹簧压力是否正常、有无发热、有无碰机壳的情况。

4）电刷与整流子接触面不应小于电刷截面的 75%。

5）电刷的磨损程度（允许程度列入现场运行规程中）。

6）刷框和刷架上有无灰尘积垢。

7）整流子或滑环表面应无变色、过热现象，其温度应不大于 120℃。

（2）检查电刷时，可顺序将其由刷框内抽出。如需更换电刷，在同一时间内，每个刷架上只允许换一个电刷。换上的电刷必须研磨良好并与整流子、滑环表面吻合，且新旧牌号必须一致。

（3）根据相关标准所规定的时间和次数，对滑环和励磁机整流子进行维护。工作中，应采取防止短路及接地的安全措施。

（4）使用压缩空气吹扫时，压力不应超过 0.3MPa，压缩空气应无水分和油（可用手试）。

（5）机组运行中，由于滑环、整流子或电刷表面不清洁造成电刷冒火时，可用擦拭方法进行处理。相关标准有明确规定的处理方法与注意事项。

## 1.12.3 任务　励磁装置的检查

相关标准规定的巡视检查主要项目有：

（1）各表计指示应正常，信号显示应与实际工况相符。

（2）各有关励磁设备元器件，应在对应的运行位置。

（3）检查各整流功率柜运行状况及均流情况。

（4）各电磁部件无异声及过热现象。

（5）各通流部件的接点、导线及元器件无过热现象，各熔断器是否异常。

（6）各机械部件位置应正确，接触点接触应良好，无过热现象，挂钩应挂好，各部螺栓、销钉连接应良好。

（7）通风用元器件、冷却系统工作应正常。

## 1.12.4 任务　发电机的特殊检查

（1）当发电机外部发生较严重的短路故障时，应对发电机外部及连接部分进行详细的检查。

（2）一般在发电机停机后，应用 2500V 摇表测量其发电机定子绕组 75℃绝缘电阻，测量值应符合相关标准要求，并将数值记入《绝缘电阻测量记录簿》内。

（3）停机超过 24h 后及大小修后的发电机，在启动前，发电机定子绕组用 2500V 摇表（量程不低于 10000MΩ）测量，测量发电机定子回路的绝缘电阻可以包括连接在该发电机定子回路上不能用隔离开关断开的各种电气设备，并采用 2500V 兆欧表测量，其绝缘电阻值不作规定。若测量的结果较历年正常值有显著的降低（考虑温度和空气湿度的变化，如降低到历年正常值的 1/3）或沥青浸胶及烘卷云母绝缘吸收比小于 1.3、环氧粉云母绝缘吸收比小于 1.6，应查明原因并将其消除。

（4）测量发电机励磁回路绝缘电阻，应包括发电机转子、主（副）励磁机。对各种整流型励磁装置是否测量绝缘电阻，应按有关标准的要求进行。测量应采用 500～1000V 兆欧表，其励磁回路全部绝缘电阻值不应小于 0.5MΩ。若低于以上数值时，应采取措施加以恢复。如一时不能恢复，则应由发电厂总工程师决定是否允许运行。

（5）对担任调峰负荷、启动频繁的发电机定子和励磁回路绝缘电阻，每月至少应测量一次。

所测绝缘电阻值如不能满足以上规定值时，应查明原因，并立即汇报班长、值长，在未查明原因并消除前，禁止升压并列。

**1.12.5 任务　发电机系统异常及故障的检查处理**

（1）当系统内或其他并列运行的发电机发生事故，引起电压下降，发电机的励磁由自动励磁调整装置及强行励磁装置的调整而增加到最大时，在 1min 内值班人员不得干涉自动励磁调整装置或强行励磁装置的动作。在 1min 以后，则应立即根据现场运行规程规定，降低定子、转子电流至正常值。

（2）在发电机侧断路器以外发生长时间的短路，且定子电流表的指针指向最大而电压剧烈降低时，如果发电机的保护装置拒绝动作，值班人员应立即手动将发电机解列。

对于在中性点经消弧线圈、接地变压器接地的系统中运行的发电机，当发现系统中有一点接地时，无论接地点在发电机内部或发电机外部，都应立即转移负荷停机。

（3）当发电机的转子一点接地保护动作时，应迅速转移负荷，停机处理，一般不允许再继续运行。

（4）当励磁系统发生两点接地时，必须立即解列发电机，并用自动灭磁开关切断励磁。当转子绕组有层间短路而引起不容许的振动或转子电流急剧增加时，必须立即减少负荷，使振动或转子电流减少到允许的范围内，必要时亦应解列发电机，并用自动灭磁开关切断励磁。当发电机着火时（从发电机上部盖板热风口或密闭不严处冒出明显的烟气、火星或有绝缘烧焦的气味），值班人员应当立即采取下列措施：

1）如发电机未自动停机，应立即手动断开发电机出口断路器并灭磁，紧急停机。

2）判断发电机已无电压后，应根据现场的消防规程立即灭火，直到火灾完全扑灭为止。

3）发电机着火时不准破坏发电机密封，如热风口在打开位置应立即关闭；进入发电机内部应戴氧气罩或防毒面具，接触设备时应做必要的安全措施。

# 1.13 项目　自用电系统工况检查与事故处理

## 任务　自用电系统运行工况检查

1. 自用电系统运行中的检查项目

（1）检查自用变压器两侧开关以及隔离开关工作正常。

（2）检查电缆工作正常。

（3）检查自用变压器工作是否正常，有无异常响声及焦臭味。

（4）检查各厂用设备开关以及隔离开关、熔断器完好。

（5）检查备用电源自投装置（BZT）工作正常。

(6) 检查照明良好。

(7) 检查直流系统工作正常。

2. 自用变压器低压侧系统的事故处理

(1) 自用变压器低压侧电源开关断开而备用电源又未投入时,可不经任何检查,立即投备用电源强送电一次,若强送成功,可恢复厂用电的分段运行。若强送不成功,则应迅速隔离故障母线。

(2) 自用变压器低压侧电源开关断开,若备用自投开关合闸后又跳闸,则为永久性故障,故障可能发生在自用变压器低压侧母线或设备线路上,应迅速隔离故障母线。

(3) 隔离故障母线时,应倒换故障段母线的厂用电重要负荷,断开故障段母线上所有的负荷开关;对母线进行全面检查。无明显故障时,合上故障段母线上的电源开关对母线进行充电,正常后分别合上分路开关进行检查。如果合上某一开关时保护又动作断开该段母线,则说明故障就发生在这一分路线路上,断开此线路开关切除故障设备,隔离故障点后,恢复其他无故障设备的正常运行。

(4) 事故处理完毕后,恢复故障段母线所供给的厂用电负荷正常运行。

## 附件 1.1  设备巡视记录作业样本

变压器巡视记录作业样本见表 1.8。

表 1.8　　　　　　　　变压器巡视记录作业

| 序号 | 部件 | 编号 | 项　目 | 检 查 记 录 |
|---|---|---|---|---|
| 0 | 铭牌 | 1 | 型号 | |
| | | 2 | 额定参数 | |
| 1 | 本体 | 1 | 箱体完好、清洁、无锈蚀、无渗漏 | |
| | | 2 | 油温及线圈温度正常,温度计指示正确 | |
| | | 3 | 声音均匀,无异声 | |
| | | 4 | 法兰、阀门、油管等无渗漏油 | |
| | | 5 | 压力释放装置完好,无渗漏油及动作指示 | |
| | | 6 | 各阀门位置正确 | |
| | | 7 | 呼吸器完好,油杯内油面、油色正常,呼吸畅通(油中没有气泡翻动),矽胶变色不超过 2/3 | |
| | | 8 | 各控制箱和端子箱应封堵完好,无进水受潮 | |
| 2 | 油枕 | 1 | 完好、清洁、无锈蚀、无渗漏 | |
| | | 2 | 油位应正常,符合油位与油温的关系曲线 | |
| | | 3 | 瓦斯继电器内充满油,无气体,防雨罩完好 | |
| 3 | 套管 | 1 | 油色、油位正常、无渗漏 | |
| | | 2 | 瓷质部分清洁、无裂纹、放电痕迹及其他异常现象 | |

续表

| 序号 | 部件 | 编号 | 项目 | 检查记录 |
|---|---|---|---|---|
| 4 | 导引线 | 1 | 引线线夹压接牢固、接触良好,无发热现象 | |
| | | 2 | 引线无断股、散股、烧伤痕迹 | |
| | | 3 | 中性点引下线接地良好 | |
| | | 4 | 引下线弛度适中,摆动正常 | |
| | | 5 | 无挂、落异物 | |
| 5 | 冷却系统 | 1 | 冷却器控制箱内各电源开关、切换开关应在正确位置,信号显示正确,无过热现象,温控除湿装置投入正确 | |
| | | 2 | 投入运行的冷却器组数恰当,与负荷及温度相适应 | |
| | | 3 | 风扇和油泵运转正常,无异常声音,油流计指示正常 | |
| | | 4 | 冷却器本体及蝶阀、管道连接处等部位无渗、漏油 | |
| | | 5 | 冷却器分控箱门关闭严密、箱内清洁、干燥、无锈蚀、封堵严密 | |
| | | 6 | 二次接线无松动、脱落、发热现象 | |
| | | 7 | 备用电源自动切换装置及冷却器切换试验时能正确动作(结合定期切换) | |
| 6 | 有载调压 | 1 | 控制箱内各控制选择开关位置正确,挡位显示与机械指示一致,无异常信号 | |
| | | 2 | 油位正常,符合油位与油温关系曲线 | |
| | | 3 | 连杆完好无变形 | |
| | | 4 | 油箱及有关的法兰、阀门、油管等处无渗漏油 | |
| | | 5 | 呼吸器完好,油杯内油面、油色正常,呼吸畅通(油中没有气泡翻动),矽胶变色不超过2/3 | |
| | | 6 | 机构箱密封良好,电动机电源开关应合上 | |
| | | 7 | 在线滤油装置组合滤芯压力表指示正确,法兰、阀门、盖板连接处等各部位无渗、漏油,决定工作方式的开关、阀门位置正确 | |
| | | 8 | 在线滤油装置正在工作状态时,检查油中无气泡 | |
| 7 | 二次接线箱 | 1 | 门关闭严密、箱内清洁、干燥、无锈蚀、封堵严密 | |
| | | 2 | 接线无松动、脱落现象 | |
| 8 | 中性点 | 1 | 本体无过多的积灰,无杂物,各电气连接接头连接可靠 | |
| | | 2 | 电抗器元件及支柱绝缘子等外观应正常,无变色、裂缝等异常现象 | |
| | | 3 | 外壳清洁,油漆无脱落 | |
| | | 4 | 放电间隙无异物、无锈蚀、无倾斜,接地连接牢固 | |

附件 1.1　设备巡视记录作业样本

续表

| 序号 | 部件 | 编号 | 项　目 | 检 查 记 录 |
|---|---|---|---|---|
| 9 | 其他 | 1 | 在线监测装置指示正常，无异常信号 | |
| | | 2 | 设备编号、标示齐全、清晰、无损坏，相色标示清晰、无脱落 | |
| | | 3 | 基础无倾斜、下沉 | |
| | | 4 | 架构完好无锈蚀、接地良好 | |
| | | 5 | 防火墙完好、无破损 | |
| | | 6 | 接地及引下部分完好 | |
| | | 7 | 附近的周围环境及堆放物品无可能威胁变压器的安全运行 | |
| 操作人： | | | | 评价： |

# 模块 2　电气运行监控和技术管理

## 2.1 项目　通过仿真机掌握综合自动化监控和操作方式

### 2.1.1 任务　了解水电站及变电站综合自动化系统

1. 水电站综合自动化的发展

中小型水电站是我国的电力系统的重要组成部分，具有投资小、建设周期短、见效快等特点。早期建设的很多中小型水电站基本采用常规控制模式，其控制设备本身的缺陷和老化等因素已开始威胁水电站的安全运行。很多中小型水电站的控制系统已不能满足电力系统日益提高的自动化水平的要求。为保证中小型水电站安全、经济、可靠运行，对中小型水电站进行综合自动化系统的改造工作已经势在必行。

水电站综合自动化系统集电气系统（发电机系统、励磁系统、输变电站、厂用电系统等）和水轮机系统（透平油系统、调速系统、技术供水及排水系统、压缩空气系统等）的微机监控、数据采集以及微机保护和自动装置于一体。取代了常规仪表、常规操作控制屏及中央信号系统等二次设备，减少了控制室面积，实现了远程运行监控、数据远程通信、防误操作闭锁、自动调节、保护设备状态监测以及保护定值的检查与修改，从而实现优化运行，使水电站提高了技术水平和运行管理水平，全面适应现代电力系统信息化管理要求。

2. 变配电站综合自动化系统的主要构成

变配电站低压配电系统采用微机监控，高压系统采用微机保护和微机监控，用通信电缆将其与综合自动化工作站（管理计算机）联网之后就可以组成一个现代化变配电站管理系统——变配电站综合自动化系统。

（1）变配电站综合自动化系统的构成内容。

1）高压设备采用微机保护与微机监控（包括各综合保护组屏和在开关柜上的各保护单元监控；包括高压系统设备的监控）。

2）低压设备采用低压配电系统微机监控（包括低压系统的各开关柜单元监控）。

3）综合自动化工作站（作为系统管理计算机与电力部门调度联网通信）。

4）通信电缆（各微机保护、微机监控和综合自动化工作站的通信）。

5）操作模拟机或模拟屏（有人值班放在值班室，无人值班可不要）。

（2）关于综合自动化工作站（系统管理计算机）。综合自动化工作站通过通信电缆与安装在现场的所有微机保护与监控单元进行信息交换；综合自动化工作站配置标准化的软件，操作简单方便，人机界面好；根据用户要求，管理计算机可配置容易掌握的系统组态软件，方便用户使用与二次开发。

3. 变配电站综合自动化系统的功能和特点

通过管理计算机（综合自动化工作站）可以实现以下功能，优化运行：

(1) 可通信的微机保护和自动化控制功能。包含：输电线路保护；变压器保护；母线保护；电容器保护、低频自动减负荷、备用电源自投控制等。

(2) 操作与控制功能。通过液晶显示器显示画面，用鼠标和键盘进行断路器和隔离开关的分、合；电容器和电抗器的投入、切除；变压器分接头调节（调压）；保护定值和越限报警定值调整；自控装置的设定值调整等遥控操作。

(3) 越限测量与监视功能。对采集的电流、电压、有功功率、无功功率、频率、温度等模拟量不断进行监视，如发现越限，立刻发出告警信息；同时记录、显示和远传越限时间和越限值。

(4) 实时运行参数显示功能。显示各种实时采集和计算的运行参数。包含：实时主接线图显示；事件顺序记录显示；越限报警显示；值班记录显示；历史趋势显示；保护定值和自控装置的设定值显示；故障记录显示；设备运行状况显示等。

(5) 防误操作功能。无论现地操作或远程操作，都有防误操作的闭锁措施。

(6) 自动化的通信功能。包含变电站现场级通信和与调度的远程通信（遥信、遥测、遥控、遥调，即四遥功能）。

4. 仿真机电气系统的构成

本仿真机是仿实际综合自动化水电站的全功能教学培训仿真机，在电气系统方面，实现了4台水轮发电机组一、二次电气系统和励磁系统的运行仿真，实现了水电站的输变电系统（变电站）、厂用电系统以及继电保护和自动装置系统的运行仿真。

本仿真系统由计算机网络组成，各仿真机都是独立的，既可作水电站运行也可作变电站运行（厂用变电站和0号变电站可作为重要用户的综合自动化变配电站运行）。

变电站构成情况是：两台150MVA主变压器（以下简称主变）（额定电压为242kV、121kV、13.8kV；额定电流：358A、716A、3138A），主变高压侧为220kV双母线带旁路母线的主接线系统；主变中压侧为110kV单母线分段带旁路母线的主接线系统，110kV Ⅱ母还带有一个本地0号变电站（一台变压器连接一条10kV单母线的供配电系统）；两台主变的低压侧分别通过两台13.8kV高厂变供6kV单母线分段厂用电系统。

5. 仿真机的教学功能

仿真机监控系统模仿实际综合自动化水电站的计算机监控系统，各项操作功能及系统性能指标能达到仿真规范要求。各种计算机屏幕化监控界面既与现场实际计算机监控界面风格吻合，而且还有适合于教学培训的特色。

该仿真系统能正确反映变电站、水轮发电机组、厂用电及其全部用电系统（包含直流蓄电池组和380V用电照明系统）在正常、非正常、事故工况下的各种运行过程，在运行监控中反映的现象与实际基本一样，达到较高的逼真度。

通过在仿真机上边做、边学的仿真实训，能使学生学会综合自动化水电站和变电站的运行技术。

6. 水电站仿真系统的启动与初态设置

通过教师操作示范、操作指导，使学生熟悉仿真工作环境；掌握水电站仿真系统的基本操作；学会水电站仿真系统的启动与初态设置。

（1）运行服务器。

1）双击桌面"水电仿真文件夹"的"服务器"图标。

2）设置仿真水电站初始运行状态。

3）点击仿真服务器菜单中的"变量"。

4）选择"装载初值"—"自选"。

5）选择"×××初态"文件夹中的对应初态文件，双击该文件或者点击"打开"。

（2）运行工作站。双击桌面"水电仿真文件夹"的"工作站"图标。

（3）运行虚拟机工作站。

1）双击桌面"水电仿真文件夹"的"虚拟机"图标。

2）在打开的界面中点击"启动该虚拟机"进入虚拟电脑。

3）在虚拟电脑界面双击"工作站"图标进入虚拟机工作站。

## 2.1.2 任务　综合自动化工作站监控界面的使用及切换

**1. 仿真水电站及变电站工作站监控界面的使用及切换**

仿真水电站工作站监控主界面为水电站计算机监控系统画面目录，如图2.1所示，图中文字后的方框，为选择按钮，运行人员值班时，可根据监视和操作的需要，点击相应的选择按钮，即可进入相应的子界面，完成各项工作。各子界面均设有返回主界面的按钮，供操作者切换回水电站计算机监控系统画面目录。仿真变电站工作站监控界面的使用及切换情况与水电站相同。

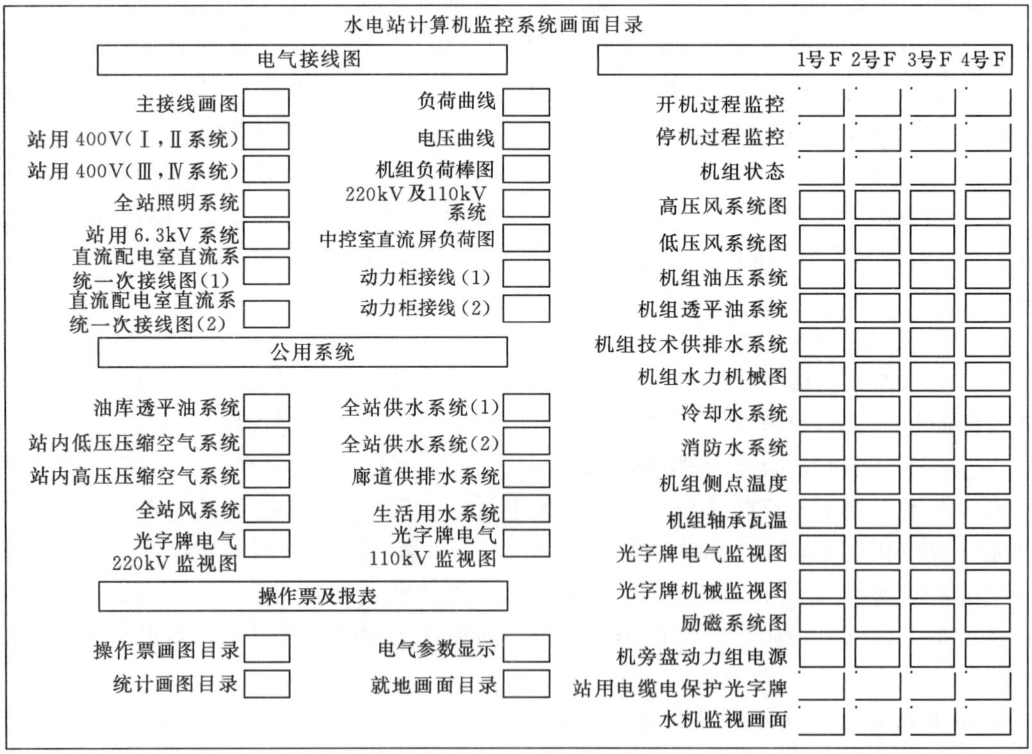

图2.1　水电站计算机监控系统画面目录图

## 2.1 项目　通过仿真机掌握综合自动化监控和操作方式

**2. 仿真水电站及变电站一次系统的电气运行监控**

通过对一次系统的主设备和辅助设备的监控和单一操作训练，熟悉计算机监控界面中主接线系统主设备、辅助设备的位置、作用、编号；了解各监控信息和信号，认识各种表计的位置、作用、计量单位（参考图2.2）。

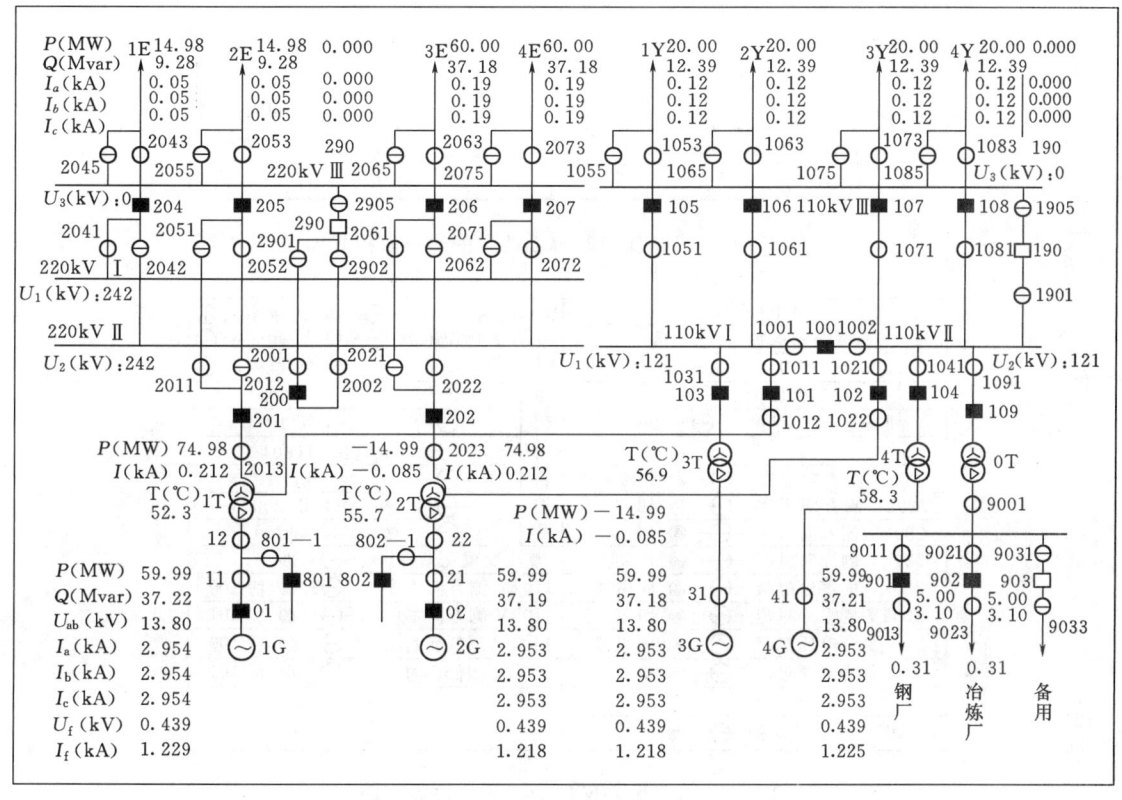

图2.2　一次主接线系统的电气运行操控界面图

**3. 仿真水电站及变电站保护与自动装置的运行监控**

通过对二次设备的基本监控训练，进一步熟悉计算机监控界面中二次设备的位置、作用、编号（参考图2.3～图2.6）。

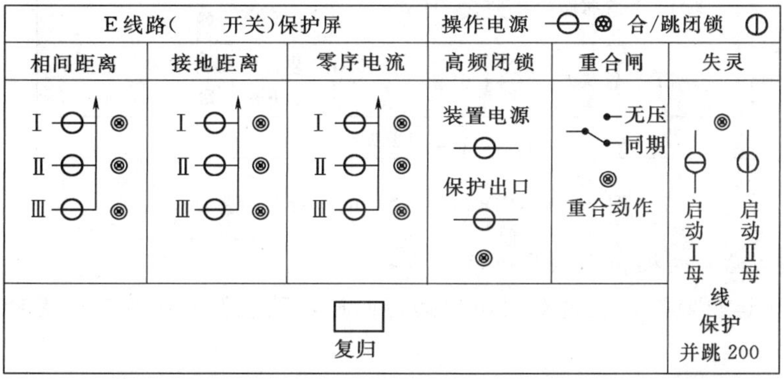

图2.3　220kV线路保护与自动装置的运行监控界面图

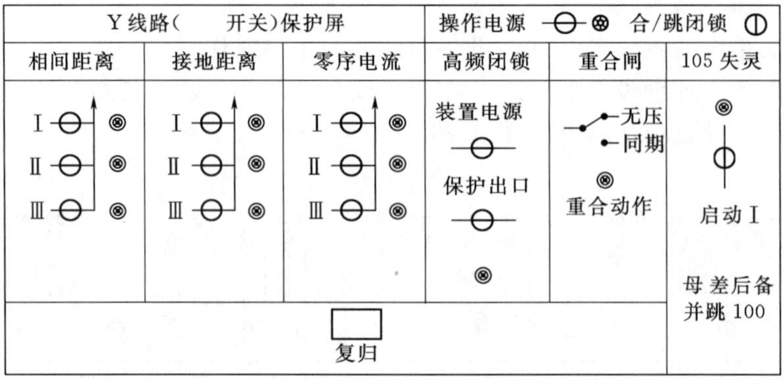

图 2.4  110kV 线路保护与自动装置的运行监控界面图

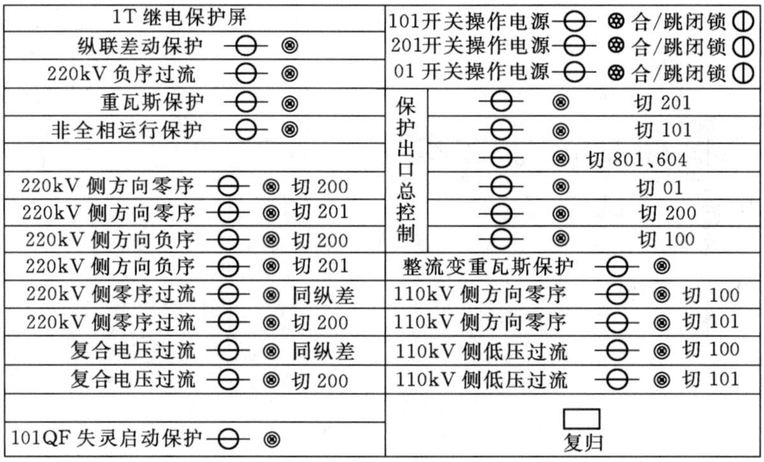

图 2.5  1T 主变保护的运行监控界面图

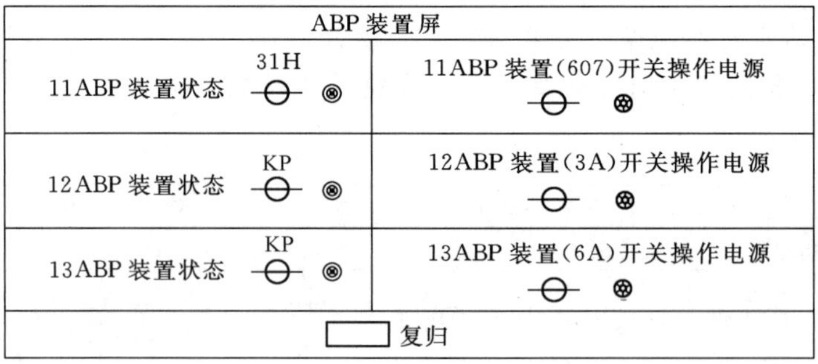

图 2.6  ABP（备自投）的运行监控界面图

**4. 仿真水电站发电机和励磁系统运行监控**

（1）发电机运行监控。通过对发电机运行监控，熟悉发电机有功、无功的调节方法和要求（参考图2.7）。

（2）发电机励磁系统运行监控。通过对发电机励磁系统运行监控，熟悉发电机励磁系

2.1 项目 通过仿真机掌握综合自动化监控和操作方式

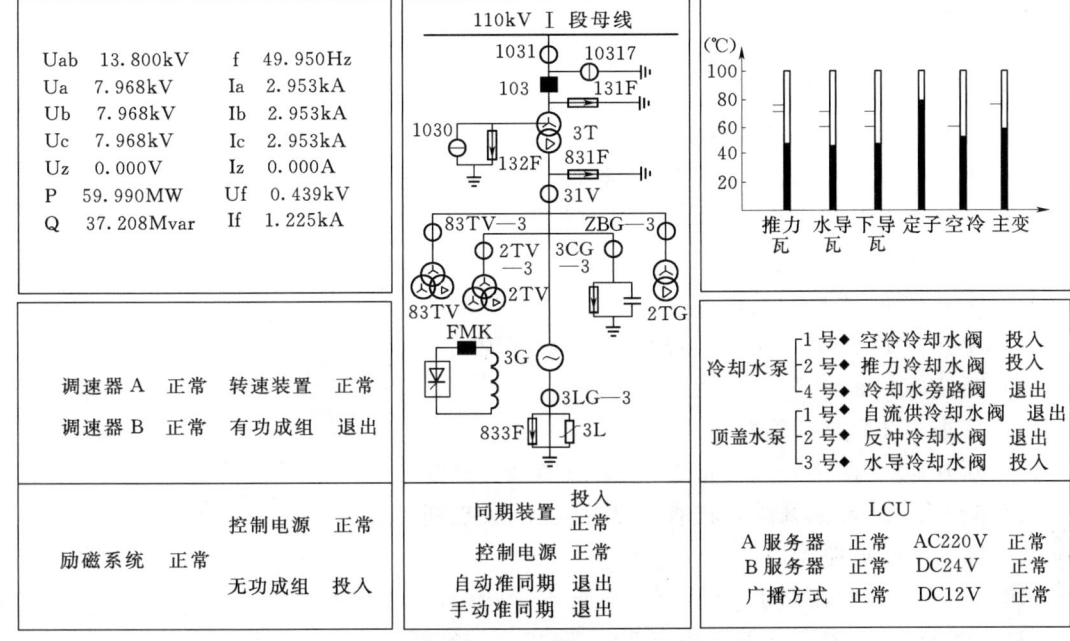

图 2.7 3F 发电机的运行监控界面图

统运行的监控方法和要求（参考图 2.8）。

## 2.1.3 任务 计算监控界面中一次、二次设备的基本操作训练

### 2.1.3.1 操作方式示范 1

1. 线路断路器停电操作

（1）断开线路×××断路器。
（2）检查×××断路器确断。
（3）断开（线路侧）××××隔离开关。
（4）检查（线路侧）×××隔离开关确断。
（5）断开（母线侧）×××隔离开关。
（6）检查（母线侧）×××隔离开关确断。
（7）退出规定要退出的×××断路器××保护。
（8）退出×××断路器操作电源。

2. 线路断路器送电操作

（1）投入×××断路器操作电源。
（2）检查×××断路器保护在投入。
（3）检查×××断路器确断。
（4）合上（母线侧）×××隔离开关。
（5）检查（母线侧）×××隔离开关合上。
（6）合上（线路侧）×××隔离开关。
（7）检查（线路侧）×××隔离开关合上。
（8）合上×××断路器。（注："正常操作"的合开

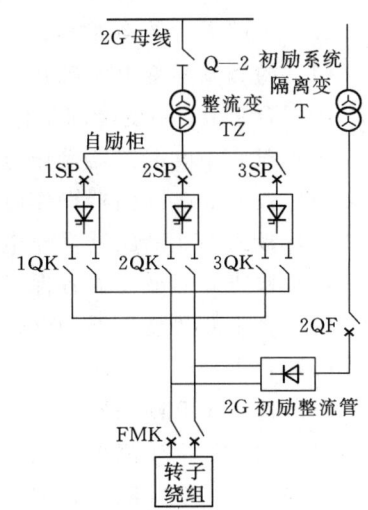

图 2.8 发电机励磁系统
运行监控界面图

关是指"同期合")

(9) 检查投入重合闸。

**2.1.3.2 操作方式示范2**

1. 0号变电站运行转冷备用

注：先命令单项操作投0T中性点接地。

(1) 断开901断路器。

(2) 检查901断路器确断。

(3) 断开9013隔离开关，检查9013隔离开关确断。

(4) 断开9011隔离开关，检查9011隔离开关确断。

(5) 断开902断路器。

(6) 检查902断路器确断。

(7) 断开9023隔离开关，检查9023隔离开关确断。

(8) 断开9021隔离开关，检查9021隔离开关确断。

(9) 断开109断路器。

(10) 检查109断路器确断。

(11) 断开9001隔离开关，检查9001隔离开关确断。

(12) 断开1091隔离开关，检查1091隔离开关确断。

(13) 退出90YH二次熔断器。

(14) 断开10kV母线90TV一次侧隔离开关，检查90TV隔离开关确断。

(15) 退出0T主变压器冷却工作电源。

(16) 退出901断路器操作电源。

(17) 退出902断路器操作电源。

(18) 退出109断路器操作电源。

2. 0号变电站冷备用转运行

(1) 检查0号变电站确在冷备用状态（0号变电站全站安全措施已全部撤除）。

(2) 合上0T主变冷却工作电源。检查OT 110kV中性点已接地。

(3) 投入109断路器操作电源。

(4) 投入901断路器操作电源。

(5) 投入902断路器操作电源。

(6) 检查0号变压器各保护已正确投入。

(7) 合上0号变压器10kV母线90TV隔离开关。

(8) 合上90TV二次熔断器。

(9) 检查109断路器确断。

(10) 合上1091隔离开关，查确合。

(11) 合上9001隔离开关，查确合。

(12) 合上109断路器。（注："试验操作"的合开关是指"无压合"。）

(13) 检查0号变压器，10kV母线带电正常。

(14) 检查901断路器确已断开。

(15) 合上 9011 隔离开关，查确合。
(16) 合上 9013 隔离开关，查确合。
(17) 合上 901 断路器。
(18) 检查 902 断路器确断。
(19) 合上 9021 隔离开关，查确合。
(20) 合上 9023 隔离开关，查确合。
(21) 合上 902 断路器。
单项操作命令断开 OT 110kV 中性点接地隔离开关。

## 2.2 项目　掌握发电厂、变电站运行和技术管理基础

### 2.2.1 任务　描述水电站仿真系统中各电压等级系统一次主接线并编制运行方式

#### 2.2.1.1　一次主接线及运行方式

1．一次主接线的概念

一次主接线是指输电线路进入变电站和发电厂之后，与所有电气设备（变压器及进出线断路器等）相互连接的形式。

2．运行方式及其编制原则

一次主接线运行方式是指使用一次主接线系统汇集电能、分配负荷、输送功率的实际电气连接运行方式。

正常运行方式是指一次主接线系统在正常状态时的基本运行方式。

一次主接线系统正常运行方式的编制原则是：供电可靠性高、供电经济性好、运行调度灵活、倒闸操作方便。

#### 2.2.1.2　一次主接线的种类

1．一次主接线种类

一次主接线种类有线路（或发电机）变压器组、桥形接线、单母线、单母线分段、双母线、双母线分段、3/2 断路器接线、环网供电等。

(1) 线路变压器组接线方式：只有一路进线与一台变压器、采用线路变压器组接线。

(2) 桥形接线方式：只有两路电源进线、两台变压器，采用桥形接线。针对变压器，联络断路器在两个进线断路器之内为内桥接线，联络断路器在两个进线断路器之外为外桥接线。对于电力系统变电站一般采用外桥接线，对于用户变电站一般采用内桥接线。

(3) 单母线接线方式：变电站进出线较多时，采用单母线接线方式。对于用户变电站，有两路电源进线时，一般一路供电、一路备用，设有备用电源自投装置，其他各路出线均由一段母线引出。对于电力系统变电站，一般两路电源进线同时供电。

(4) 单母线分段接线方式：有两路以上进线和多路出线时，选用单母线分段，两路电源进线分别接到两段母线上，两段母线用母联断路器连接起来，出线分别接到两段母线上。单母线分段有利于变电站母线检修，检修时可分段停母线。利用旁路母线可以在进、出线断路器检修时母线或线路不停电，旁路母线一般用于按单母线分段方式运行的电力系统变电站。单母线分段接线的运行方式比较多，主要有：①对于用户变电站，一般为一路

电源工作,一路电源备用(热备用状态),母联断路器合上;当工作电源断电时,备用电源投入;备用电源容量较小时,备用电源合上前,要断开一些出线,这是比较常用的明备用运行方式。②对于负荷都特别重要的变电站(如电厂和变电站的自用电负荷),两路电源进线均为工作电源,母联断路器断开(热备用状态),设有分段备自投装置,当一路电源进线断电时,母联合上。这也是比较常用的分段互为备用(暗备用)运行方式,若电源恢复来电,要在断开母联后合上电源进线断路器。

(5)双母线接线方式:主要用于发电厂及大型变电站,每路线路都由一个断路器经过两组隔离开关分别接到两条母线上;这样在母线检修时,就可以利用隔离开关将线路不断电倒另一条母线上。双母线也有分段与不分段两种,双母线分段再加旁路母线和旁路断路器,接线方式较复杂,但断路器和母线检修时,停电范围可减少。

(6)3/2断路器接线方式:主要在变电站500kV高压系统中应用。3/2断路器接线如图2.9所示。

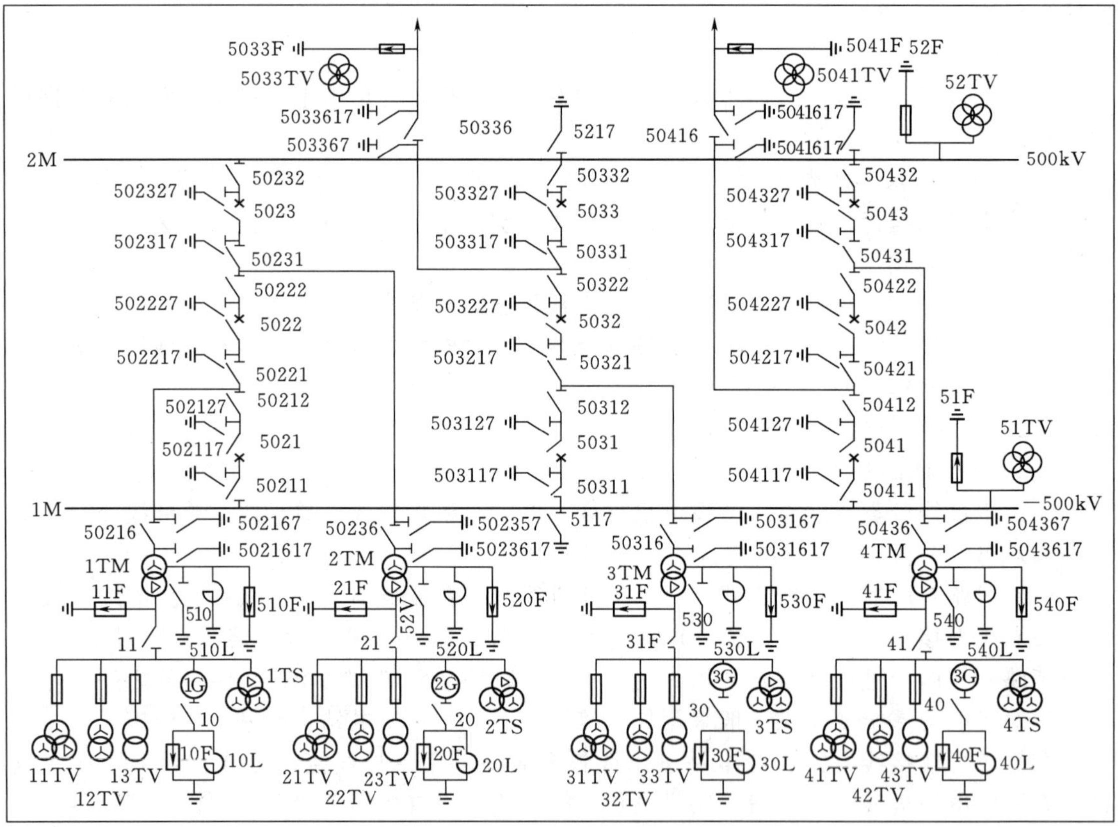

图2.9 500kV电气系统图

2. 500kV变电站电气主接线的接线方式

电力工业正朝着大电网、大容量和高电压的方向发展。我国已形成了跨省(自治区、直辖市)的大电力系统。各大电力系统之间互有联系,输送的功率越来越大,需要有更稳定的运行条件和运行方式作支撑。

500kV变电站高压系统一般担负跨省市区汇集电能、调配负荷、输送大功率等多重任务。若系统瓦解和大面积停电，会造成重大经济损失。因此，500kV高压系统对大电网高压输电系统中非常重要。因为3/2断路器接线方式的运行优点十分突出，所以500kV变电站大多数是用3/2接线方式。

(1) 3/2断路器接线主要运行方式。

1) 正常运行方式，两组母线同时运行，所有断路器和隔离开关均合上。

2) 线路停电、断路器闭环的运行方式。线路停电时，考虑到供电的可靠性，常常将检修线路的断路器合上，检修线路的隔离开关拉开。

3) 断路器检修时运行方式。任何一台断路器检修，可以将两侧断路器拉开。

4) 母线检修时的运行方式。断开母线断路器及其两侧隔离开关。这种方式相当于单母线运行，可靠性低，所以应尽量的缩短单母线运行时间。

(2) 3/2断路器主接线的优点。

1) 供电可靠性高。每一回路有两台断路器供电，发生母线故障或断路器故障时不会导致出线停电。

2) 运行调度灵活。正常运行时两组母线和所有断路器都投入工作，从而形成多环路供电方式。

3) 倒闸操作方便。隔离开关一般仅作检修用。检修断路器时，直接操作即可。检修母线时，二次回路不需要切换。

(3) 3/2断路器主接线的缺点。二次接线复杂，特别是电流互感器（TA）配置比较多。在重叠区故障，保护动作繁杂；此外，与双母线相比，运行经验还不够丰富。

### 2.2.2 任务 水电站仿真系统一次电气主接线系统设备编号规律

(1) 断路器（开关）：三位数字编号。

× ××

| 第一位表示电压等级：<br>1—110kV<br>9—10kV | 第二、三位为站内编号（从01开始）：<br>01、02为主变压器断路器；<br>01—与1号相接，02—与2号变压器；<br>00一般表示母联 |
|---|---|

(2) 隔离开关（刀闸）：四位数字编号。

1) 主隔离开关（刀闸）编号：四位数字。

× × × ×

| 前三位与其所连的断路器编号相同 | 第四位：<br>1/2—母线侧隔离开关；2/3—线路侧隔离开关；<br>3/4—主变压器低压侧隔离开关；5—旁路隔离开关 |
|---|---|

2) 电压互感器隔离开关（刀闸）：四位数字编号。

× × × ×

| 前两位：<br>21—220kV；<br>11—110kV | 后两位为母线编号（从01开始）：<br>01—1母线；02—2母线<br>03—3母线（旁路母线） |
|---|---|

3）接地刀闸：五位数字。

×　×　×　×　×

| 前四位与所附隔离开关编号相同 | 第五位：<br>7、8、9—接地刀闸 |

### 2.2.3 任务　描述水电站仿真系统各电压等级继电保护和自动装置的配置

继电保护及自动装置是电力系统、发电厂及变电站运行的重要组成部分，运行人员熟悉、掌握继电保护及自动装置，是胜任运行工作的必要条件，是运行工作水平的重要标志。运行人员应做到下列要求：

（1）能按规程对保护装置进行正常监视及巡视检查。

（2）能对继电保护、自动装置及二次回路上的作业及安全措施进行监督。

（3）能掌握或发现继电保护及自动装置二次回路的缺陷。

（4）能掌握继电保护及自动装置的投退切换操作。

（5）熟悉继电保护及自动装置的运行方式和动作结果。

（6）熟悉继电保护及自动装置及其二次回路。

（7）熟悉继电保护自动装置现场运行规程。

（8）熟悉继电保护及自动装置的基本原理及其接线。

运行中的继电保护及自动装置使用状态的改变、定值改变及校验等，均需管辖该设备的值班调度员批准，由现场值班人员操作，校验工作由继电保护专业人员负责。

所有二次设备的校验、维护工作，必须办理工作票手续，现场值班人员在取得值班调度员同意后，才允许其工作。

#### 2.2.3.1　变配电站继电保护

**1. 变配电站继电保护的作用**

变配电站是电力系统的终端变电站，其继电保护的主要作用是反应终端电气设备在运行中可能发生的单侧电源短路故障和异常运行状态，常见的短路故障有单相接地短路、两相短路、三相短路；常见的异常运行状态有过负荷、过电压、低电压、低周波、轻瓦斯、超温、控制与测量回路断线、不接地系统单相接地等。这些故障和异常运行状态不仅严重危害变配电站的可靠运行，而且危及电力系统安全。变配电站继电保护的作用是：①反应变配电站终端电气设备所发生的短路故障，并自动、迅速、有选择性地切除电力系统的终端故障，以保证电力系统其余部分迅速恢复正常运行，同时使故障设备不再继续遭受损坏；②当变配电站内部系统发生异常状态时，能自动、适时发出信号通知运行人员进行处理；或者适时切除在异常状态下运行的电气设备，防止发展成短路故障引发事故扩大。

**2. 变配电站继电保护的基本工作原理**

任何故障和异常都有可测取的判据，电气设备从正常工作到异常或故障状态，其电气量和非电气量（瓦斯与温度等）都会发生很大的变化，如短路故障会出现单侧电源作用下的电流增加、电压降低、电流差、相位差等。继电保护就是利用电气量变化和非电气量变化，自动识别运行中的电气设备有无故障或异常状态。继电保护装置将侦测到的变化值与动作限定值（整定值）比较，超限值后就在规定的时间发出跳闸命令或报警信号。对于变配电站继电保护，主要需满足两个原理性要求：①快速，对大容量的变压器和高压设备，要求保护装置的动作时间在工频1~2个或几个周期之内；②灵敏，灵敏度要高。

切除短路故障的保护配置要求：①重要高压设备和线路的主保护应配置两套不同工作原理的保护；②两套保护应同时作用于断路器的两个跳闸线圈，不应有任何电气联系；③每套保护的电压、电流量应分别取自互感器相互独立的绕组；④非电气量保护应设置独立的电源回路和出口跳闸回路；⑤各保护范围应有交叉重叠，避免死区。

#### 2.2.3.2 发电厂的继电保护

发电厂继电保护按被保护对象分类如下：

(1) 发电机保护。发电机保护有定子绕组相间短路、定子绕组接地、定子绕组匝间短路、发电机外部短路、对称过负荷、定子绕组过电压、励磁回路一点及两点接地、失磁故障等。出口方式为停机、解列、缩小故障影响范围和发出信号。

(2) 电力变压器保护。电力变压器保护有绕组及其引出线相间短路，中性点直接接地侧单相短路，绕组匝间短路，外部短路引起的过电流，中性点直接接地电力网中外部接地短路引起的过电流及中性点过电压、过负荷，油面降低，变压器温度升高，油箱压力升高或冷却系统故障。

(3) 线路保护。线路保护根据电压等级不同，电网中性点接地方式不同，输电线路以及电缆或架空线长度不同，分别有相间短路、单相接地短路、单相接地、过负荷、小电流接地选线装置等。

(4) 母线保护。发电厂和重要变电站的母线应装设专用母线保护。

(5) 电力电容器保护。电力电容器有电容器内部故障及其引出线短路，电容器组和断路器之间连接线短路，电容器组中某一故障电容切除后引起的过电压、电容器组过电压，所连接的母线失压。

(6) 高压电动机保护。高压电动机有定子绕组相间短路、定子绕组单相接地、定子绕组过负荷、定子绕组低电压、同步电动机失步、同步电动机失磁、同步电动机出现非同步冲击电流。

#### 2.2.3.3 微机保护装置基本知识

发电厂和变电站随着设备的更新换代，微机保护装置已全面取代传统的保护装置。但由于一些运行人员受传统保护装置技术知识的约束，对微机保护还有不信任或是对其优越性认识不足的问题。运行人员要自觉地不断学习，努力掌握新知识、新技术、新产品和新设备。

1. 微机保护的优点

(1) 保护的可靠性高。一个微机保护单元可以完成多种保护与监测功能。取代了多种传统保护继电器和测量仪表，简化了多种设备、简化了复杂接线、减少了多种设备相关环节的故障，从而提高了可靠性。此外，由于采用集成芯片和自检测与自纠错软件，也进一步提高了保护的可靠性。

(2) 反应故障的速度快。数字化测量、运算精度高、运算功能多、能处理大量故障信息。随着CPU速度的提高，可以使多种保护功能的复杂算法运算在毫秒级时间过程内瞬间完成，不但运算精度高，反应故障速度快，还使得保护装置可同时具有多种功能，例如，可及时记录、保存和打印大量故障信息，大大便于运行人员准确分析和判断事故性质。

(3) 保护装置具有灵活性。传统的保护装置功能和作用是固定的，而微机保护只需要通过软件改变，就可以很方便地改变保护的作用，可方便地利用软件逻辑判断实现各种闭锁和联锁，改变保护的控制功能。在同一硬件上使用不同的软件，就可构成不同类型的保护。

（4）保护的调试维护简单方便。线路接线规范化，外部连接简单化，维护工作量小，保护性能和定值调试可方便地利用自身按键输入，定值整定和保护各功能模块的使用状态，除可用按键输入外，还可通过远程通信和利用上位计算机下传，简单方便。

（5）保护装置的性能价格比高。由于维护调试节省人力，降低了生产成本，提高了效率。还由于微机保护的多功能性以及对故障的快速反应处理，可减少事故损失，提高经济效益。

（6）保护装置微型化。体积小、功耗小；供电电源，模拟量输入，开关量输入与输出，通信接口等采用了特殊的隔离与抗干扰措施，抗干扰能力强。除集中组屏外，还可以直接安装在开关柜上。

2. 微机保护的种类

微机保护功能品种齐全，各种功能模块可以灵活组合、构成装置，满足各种设备的各种保护要求。微机保护装置按其功能作用可分为四种类型：

（1）线路类保护装置。功能产品有微机方向线路保护、微机线路距离保护、微机零序距离保护、微机零序电流保护、微机横差电流方向保护、微机高频保护、微机综合重合闸、微机断路器失灵保护等。

（2）主设备类保护装置。功能产品有微机母线差动保护、微机双绕组变压器差动保护、微机三绕组变压器差动保护、微机变压器后备保护、微机变压器非电量保护、微机发电机差动保护、微机发电机后备保护、微机电容器保护、微机高压电动机差动保护、微机电动机保护等。

（3）厂（站）用变类保护装置。其功能包括两段定时限过流保护；过负荷保护（告警、跳闸）；高压侧零序过流保护（告警、跳闸）；低压侧零序过流保护（定时限、反时限）；重合保护；加速保护；非电量保护等。

（4）微机测控装置。功能包括微机遥测遥控、微机遥信遥控、微机遥调、微机自动准同期装置、微机备用电源自投装置、微机低周减负荷装置、微机电压互感器切换装置、微机电能测量装置、微机多功能变送测量装置等。

此外，微机保护还具有管理功能单元，如通信管理单元、双机管理单元等。管理功能单元支持多种远动传输规约，方便与各种计算机管理系统联网，给电力系统综合自动化设计提供了很大方便。

3. 微机保护的应用范围

微机保护作为一种利用现代计算机高新科技构成的电力系统保安自动装置，已在电力系统中的发电厂、升压变电站、换流站、输变电站、供配电变电站、用户变电站中广泛使用，成为电力系统综合自动化的重要基础。

#### 2.2.3.4 掌握变压器保护的配置情况

1. 变压器电气故障类型与特征

变压器的内部故障可分为油箱内故障和油箱外故障两类。油箱内故障主要包括绕组的相间短路、匝间短路、接地短路以及铁芯烧毁等。变压器油箱内的故障十分危险，由于油箱内充满了变压器油，故障后强大的短路电流使变压器油急剧分解气化，可能产生大量的可燃性瓦斯气体，很容易引起油箱爆炸。油箱外故障主要是套管和引出线上发生的相间短路和接地短路。电力变压器不正常的运行状态主要有外部相间短路、接地短路引起的相间过电流和零序过电流、负荷超过其额定容量引起的过负荷、油箱漏油引起的油面降低以及过电压、过励磁等。

2. 变压器保护配置的基本原则

(1) 瓦斯保护。800kVA 及以上的油浸式变压器和 400kVA 以上的车间内油浸式变压器均应装设瓦斯保护。瓦斯保护用来反应变压器油箱内部的短路故障以及油面降低，其中重瓦斯保护动作于跳开变压器各电源侧断路器，轻瓦斯保护动作于发出信号。

(2) 纵差保护或电流速断保护。6300kVA 及以上并列运行的变压器，10000kVA 及以上单独运行的变压器，发电厂厂用或工业企业中自用 6300kVA 及以上重要的变压器，应装设纵差保护。其他电力变压器，应装设电流速断保护，其过电流保护的动作时限应大于 0.5s。对于 2000kVA 以上的变压器，当电流速断保护灵敏度不能满足要求时，也应装设纵差保护。纵差保护用于反应电力变压器绕组、套管及引出线发生的短路故障，其保护动作于跳开变压器各电源侧断路器并发相应信号。

(3) 相间短路的后备保护。相间短路的后备保护用于反应外部相间短路引起的变压器过电流，同时作为瓦斯保护和纵差保护（或电流速断保护）的后备保护，其动作时限按电流保护的阶梯形原则来整定，延时动作于跳开变压器各电源侧断路器，并发相应信号。一般采用低电压过流保护、复合电压启动过电流保护或负序过电流保护等。

(4) 接地短路的零序保护。对于中性点直接接地系统中的变压器，应装设零序保护，零序保护用于反应变压器高压侧（或中压侧），以及外部元件的接地短路。

(5) 过负荷保护。对于 400kVA 以上的变压器，当数台并列运行或单独运行并作为其他负荷的备用电源时，应装设过负荷保护。过负荷保护通常只装在一相，其动作时限较长，延时动作于发信号。

(6) 其他保护。高压侧电压为 500kV 及以上的变压器，针对频率降低和电压升高而引起的变压器励磁电流升高，应装设变压器过励磁保护。对变压器温度和油箱内压力升高以及冷却系统故障，按变压器现行标准要求，应装设相应的保护装置。

## 2.2.3.5 引线差动保护

引线差动保护又称为短引线保护，是 3/2 主接线的一种辅助保护。当两母线间的开关串内任一回路退出运行时，该回路出口隔离开关拉开，回路的保护也将退出运行。而该串成串运行时，在回路两侧形成保护死区，而引线差动保护可以弥补这一不足。它的投停受回路出口隔离开关辅助接点控制，即在保护启动回路中串入一次回路出口隔离开关的常闭辅助接点，回路运行时出口隔离开关闭合，隔离开关的辅助闭接点断开，保护启动回路断开，该保护退出，回路停运时出口隔离开关断开，则该保护投入。短引线保护的保护范围为回路两侧电流互感器之间的引线，启动后出口跳回路两侧的断路器。

## 2.2.3.6 失灵保护

失灵保护是断路器的近后备保护。在系统发生故障后，相应的保护拒动或保护启动后未出口或保护动作后断路器拒动,故障点仍有故障电流,这时,通过保护出口接点和过流继电器的接点启动失灵保护,失灵保护有两个出口,瞬时出口再跳本断路器,断路器再次拒动时则由延时出口跳开与失灵断路器相邻的断路器,如果是母线故障、故障母线侧断路器失灵,则起动远方跳闸装置跳开线路对侧断路器,如果是线路故障,故障线路断路器失灵,则启动母差保护跳开母线侧所有断路器,使故障点从系统切除。失灵保护动作时,对有关断路器的自动重合闸装置进行闭锁。双母线的失灵保护能自动适应连接元件运行位置的切换。

#### 2.2.3.7 布置的具体工作任务

列表记录水电站仿真系统线路、变压器、母线保护与自动装置的配置情况、反应的故障类型、工作原理、动作结果、保护范围,例如表2.1。

表 2.1　　　　　　　　　　110kV 线路保护的配置及作用

| 保护名称 | 保护范围 | 动作结果 | 反应故障类型及工作原理 |
| --- | --- | --- | --- |
| 距离保护 | Ⅰ段:线路全长的80%。<br>Ⅱ段:线路全长并延伸到下一级线路20%。<br>Ⅲ段:线路全长并作为后一线路的后备保护 | 动作跳本线路断路器 | 根据短路时阻抗的变化整定,反映线路的对称短路故障 |
| 零序过电流保护 | 零序Ⅰ、Ⅱ、Ⅲ段分别由零序电流的大小定值确定 | 动作跳本线路断路器 | 根据零序电流的大小,反映线路的不对称接地短路故障 |

### 2.2.4 任务　描述厂用电系统主接线并编制其运行方式

#### 2.2.4.1 厂用电在发电厂中的地位和要求

厂用电是发电厂最重要的负荷,即使在极短时间内停电,均有可能影响到设备或人身安全,使电力生产停顿或大量下降。因此,接线方式除保证其具有高度的供电可靠性、连续性、使发电厂能安全满发,并能满足正常运行的安全、可靠、灵活、经济和检修方便等一般要求外,还要求满足以下要求:

(1) 尽量缩小厂用电系统故障的影响范围,避免引起全厂停电事故。

(2) 充分考虑在正常、事故及检修等各种情况下的供电要求,切换操作要简便。

(3) 厂用电源一般都设有备用电源,其中单独配置一路备用电源的称为明备用,两路电源可通过自投装置实现切换;暗备用不设专用的备用电源,只是通过负荷转移来实现备用。

#### 2.2.4.2 厂用电采用的运行方式

(1) 每台厂用变压器高压侧要有独立的电源供电,备用电源方式有桥备自投、进线备自投、分段备自投等,使厂用电供电可靠,运行维护简单,操作方便。

(2) 低压侧电压为 380V(线电压)和 220V(相电压)两种,380V 系统供各种电动机用电,220V 系统供照明及单相负荷用电。

(3) 厂用变低压侧段与段之间按分段备自投方式运行,装有备用电源自投(分段备自投)装置。

#### 2.2.4.3 仿真水电站系统运行方式改变的条件及特殊运行方式制定

仿真水电站自用电系统分为两个电压等级:高压母线采用 6kV;低压母线采

用380V。

两段6kV高压母线采用分段接线方式，分别由高厂变供电。两段6kV母线采用互为备用运行方式运行，正常运行时，母联断路器热备用。当主变及发电机停电或者当一台高厂变故障跳闸使对应的6kV母线失电时，由可通过母联断路器供电（可自动或手动切入），确保6kV母线厂用负荷的正常运行。

低压厂用母线也采用分段接线方式。每台机组都设有一段母线，成对配置，对应两段母线互为备用。互为备用的对应两段母线之间设有母联断路器，正常运行时，每台6kV厂用变压器带一条母线，母联断路器处热备用。当一台6kV厂用变压器需要停运或有一台6kV厂用变压器故障跳闸使对应的低压母线失电时，可通过母联断路器供电（母联断路器可自动或手动切入），保证低压母线供电正常。

厂用电系统变压器的中性点运行方式为高厂变6kV侧采用高阻抗接地，6kV厂用电系统中的四台6kV厂用变压器中性点不接地，在系统发生单相接地故障时可继续运行2h，保证了供电，可靠性高，但是设备的绝缘必须按照线电压设计，成本较高。中性点直接接地系统的优点是可降低整个系统的绝缘成本，但供电可靠性相对较差。

1. 厂用电系统运行方式的编制原则

（1）厂用电系统不允许闭环，厂用电母线也不允许采用闭环运行方式。

（2）厂用电的互为备用运行方式是可靠、正常运行方式。

（3）备用电源自动投入装置只允许有一次动作。

2. 仿真水电站厂用电系统正常运行方式

（1）仿真厂用电正常运行方式为分段备用运行方式，备用电源自投装置（BZT）在投入位置。

（2）厂用电母线不允许闭环运行。如因工作需要改变运行方式，必须先断开电源侧断路器，再合上分段联络断路器。

## 2.2.5 任务　描述仿真水电站自用电系统继电保护和自动装置的配置

通过仿真练习，掌握自用电系统各继电保护的保护区、反应的故障类型、工作原理、动作结果；自用电系统自动装置的工作原理、动作结果。

### 2.2.5.1 厂用电系统保护介绍

1. 高压厂变

（1）微机型保护装置。包括差动保护、高压侧速断保护、高压厂变高压侧低电压过流保护。

（2）非电量保护。包括瓦斯保护、压力释放保护、绕组温度保护、油位高低报警、油温保护。

2. 低压厂变

（1）低压厂变设置了差动、速断、过流、高压侧单相接地、高压侧保护联跳。超温保护是超温故障报警传感器由变压器温控箱发至保护装置内进行跳闸或发信。

（2）380V侧单相接地保护，380V侧单相接地时跳高低压侧断路器。

3. 母线

（1）6kV母线、380V母线均设有低电压保护。

（2）6kV 母联断路器配置了速断保护、过流保护装置。

（3）6kV 电源出线断路器配置了速断、接地、过流保护装置。

（4）备用电源自动投入装置。

4．6kV 负荷

6kV 负荷断路器配置过流、反时限过负荷、零序速断保护装置。

5．380V 负荷

（1）设有保护装置。其中包括速断、过流、负荷侧单相接地保护。

（2）依靠断路器自身过负荷开断能力的保护。

6．直流负荷

直流负荷均设有熔断器保护。

**2.2.5.2 了解 220/380V 低压配电微机监控系统的应用要求（知识能力拓展）**

工业与民用用电除矿井、医疗、危险品库等外，均为 220/380V。所以 220/380V 低压配电微机监控系统应用范围非常广泛。低压配电微机监控系统的应用，要对老旧的低压配电系统进行改造，按照厂家的要求，特别注意以下几点：

（1）有关设计规范已规定低压配电不再采用 TN—C 系统。TN—C 系统为三个相线（A、B、C）与一个中性线（N），N 线在变压器中性点接地或在建筑物进户处重复接地。输电线为四根线，电缆为四芯，没有保护地线（PE），少一根线。设备外壳，金属导电部分保护接地接在中性线（N）上，称为接零系统，接零系统安全性较差，对电子设备干扰大。

（2）按有关设计规范规定，除特殊场所外，低压配电均要采用 TN—S 系统。TN—S（或 TN—C—S）系统安全性好，对电子设备干扰小，可以共用接地线，采用等电位连接后安全性更好，受干扰更小。TN—S 系统为三个相线，一个中性线（N）与一个保护地线（PE）。N 线与 PE 线在变压器中性点集中接地并在建筑物进户线处重复接地，输电线为五根，电缆为五芯。中性线（N）与保护地线（PE）在接地点处连接在一起后，不能再有任何连接。因此，中性线（N）也必须用绝缘线。如果中性线（N）引出后不用绝缘，或引出后又与保护地线有连接，虽然是用了五根线，但实际上还是成为了 TN—C 系统。

（3）220/380V 低压配电系统现在仍采用低压断路器或熔断器构成保护，所以 220/380V 低压配电微机监控系统只有监控功能没有保护功能。监控内容包括电流、电压、电能、频率、功率、功率因数、温度等测量（遥测）；还包括开关运行状态，事故跳闸、报警与事故预告（过负荷、超温等）、报警（遥信）；还包括电动开关远方合分闸操作（遥控）等三个内容（简称三遥）。

（4）220/380V 低压配电系统一次回路一般均为单母线或单母线分段，两台以上变压器为单母线分段，有几台变压器就分几段，这是因为用户变电站变压器为了减小短路电流，降低短路容量，一般不采用并列运行。否则，低压断路器的断开容量就要加大。

（5）与高压配电系统每一个断路器都占用一个开关柜不同，220/380V 低压配电系统只有进线、母联、大负荷出线、低压联络线，因容量较大，一般一路（一个断路器）才占用一个低压柜。而一般负荷出线可根据供电负荷电流大小不同，一个低压开关柜内可以是有两路出线（安装两个断路器）、四路出线（安装四个断路器），甚至十路出线。因此，低压监控单元就要有用于一路、两路或多路之分，设计时要根据每个低压开关的出线回路数与低压监控单元的规格进行设计。

（6）低压断路器除手动操作外，还可以选用电动操作。大容量低压断路器一般均有手动与电动操作，设计时应选用带遥控的低压监控单元，对于小容量低压断路器，设计时，大多数都选用只有手动操作的断路器，这样低压监控单元的遥控出口就可以不接线，或选用不带遥控的低压监控单元。

### 2.2.6 任务　了解发电机系统继电保护和自动装置

通过本任务的学习，学会识读仿真水电站发电机继电保护，掌握发电机继电保护反应的故障类型、工作原理、动作结果等技术知识。

1. 发电机可能出现的电气故障类型

（1）发电机定子绕组相间短路。定子绕组相间短路会产生很大的短路电流，严重损坏发电机，甚至引起火灾。

（2）发电机定子绕组匝间短路。定子绕组匝间短路会产生很大的环流，引起故障处温度升高，使绝缘老化，甚至击穿绝缘发展为单相接地或相间短路，扩大发电机损坏范围。

（3）发电机定子绕组单相接地。定子绕组单相接地是发电机易发生的一种故障。单相接地后，非故障相对地电容电流流过定子绕组故障点和定子铁芯，此电流较大时会产生电弧，持续时间较长时也会使铁芯局部熔化。因此、发电机在运行时定子绕组中性点要经消弧线圈接地。

（4）发电机转子绕组一点接地和两点接地。转子绕组一点接地对发电机没有直接危害。两点接地则转子绕组一部分被短接，不但会烧毁转子绕组，而且由于部分绕组短接会破坏磁路的对称性，造成磁势不平衡而引起机组剧烈振动，产生严重后果。水轮发电机组是凸极结构，机组剧烈振动后会破坏各轴承与轴瓦之间的间隙，造成"拉瓦"，因处理排除这种机械故障需要长时间停机，故绝不允许转子绕组两点接地现象出现。

（5）发电机失磁。由于转子绕组断线、励磁回路故障或灭磁开关误动等原因，将造成转子失磁，失磁故障不仅对发电机造成危害，而且对电力系统安全也会造成严重影响。发电机失去励磁后，运行状态将变为异步运行。故不允许发电机失磁后继续运行。

2. 发电机的不正常工作状态

（1）由于外部短路、非同期合闸以及系统振荡等原因引起的过电流。

（2）过电压。特别是水轮发电机，因其调速系统惯性大，在突然甩负荷时，将引起过电压。

3. 发电机的保护和自动装置配置

（1）纵差动保护。反应发电机定子绕组及其引出线的相间短路故障，动作于瞬时跳开发电机开关、停机并灭磁。

（2）横联差动保护。当发电机定子绕组有两个以上的分支且连接成双星形，每个分支都有引出线时，应装设横联差动保护反应定子绕组匝间短路，动作结构同纵差动保护。当不满足两个以上的分支且连接成双星形条件时，取消该保护，待故障发展为相间短时，用纵差动保护反应。

(3) 零序保护。当发电机电压系统内的接地电容电流（未经消弧线圈补偿）不小于 4A 时，保护动作于跳闸、停机、灭磁；当接地电容电流小于 4A 时，保护应动作于信号。大容量（单机容量为 100MW 及以上的发电机）和绝缘老化的发电机，应尽量装设保护范围为 100% 的定子绕组单相接地保护。

(4) 过电流保护。一般应配置低电压过流或复合电压过流保护反应外部短路引起的定子绕组过电流状态，并作为发电机的后备保护。对单机容量为 50MW 及以上的发电机，一般装设负序过流及单相低电压启动的过流保护。

(5) 过负荷保护。发电机过负荷引起定子绕组电流超过额定值，由于发电机的过负荷一般是对称性过负荷，因此装设反应一相电流的过负荷保护，延时动作于信号。

(6) 过电压保护。反应发电机突然甩负荷引起的定子绕组过电压现象，延时 0.5s 动作于跳断路器解列、灭磁、停机。

(7) 转子绕组一点接地保护。1MW 水轮发电机组一般装设一点接地保护并动作于信号。1MW 以下水轮发电机采用定期检测装置，大容量机组设一点接地保护和两点接地保护。一点接地保护动作于信号，两点接地保护动作于停机。

(8) 失磁保护。水轮机发电机不允许失磁运行，应在自动灭磁开关断开时，连跳发电机断路器。对单机容量 100MW 及以上或采用晶闸管励磁方式时，应设专门的失磁保护。

(9) 转子回路过负荷保护。一般成套的晶闸管励磁装置自身都设有失磁保护和转子回路过负荷保护，所以发电机上不再单独配置该保护。

(10) 发电机自动准同期装置。现在的发电机都配有独立使用的微机自动准同期装置，并网速度很快。

## 2.2.7 任务 填写仿真水电站、变电站值班日志和运行日志，学会运行技术管理

调出水电站及变电站仿真系统的一个初态，通过记录描述其一次、二次系统运行方式情况；练习填写值班日志和运行日志。

1. 值班日志的主要内容
(1) 调度操作指令记录簿。
(2) 运行工作记录簿。
(3) 设备缺陷记录簿。
(4) 一次设备检修、试验记录簿。
(5) 二次工作记录簿。
(6) 断路器动作记录簿。
(7) 蓄电池记录簿。
(8) 事故预想及反事故演习记录簿。
(9) 安全活动记录簿。
(10) 事故、障碍及异常运行及其分析记录簿。
(11) 培训记录簿。

上述记录簿的填写说明见附件 2.1，部分记录簿格式见附件 2.2。

2. 运行日志的主要内容
(1) 记录系统接线方式，设备更动情况。

（2）记录设备事故、障碍、异常、重大缺陷现象，保护、断路器正确动作情况，事故处理过程。

（3）记录最大、最小负荷，电压质量，无功装置可用率，母线电量不平衡率，培训情况，填写有关记录情况，交接班情况等。

（4）记录事故、障碍、异常运行现象。

（5）分析安全运行、运行管理情况，找出影响安全、经济运行的因素，可能存在的问题。针对其薄弱环节，提出实现安全、经济运行的措施。

（6）填日工作情况（具体内容见表2.2）。

表 2.2 日 工 作 情 况 表

| 1. 停电工作 | | | | | | | | | | | | |
|---|---|---|---|---|---|---|---|---|---|---|---|---|
| 准备执行 | | | | | | | | | | | | |
| 序号 | 站名 | 停电设备 | 停电时间 | | | 设备状态 | 工作性质 | 主要工作内容 | 少送电否 | 项目负责单位 | 施工负责单位 | 施工班组 | 备注 |
| | | | 起 | 止 | 合计 | | | | | | | | |
| … | … | … | … | … | … | … | … | … | … | … | … | … |
| 继续执行 | | | | | | | | | | | | |
| | | | | | | | | | | | | |
| 今日已结束 | | | | | | | | | | | | |
| | | | | | | | | | | | | |

| 2. 不停电的工作 | | | | | | | |
|---|---|---|---|---|---|---|---|
| 序号 | 工作内容 | 工作性质 | 要求完成时间 | 项目依据 | 项目负责单位 | 施工负责单位 | 备注 |
| | | | | | | | |

填写说明和参考样式见附件2.1和附件2.2。

# 2.3 项目 线路和母线运行监控和技术管理

本项目学习要求：掌握电气运行的主要监控目标，即穿越功率、三相不平衡、非全相运行、大负载运行；了解重合闸成功或不成功情况下的监控知识；了解功率因素的监控知识；进行抄表记录。

## 2.3.1 任务 110kV以上线路和母线电气运行参数监控

1. 变电站主要监控的数据量

变电站主要监控的数据量也就是变电站综合自动化系统需要采集的数据量。变电站综合自动化系统需要采集的数据包括模拟量、开关量和电能量三类。

（1）模拟量。各段母线电压，各主变压器和线路的电流、有功功率、无功功率，主变压器油温，直流母线电压，站用电电压等。

（2）开关量。断路器的状态，隔离开关的状态，有载调压变压器分接头的位置，周期检测状态，继电保护动作信号，运行告警信号等。

（3）电能量。有功电能和无功电能。

运行中必须按规程规定的要求监控数据目标。另外，穿越功率、三相不平衡、非全相运行、大负载运行是变电站重要监控数据目标。

2. 线路、母线稳定运行技术措施

例如，某电厂规程中规定的保障线路、母线稳定运行的技术措施如下：

（1）220kV线路、母线的断路器和隔离开关每周进行一次夜间闭灯巡视，检查有无电晕放电现象。

（2）定期对断路器合闸电源熔断器进行检查，查看熔断器是否正常，并核对熔断器容量是否相符。

（3）电磁操作机构禁止用手动杠杆的办法带电进行合闸操作，无自由脱扣的机构禁止就地操作。液压、气压操动机构，当压力异常，闭锁分、合闸时，禁止擅自解除闭锁进行操作。

（4）定期对液压机构油压表校验一次，并对微动开关接点接触情况检查一次。

（5）长期处于备用状态的断路器（如旁路断路器），当备用时间超过两个月时进行一次合、分操作试验。

（6）液压机构油泵起动频繁或补压时间过长在设备运行中进行消缺处理时，无论机构有无防慢分装置，都应加装机械防慢分措施（加装卡具）。

（7）高温季节及过负荷运行时，由检修人员用红外热像仪对断路器、隔离开关各连接接触部位进行测温一次，并建立测温档案。温度异常的设备增加测温次数，跟踪监视。

（8）对220kV隔离开关，禁止解除闭锁，人工按接触器的办法进行隔离开关的拉、合操作。

（9）每天运行值班员应对室外避雷器进行一次检查，查看泄漏电流表指示是否增大。

3. 红外测温仪检查设备故障

变电站绝大多数设备故障、异常，最初都伴随着局部或整体的过热或温度分布相对异常，红外热成像诊断技术通过非接触方式检测设备温升，诊断设备运行状态，简便、安全、实时、直观，比传统预防性试验停电时间减少，能通过热像分布准确判断避雷器、电压互感器（TV）、电流互感器（TA）、耦合电容器等电压致热型设备内部缺陷具体部位，消灭事故隐患。

现场监测设备内部缺陷要与周期性普测和根据负荷、季节等变化重点跟踪测试结合进行，能够准确地预测设备内部是否有缺陷。

虽然红外测温仪可发现导电回路外部发热，但因温度突变，负荷变化等影响，以及热像仪分辨率、人员技术水平，特别是对设备结构了解程度等的影响，较难准确分析判断设备故障。

4. 变色示温片检查设备故障

变色示温片（又称测温贴片），这是一种比较新颖的测温技术，采用了温度敏感变色测温技术，能够贴到被测设备上，随设备温度的变化而改变颜色或显示温度数字，并由此可掌握设备的温度变化。变色示温片具有许多别的测温的产品不具备的优点，深受工业测温行业的瞩目，目前在国内许多地区电力行业中已经广泛使用。

变色示温片独具的特色是品种外形样式多，可耐污防水，能显示数字及多种色彩，温度记录及三状态功能，电力相序指示及反光显示。突出特点是精确高，质量好，耐受性强，室内室外多用途（不怕水）；粘得牢揭得下（不破裂），超温变色后反差大且清晰（变色前很白，变色后颜色很深），彩色显示。可直接粘贴在导电母排接头、断路器、变压器壳等各种需要测温的设备表面。一旦该部位超温，能使颜色发生突变，记录显示超温数值，或其显示窗口由白色变成明显鲜艳的色彩（变红、黑、绿等色）颜色对比强烈，很容易被人发现，方便完成复杂的测温工作，从而找出故障隐患。

变色示温片使用方便，可贴到设备任何有平面的位置上，能在超温后快速反应，在数秒钟内发生醒目变色；记录温度最高峰值，且有一般测温仪不具备的超温记录功能（具有超温后永久变色的颜色记录功能）兼有重复变色的可逆性功能；体积小，显示明显，直观，价廉；变色温度误差不超过2℃；超温后，变色的色彩十分鲜艳和醒目；改善了落后的电力测温蜡片不易粘牢，使用麻烦，超温反应速度慢，不易观察的缺点。

### 2.3.2 任务　35kV 以下线路和母线电气运行参数的监控

应掌握的知识要点：穿越功率、大负载运行、重合闸成功或不成功情况下的监控知识，功率因素的监控知识、主要监控目标及抄表记录。

1. 线路电缆稳定运行技术措施

以某电厂规程中的保障线路电缆稳定运行的技术措施为例：

（1）加强对电缆的巡视检查工作，重点检查电缆接头是否发热，有否漏油现象，电缆温度是否过高，电缆防火封堵是否损坏，接地线是否良好。

（2）对电缆夹层、竖井、电缆隧道、电缆沟中的电缆，每两个月巡查一次，夏季高温时节，应每半月巡查一次，并建立巡检台账。

（3）在巡查时，对电缆中间接头应进行红外测温。电缆导体的温度不应超过65℃，对温度高的电缆，用红外测温进行跟踪监视。

（4）运行值班人员对低压电动机摇测绝缘时，应同时测量断路器至电源侧电缆的绝缘电阻，同时记录在专用本上。

（5）对专用动力盘、电焊盘、照明、直流电源等其他低压电缆，每四年摇测一次绝缘电阻值，并建立台账。

2. 接点温度测试检查

建立设备接点测温管理制度，定期进行接点测温是保障变电站稳定运行的重要技术措施。正常情况下每月测试一次，并编制一次设备接点温度测试记录卡，按设备间隔分类，制订相应的接点测温制度，做好接点温度测试，防止设备接点过热引发事故。

例如，某变电站保障设备稳定运行的接点测温措施为：

（1）制订变电站内接点温度测试记录卡，以设备间隔为单位，具体落实到人。

（2）测温记录卡中应包括天气情况、气温、间隔名称、负荷电流、测试原因、测试时间、测试人、接点温度等项目。

(3) 常规接点温度测试应根据负荷情况和使用仪器的精度一般至少每季一次，尽量选择大负荷时测试，并做好记录，对上次测试时负荷电流小的设备在负荷电流增长时要进行补测。测温工作由运行人员或相关检修、试验等专业人员进行。

(4) 测温范围：所有一次设备导流接头、长期运行的主变风冷回路接头等。具备测量设备内部温度条件的，应对设备内部进行测温。

(5) 在下列情况下，应增加测试次数并做好记录：

1) 变电站的负荷突然增加时或回路的负荷已达到或超过额定负荷。
2) 新设备投入运行带负荷后、大修或试验后的设备必要时。
3) 系统运行方式改变，负荷电流历年来最大值。
4) 对发现异常和缺陷的设备缩短周期进行跟踪测试。
5) 法定节假日期间或上级要求加强设备检查巡视时。

## 2.4 项目　变压器运行监控和运行技术管理

变压器的运行监控和操作要严格遵照有关规程和规范进行。要通过本项目的仿真工作任务，达到学习变压器稳定运行的有关规程和有关规范、掌握有关保障变压器稳定运行的监控技术规定和操作技术标准的目的。

### 2.4.1 任务　调整变压器各侧中性点运行方式

应掌握的知识要点：中性点接地系统不允许出现失去中性点接地的运行状况；水电站、变电站中的变压器中性点运行方式及中性点操作的规定。

1. 掌握仿真水电站、变电站变压器中性点的正常运行方式

变压器中性点直接接地（大电流接地）系统普遍采用分级绝缘的变压器，当变电站有两台及以上的分级绝缘的变压器并列运行时，通常只考虑一部分变压器中性点接地，而另一部分变压器的中性点则经间隙（中性点避雷器）接地运行，以防止故障过程中所产生的过电压破坏变压器的绝缘。为保证接地点数目的稳定，当接地变压器退出运行时，应将经间隙接地的变压器转为接地运行。

并列运行的分级绝缘的变压器同时存在接地和经间隙接地两种运行方式。为此，应配置中性点直接接地零序电流保护和中性点间隙接地保护，两种保护互为备用。

2. 了解仿真水电站、变电站变压器中性点的运行方式

(1) 通过母联断路器并列运行的数台变压器，每一条母线至少有一台变压器中性点直接接地，以防止母联断路器跳开后使某一母线成为不接地系统。

(2) 当一条母线只有一台变压器，且变压器低压侧有电源时，则该变压器中性点必须直接接地，以防止高压侧断路器跳闸，变压器成为中性点绝缘系统。

(3) 数台变压器在一条母线并列运行，若正常时只允许一台变压器中性点直接接地，在变压器操作时，应始终保持规定的中性点接地数，例如两台变压器并列运行，1号变中性点直接接地，2号变中性点间隙接地。1号变压器停运之前，必须首先合上2号变压器的中性点接地隔离开关。同样，在1号变压器恢复送电时，必须在1号变压器中性点直接接地充电以后，才允许拉开2号变压器中性点接地隔离开关。

(4) 在 110kV 及以上中性点有效接地系统中，投运或停运变压器的操作，中性点必须先接地。投入后可按系统运行方式的规定要求，决定中性点是否断开。

(5) 消弧线圈从一台变压器的中性点切换到另一台变压器的中性点时，必须先将消弧线圈断开后再切换。不得将两台变压器的中性点同时接到一台消弧线圈的中性母线上。

### 2.4.2 任务　监控变压器允许电压、掌握调压方法

**1. 变压器允许外加电压**

变压器的外加一次电压可以较额定电压高，但一般不得超过相应分头电压值的 5%。不论电压分头在什么位置，如果所加一次电压不超过其相应额定值的 5%，则变压器的二次侧可带额定电流。

根据变压器的构造特点（铁芯饱和程度等），经过试验或经制造厂认可，加在变压器一次侧的电压允许比该分头额定电压增高 10%。此时，允许的电流值应遵守制造厂的规定或根据试验确定。

无载调压变压器在额定电压±5%范围内改换分头位置运行时，其额定容量不变。但如果分头位置在额定电压±5%范围外，其额定容量要相应改变；例如，改换为-7.5%和-10%分头时，额定容量应相应降低 2.5%和 5%。

有载调压变压器分头位置的额定容量应遵守制造厂规定无载调压变压器在额定电压±5%范围内改换分接头位置运行时，其额定容量不变。有载调压变压器各分接头位置的容量应按制造厂规定执行。

电源电压高于额定值时，将使变压器的空载电流增大，铁芯的磁通密度增大，致使铁损增加而使铁芯发热，磁通达到饱和状态时，将导致二次电压小型畸变，此小型畸变的二次电压中含有多种高次奇次谐波，而某种高次谐波电流可能会引起变压器绕组的电感与电路中的电容构成的电压谐振，产生的谐振过电压将威胁变压器绕组及其他电气绝缘。

**2. 无载分接开关的切换**

切换无载分接开关前，必须先将变压器停电。切换后，应检查锁紧位置。并用欧姆表或测量电阻用的电桥测量绕组挡位的直流电阻。测量三相电阻应平衡，若不平衡，其差值不得超过三相平均值的 2%。

**3. 有载分接开关的操作方法、程序及注意事项**

(1) 新装的有载调压变压器，投入电网完成冲击合闸试验后，空载情况下，在控制室进行远方操作一个循环（如空载分接变换有困难，可在电压允许偏差范围内进行几个分接的变换操作），各项指示应正确、极限位置电气闭锁应可靠，其三相切换电压变换范围和规律与产品出厂数据相比较应无明显差别，然后调至所要求的分接位置带负荷运行，并应加强监视。

(2) 有载分接开关及其自动控制装置，应经常保持良好运行状态。故障停用，应立即汇报，并及时处理。

(3) 电力系统各级变压器运行分接位置应按保证发电厂、变电站及各用户受电端的电压偏差不超过容许值，并在充分发挥无功补偿设备的经济效益和降低线损的原则下，优化确定。

(4) 正常情况下，一般使用远方电气控制。当远方电气回路故障和必要时，可使用就

地电气控制或手动操作。当分接开关处于极限位置又必须手动操作时，必须在确认操作方向无误后方可进行。就地操作按钮应有防误操作措施。

（5）分接变换操作必须在一个分接变换完成后方可进行第二次分接变换。操作时应同时观察电压表和电流表指示，不允许出现回零、突跳、无变化等异常情况，分接位置指示器及计数器的指示等都应有相应变动。

（6）当变动分接开关操作电源后，在未确证相序是否正确前，禁止在极限位置进行电气器操作。

（7）由三台单相变压器构成的有载调压变压器组，在进行分接变换操作时，应采用三相同步远方或就地电气操作并必须具备失步保护，在实际操作中如果出现因一相断路器机械故障导致三相位置不同时，应利用就地电气或手动将三相分接位置调齐，并报修，在修复期间不允许进行分接变换操作。

（8）原则上运行时不允许分相操作，只有在不带负荷的情况下，方可在分相电动机构箱内操作，同时应注意下列事项：

1）在三相分接开关依次完成一个分接变换后，方可进行第二次分接变换，不得在一相连续进行两次分接变换。

2）分接变换操作时，应与控制室保持联系，密切注意电压表与电流表的变动情况。

3）操作结束，应检查各相分接开关的分接位置指示是否一致。

（9）两台有载调压变压器并联运行时，允许在85％变压器额定负荷电流及以下的情况下进行分接变换操作，不得在单台变压器上连续进行两个分接变换操作，必须在一台变压器的分接变换完成后再进行另一台变压器的分接变换操作。每进行一次变换后，都要检查电压和电流的变化情况，防止误操作和过负荷。升压操作应先操作负荷电流相对较少的一台，再操作负荷电流相对较大的一台，防止过大的环流。降压操作时与此相反。操作完毕，应再次检查并联的两台变压器的电流大小与分配情况。

（10）有载调压变压器与无励磁调压变压器并联运行时，应预先将有载调压变压器分接位置调整到无励磁调压变压器相应的分接位置，然后切断操作电源再并联运行。

（11）当有载调压变压器过载1.2倍额定值运行时，禁止分接开关变换操作并闭锁。

（12）如有载调压变压器自动调压装置及电容器自动投切装置同时使用，应使按电压调整的自动投切电容器组的上、下限整定值略高于有载调压变压器的整定值。

（13）运行中分接开关的油流控制继电器或气体继电器应有校验合格、有效的测试报告。若使用气体继电器代替油流控制继电器，运行中多次分接变换后动作发信，应及时放气。若分接变换不频繁而发信频繁，应做好记录，及时汇报并暂停分接变换，查明原因。

（14）当有载调压变压器本体绝缘油的色谱分析数据出现异常或分接开关油位异常，甚至接近变压器储油柜油面，应及时汇报，暂停分接变换操作，进行追踪分析，查明原因，消除故障。

（15）分接开关检修超周期或累计分接变换次数达到所规定的限值时，报主管部门安排维修。

## 2.4.3 任务　变压器正常运行的监控（冷却系统的运行监控）

通过本任务的学习，了解变压器允许温度、变压器允许温升、冷却进出温度；温度异常的操作处理规定、变压器冷却系统的正常运行方式。

1. 变压器的允许运行方式

（1）温度对变压器运行的影响。造成变压器运行温度升高的原因是：

负荷↑→铜损↑→温度↑→绝缘老化且绝缘强度↓，材料的机械强度↓

变压器在额定使用条件下，全年可按额定容量运行。以正常的环境温度和额定条件下无事故长期经济运行为基础，预测变压器的正常寿命为25～30年。

变压器绝缘寿命损耗与绕组的最热点温度有关。国际电工委员会和《电力变压器运行规程》指出：绕组的绝缘在80～140℃范围内，温度每升高6℃，其绝缘寿命损失增加1倍，称为六度法则。变压器在额定负荷和额定冷却条件（20℃）下连续运行，则绕组绝缘表面最热点的温度是98℃，其寿命损耗是正常老化，寿命刚好维持到规定的年限。由上述规定可得出变压器的寿命损失为：

$$V_t = \sum [2^{(\theta_a - 98)/6} t]$$

式中：$\theta_a$为绕组最热点的温度；$t$为某一温度$\theta_a$运行的时间。

（2）变压器允许温升。变压器的温升是指上层油温度与冷却介质入口温度之差。当变压器周围空气的温度为40℃时，自然油循环风冷变压器的上层油允许温升规定为55℃；强迫油循环风冷变压器的上层油允许温升规定为45℃。

（3）变压器允许温度。变压器在额定条件下运行时，各部位的温度不得超过某一规定值。允许温度的标准取决于变压器制造时所采用的绝缘材料及变压器的冷却方式。

油浸变压器运行时，一般只监视变压器上层油的温度，这是变压器的平均温度，比变压器内绝缘材料最热点温度约低13℃，为了使变压器内绝缘材料最热温度不至于过高，因而规定：当冷却介质入口温度下降时，变压器最高上层允许油温也应相应下降。现场运行规程一般按"允许油温＝允许温升＋入口冷却介质平均温度"来确定允许油温。因此，运行规程一般规定：按冷却介质入口温度30℃计，对于自然油循环风冷变压器，上层油温一般不宜经常超过85℃；对于强迫油循环风冷变压器的上层油温度不应超过75℃。

不能以额定负荷时上层油温低于规定作为该变压器过负荷运行的依据。例如，油浸自冷式变压器运行方式规定：当上层油温升不超过55℃时，可在额定负荷下运行，当变压器上层油温升不小于55℃，且带着额定负荷运行时，此时最长时间不超过表2.3的规定。

表2.3　　　　　切除全部风扇时变压器允许带额定负荷运行的时间

| 空气温度（℃） | －10 | 0 | 10 | 20 | 30 | 40 |
|---|---|---|---|---|---|---|
| 允许运行时间（h） | 35 | 15 | 8 | 4 | 2 | 1 |

2. 变压器的冷却机械运行方式

油浸风冷变压器在风扇停止工作时允许的负荷应遵守制造厂的规定。当上层油温不超过55℃时，则可不开风扇在额定负荷下运行。

强油循环风冷变压器，当冷却系统故障切除全部冷却器时，允许带额定负载运行20min。如20min后顶层油温尚未达到75℃，则允许上升到75℃，但在这种状态下运行的最长时间不得超过1h。

油浸风冷变压器当冷却系统发生故障,切除全部风扇时,变压器允许带额定负荷运行的时间应遵守制造厂的规定,如制造厂无规定时,可参照表2.3的规定。

吹风冷却的干式变压器,当冷却风机因故障停止工作时,其允许的运行时间应遵守制造厂的规定。

强迫油循环风冷式变压器运行方式规定:

(1) 变压器的冷却器投入组数的多少,应根据负荷情况、温度升高决定投入冷却器组数。最少投入冷却器的组数应根据现场技术规程给出的公式计算。

(2) 不论变压器所带负荷多少,必须有一组冷却器投入辅助位置,一组冷却器投入备用位置,严禁将电源工作方式选择开关放在停止位置。

(3) 不允许在带负荷的情况下,将潜油泵全部停止运行;也不允许在没有冷却器投运的情况下,使变压器空载或带负荷运行。

(4) 冷却装置应由可靠的双电源供电,且每季对自动切换装置进行一次切换实验。

(5) 变压器正常投运前应开启冷却器,正常停运后冷却器连续运行半小时。

3. 变压器绝缘电阻的测量及绝缘水平的判断

变压器停电后和送电前应测量绝缘电阻,以判断变压器的绝缘水平,决定变压器是否能投入运行。

(1) 变压器绝缘电阻的测量。

1) 变压器的绝缘电阻应用 1000~2500V 兆欧表测量。测量时,禁止他人在变压器上工作和接近变压器。

2) 为防止变压器对兆欧表放电损坏兆欧表,应将兆欧表摇转速正常(约 120r/min)后,再将兆欧表引线接到被测部位,保持兆欧表转速稳定,读取 $R_{15}$ 和 $R_{60}$ 两个数值。先将接线脱离被测部位,再停止转动兆欧表。

3) 测量结束后,应对变压器进行放电,并记录变压器上层油温度及环境温度。

(2) 变压器绝缘水平的判断。

变压器绝缘电阻合格值:每1kV 工作电压应大于1MΩ,且在同等条件下,绝缘电阻降低值不应低于前次测量结果的50%。吸收比不小于1.3。

## 2.4.4 任务 变压器过负荷的监控处理

1. 变压器允许的过负荷运行方式

由于变压器负荷经常随昼夜、季节而变化,很多时间是处于低负荷率运行状态,这样对变压器的寿命损耗较少;而在一些特殊情况下,变压器的负荷很大,甚至超过额定负荷。变压器的设计者和制造商均允许在其一定条件下过负荷运行。但要注意:①防止过负荷运行而使变压器过于发热而引起变压器绝缘故障;②防止绝缘寿命损耗过大而使变压器的寿命有所缩短。

过负荷运行多损失的寿命由低负荷运行少损失的寿命来补偿。为此,《电力变压器运行规程》(DL/T 572—95) 对变压器允许的过负荷作了规定,将过负荷分为正常过负荷和事故过负荷两类。变压器可以在正常过负荷和事故过负荷的情况下运行。

正常过负荷可以经常使用,其容许值根据变压器的负荷曲线、冷却介质温度以及过负荷前变压器所带的负荷等来确定。

## 2.4 项目 变压器运行监控和运行技术管理

事故过负荷只允许在事故情况下使用。例如，运行中的若干台变压器中有一台损坏，又无备用变压器，则其余变压器允许按事故过负荷运行。变压器存在较大的缺陷时不准过负荷运行。例如，冷却系统不正常，严重漏油，色谱分析异常等。

**2. 变压器正常过负荷**

干式变压器的过负荷运行应遵照制造厂的规定。油浸式变压器正常过负荷运行可参照下述规定：

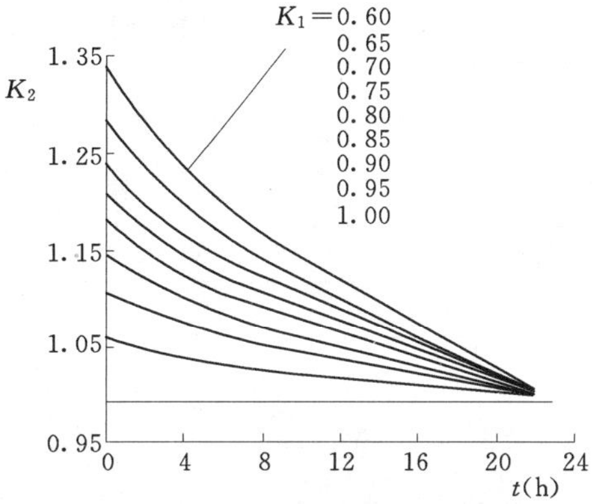

(1) 全天满负荷运行的变压器不宜过负荷运行。

(2) 变压器在低负荷期间（负荷系数小于1时），则在高峰负荷期间变压器允许的过负荷倍数和持续时间按年等值环境温度，变压器的冷却方式和容量，由图 2.10 所示的曲线来分别确定（图中 $K_1$ 为起始负荷倍数，$K_2$ 为过负荷倍数）。一般现场运行规程依据此曲线图制定出"变压器过负荷允许时间表"。

(3) 在夏季，根据变压器的典型负荷曲线，其最高负荷低于变压器的额定容量时，则每低1%可允许冬季过负荷1%，但以过负荷15%为限。当环境温度超过35℃时，可按如图 2.11 所示的系列曲线来确定。

(4) 上述（2）、（3）两项过负荷可以相加，但总过负荷值对油浸自冷和油浸风冷变压器不应超过变压器额定容量的30%。

(5) 变压器过负荷运行前，应投入全部工作冷却器，必要时应投入备用冷却器。

正常运行期间的负荷系数 $K_1$ 可由正常运行记录在计算机中自动生成，过负荷倍数或过负荷持续时间由人工确定其中一个数值，则可由图 2.10 确定另一数值，若无人工干预，以实际过负荷为标准，给出允许运行时间，到时报警或自动切负荷。

**3. 变压器事故过负荷**

油浸变压器事故过负荷的容许值，按照不同的冷却方式和环境温度，可参照表 2.4 的规定运行（此时应投入备用冷却器）。

干式变压器可参照制造厂的规定。

变压器经过事故过负荷以后，应将事故过负荷的大小和持续时间记入变压器的技术档案内。

图 2.10 油浸变压器正常过负荷倍数曲线
$K_1$—起始负荷倍数；$t$—日最大负荷持续时间；
$K_2$—变压器允许过负荷倍数

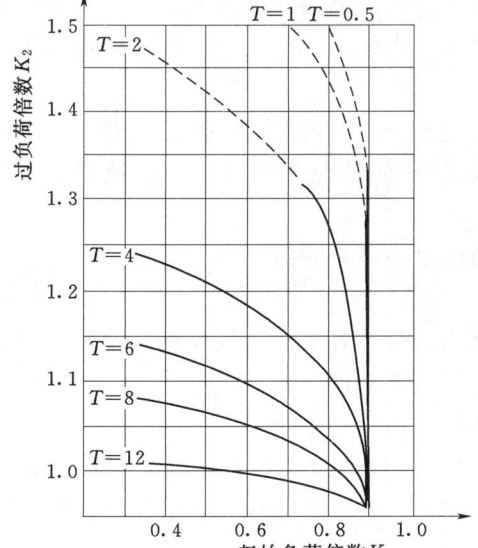

图 2.11 环境最高温度超过 35℃时，油自然循环变压器正常过负荷曲线
（$T$ 的单位为 h）

表 2.4　　　　　　　油浸自然循环冷却变压器事故过负荷容许运行时间　　　　　　单位：h　min

| 过负荷倍数 | 环境温度（℃） | | | | |
|---|---|---|---|---|---|
| | 0 | 10 | 20 | 30 | 40 |
| 1.1 | 24　00 | 24　00 | 24　00 | 19　00 | 7　00 |
| 1.2 | 24　00 | 24　00 | 13　00 | 5　50 | 2　45 |
| 1.3 | 23　00 | 10　00 | 5　30 | 3　00 | 0　55 |
| 1.4 | 8　30 | 5　10 | 3　10 | 1　45 | 1　30 |
| 1.5 | 4　45 | 3　10 | 2　00 | 1　10 | 0　35 |
| 1.6 | 3　00 | 2　05 | 1　20 | 0　45 | 0　18 |
| 1.7 | 2　05 | 1　25 | 0　55 | 0　25 | 0　09 |
| 1.8 | 1　30 | 1　00 | 0　30 | 0　13 | 0　06 |
| 1.9 | 1　00 | 0　35 | 0　18 | 0　09 | 0　05 |
| 2.0 | 0　40 | 0　22 | 0　11 | 0　06 | + |

4. 变压器允许的不平衡电流

变压器三相负荷不平衡时，应监视最大电流相的负荷。结线组别为 Y，yn0 和 Y，zn11 的配电变压器，中性线电流的容许值分别为变压器额定电流的 25% 和 40%。

制造厂另有规定者应遵守制造厂的规定。

5. 变压器稳定运行技术措施

以某电厂技术规程中保障变压器稳定运行的技术措施为例：

（1）变压器超过额定电流运行时，应特别注意对变压器上层油温的监视，温度测量装置每年校核一次，以保证温度测量的正确性，同时每年由维修部门对"变压器温度高"信号回路传动试验一次。

（2）高压厂用变及低压厂变上层油温一般不应超过 85℃，最高不超过 95℃，在事故过负荷运行时，为便于处理事故，允许超过 95℃，但任何情况下变压器上层油温都不得超过 105℃。

（3）主变是强迫油循环风冷变压器，其上层油温最高不得超过 75℃。

（4）干式变压器最高温度不超过 140℃。

（5）主变强油循环冷却系统的两路电源必须可靠，每次开机时，应做两路电源联动切换试验，动作正常可靠，同时冷却系统回路有关信号试验动作正常。

（6）主变、高厂变在 7、8、9 三个月每月取油样分析化验一次。

（7）高厂变使用有载分接开关调整 6kV 母线电压时应注意其负载电流，当高压侧电流超过额定值时，不得进行有载分接开关的切换操作。一般应电动操作，必须手动操作时应由检修人员操作。

（8）高温季节或变压器重负荷运行时用红外热像仪对变压器本体、套管、引线连接处进行一次测温并建立测温档案。高厂变两段母线负荷分配应尽量均匀。

6. 变压器过负荷仿真实训教学

运行中的变压器如果过负荷，可能出现电流指标超过额定值，有功、无功功率表指针指示增大,或出现变压器"过负荷"信号、"温度高"信号和音响报警等。值班人员发现上述异常现象或信号,应按下述原则进行处理:

(1) 复归警报,汇报,并作好记录。

(2) 及时调整变压器的运行方式,若有备用变压器,应立即投入。

(3) 及时调整负荷的分配,与用户协商转移负荷。

(4) 如属正常过负荷,可根据正常过负荷的倍数,参照表2.5确定允许时间,若超过时间,应立即减小负荷;同时,要加强对变压器温度的监视,不得超过允许温度值。

(5) 如属事故过负荷,则可根据事故过负荷的倍数,参照表2.6或表2.7确定允许时间。

(6) 对变压器及其有关系统进行全面检查,若发现异常,应立即汇报并进行处理。

表2.5　　　　　　　　油浸变压器正常过负荷允许时间表　　　　　　　单位:h　min

| 过负荷倍数 | 过负荷上层油温升为下列数值时允许过负荷时间 | | | | | | |
|---|---|---|---|---|---|---|---|
| | 18℃ | 24℃ | 30℃ | 36℃ | 42℃ | 48℃ | 54℃ |
| 1.0 | 连续运行 | | | | | | |
| 1.05 | 5　10 | 5　25 | 4　50 | 4　00 | 3　00 | 1　30 | |
| 1.10 | 3　50 | 3　25 | 2　50 | 2　10 | 1　25 | 0　10 | |
| 1.15 | 2　50 | 2　25 | 1　50 | 1　20 | 0　35 | | |
| 1.20 | 2　50 | 1　40 | 1　15 | 0　45 | | | |
| 1.25 | 1　35 | 1　15 | 0　30 | | | | |
| 1.30 | 1　10 | 0　50 | 0　30 | | | | |
| 1.35 | 0　55 | 0　35 | 0　15 | | | | |
| 1.40 | 0　40 | 0　25 | | | | | |
| 1.45 | 0　25 | 0　10 | | | | | |
| 1.50 | 0　15 | | | | | | |

表2.6　　　　　　　油浸自然循环冷却变压器事故过负荷允许时间表　　　　　单位:h　min

| 过负荷倍数 | 环境温度(℃) | | | | |
|---|---|---|---|---|---|
| | 0 | 10 | 20 | 30 | 40 |
| 1.1 | 24　00 | 24　00 | 24　00 | 19　00 | 7　00 |
| 1.2 | 24　00 | 24　00 | 13　00 | 5　50 | 2　45 |
| 1.3 | 23　00 | 10　00 | 5　30 | 3　00 | 1　30 |
| 1.4 | 8　30 | 5　10 | 3　10 | 1　45 | 0　55 |
| 1.5 | 4　45 | 3　10 | 2　00 | 1　10 | 0　35 |
| 1.6 | 3　00 | 2　05 | 1　20 | 0　45 | 0　18 |
| 1.7 | 2　05 | 1　25 | 0　55 | 0　25 | 0　07 |
| 1.8 | 1　30 | 1　00 | 0　30 | 0　13 | 0　06 |
| 1.9 | 1　00 | 0　35 | 0　18 | 0　09 | 0　05 |
| 2.0 | 0　40 | 0　22 | 0　11 | 0　06 | |

表 2.7　　　　　油浸强迫循环的变压器事故过负荷允许运行时间表　　　　单位：h：min

| 过负荷倍数 | 环境温度（℃） | | | | |
|---|---|---|---|---|---|
| | 0 | 10 | 20 | 30 | 40 |
| 1.1 | 24:00 | 24:00 | 24:00 | 14:30 | 5:10 |
| 1.2 | 24:00 | 21:00 | 8:00 | 3:30 | 1:35 |
| 1.3 | 11:00 | 5:00 | 2:25 | 1:30 | 0:45 |
| 1.4 | 3:40 | 2:10 | 1:20 | 0:45 | |
| 1.5 | 1:50 | 1:10 | 0:40 | 0:16 | 0:07 |
| 1.6 | 1:00 | 0:35 | 0:16 | 0:08 | 0:05 |
| 1.7 | 0:30 | 0:15 | 0:09 | 0:05 | |

## 2.5 项目　水轮发电机运行监控和运行技术管理

### 2.5.1 任务　发电机正常运行时的监控

要求掌握发电机正常运行时的监控内容，发电机的稳定运行方式（发电机的额定运行），发电机各部件的允许温度；发电机冷却系统运行监控，发电机励磁系统的构成和发电机自动电压调整器 AVR，发电机的励磁系统运行方式，发电机的有功、无功负荷的调整。

**1. 仿真水电站发电机励磁系统的构成**

仿真水电站发电机励磁系统的构成，如图 2.12 所示。

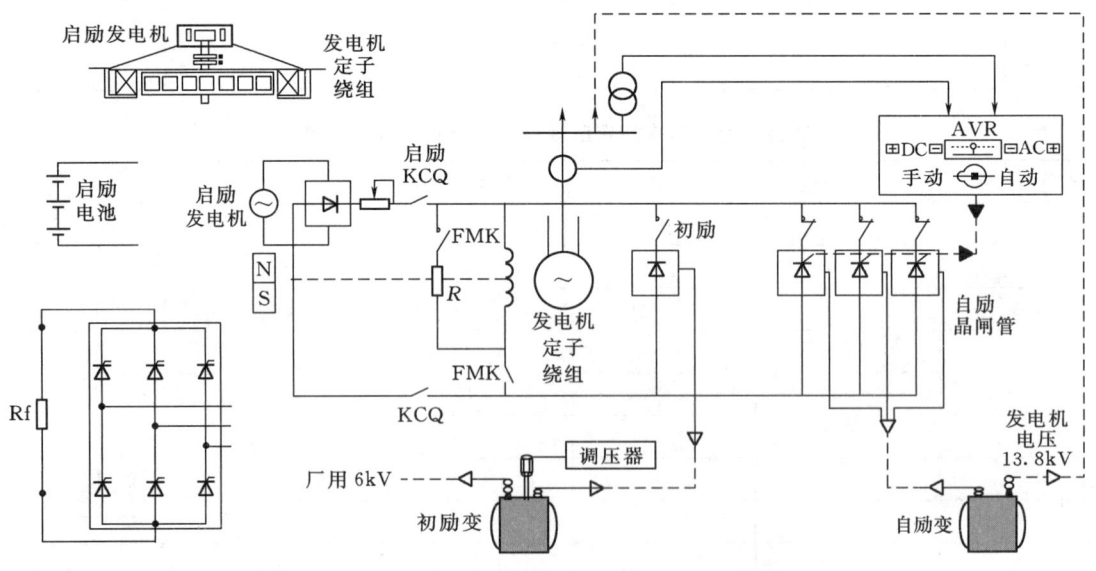

图 2.12　仿真水电站发电机励磁系统的构成

（1）自励静止励磁装置（晶闸管静止励磁装置）。作为主励磁装置，国外某些公司把这种方式列为大型机组的定型励磁方式。我国已在各种大、中、小型机组上普遍采用这种自并励方式。

自并励方式存在问题：继电保护配合较复杂（一般采用微机保护配合）；机端三相短路时会失去强励功能；开机初始升压需要另有起励励磁（初励/起励）。

（2）初励装置。作为起励励磁装置，又可兼作为备用励磁装置，但仍存在如果没有厂用电，不能进行"黑启动"启励的问题。

（3）残压启励装置（永磁发电机启励装置）。作为"黑启动"启励装置。（注：可改用直流蓄电池组取代。）

1)"黑启动"知识介绍。整个电网系统停电后的系统自恢复通俗地称为"黑启动"。所谓"黑启动"，是指整个电网系统因故障停运后，不依赖别的电网帮助，通过自己电网中能在没有厂用电源情况下启动的发电机组（自启动机组）的先启动，向无自启动能力的其他发电机组提供厂用电源，从而带动无自启动能力的发电机组启动，各发电机组启动后通过并网逐渐恢复系统的供电容量，进而扩大发电机组恢复运行范围，最终实现整个系统的恢复。

2)进行"黑启动"的方法。电网系统停电后，系统中的首先启动的机组必须是无需外来电源即能自启动的机组，自启动能在停运后快速恢复发电，并通过输电线向其他电厂输送厂用电启动功率，带动其他机组的启动。黑启动的方式有：①"自上而下"的方式，先恢复主电网，后恢复小电网，"自上而下"的优点是能提供稳定的电源，使重新启动的其他发电机组并网带负荷相对容易，但系统对用户恢复供电的过程时间要长；②"自下而上"的方式，先恢复局部地区小电网，而后通过联网恢复主电网运行；局部小电网恢复后，发电机组可带起部分负荷，可缩短重要用户的停电时间，但"自下而上"的系统恢复过程在初期不稳定，不能大规模接带负荷。

3)"黑启动"电源。通常首选水轮发电机机组、抽水蓄能机组。水轮发电机结构简单，没有复杂的辅助系统，厂用电少，可用自流水润滑、冷却，启动速度快，因此是理想、方便的启动电源。此外，从冷态到启动约需要 30min 的燃气轮机，可在无厂用电的情况下快速启动，也可作为启动电源。

2. 发电机自动电压调整器（AVR）

发电机自动电压调整器（AVR）由手动电压调整器即"基本调整器"（DC 控制器）、自动电压调整器即"电压/无功调整器"（AC 控制器），以及多种测量回路、限制回路、保护回路与移相触发控制电路所构成。

自动电压调整器（AVR）控制的目的在于自动维持发电机输出电压、并确保发电机在设计容量范围内稳定运转。发电机的励磁量是由 AVR 控制的，因此，AVR 需具有手动和自动电压控制基本功能。仿真发电机原 AVR 的电压调节范围为 $(92\% \sim 110\%)U_N$，现 AVR 的电压调节范围为 $(35\% \sim 110\%)U_N$，$U_N$ 为额定电压 13.8kV。

手动控制是由基本调整器（DC 控制器）调向"增"、"减"位直接增减转子磁场电流，升降发电机机端电压。

自动控制是由电压/无功调整器（AC 控制器）转向"增"、"减"位，改变发电机电压设定值；由发电机端电压侦测回路通过比较元件、比较出发电机实际输出电压与设定值之间的差值，按差值自动增减转子磁场电流，保持发电机端电压稳定在设定值，在发电机并网运行后由 AC 控制器控制电网电压稳定时的无功目标值。

手动控制（DC 控制）与自动控制（AC 控制）切换时，需注意两者输出电压信号必须相同，切换瞬间才不会有转子电压瞬时突变和发电机电压变化。两者间的偏差量可由平衡电压表显示，要作平缓无冲击的转换，此电压表必须先归零，而后才可作自动与手动的切换。

此外，自动电压调整器（AVR）还具有另外一种功能，即当系统有异常变动导致励磁量超出设计许可范围时，限制回路可自动抑低或增加励磁，以防止发电机进入不稳定区域。如果励磁量超出限值，保护回路立刻动作，切换至手动控制，甚至跳停机组。

3. 发电机的有功、无功负荷的正常调整

（1）发电机在运行中功率因数变动时，应使其定子和转子电流不超过当时进风温度下所允许的数值。允许用提高功率因数的方法把发电机的有功功率提高到额定视在功率运行，但应满足电网稳定要求，并按调度命令执行。

（2）当电网频率正常，但电网电压低于 AVR 设定值时，AVR 自动控制增大发电机无功功率，在定子电流超过额定值时，为了提高无功出力，运行人员必须通过限制有功出力保持定子电流不超过额定容许值。

（3）当电网频率正常，但电网电压高于 AVR 设定值时，AVR 自动控制减小发电机无功功率，降低无功出力。在不增加发电机的视在功率的情况下，运行人员可通过提高有功出力保持定子电流不低于额定容许值。

（4）在频率和电压都有变化时有功、无功负荷的调整应按调度命令和水轮发电机运行规程的规定执行。

4. 发电机稳定运行技术措施

例如，某水电站规程中规定的保障发电机稳定运行的技术措施如下。

（1）加强对发电机温度的监视，尤其是高温季节和负荷重的情况下更应注意，无论何种运行工况都应控制下列温度值在允许范围内。仿真水电站发电机温度规定如下：

1) 1 号、2 号、3 号、4 号发电机定子线圈温度不超过 90℃。

2) 1 号、2 号、3 号、4 号发电机定子线圈出水温度不超过 80℃。

3) 发电机进风温度不超过 55℃。

4) 发电机各定子线圈出水温度最高与最低之差不超过 8℃。

5) 定子内冷水进水温度不得低于进风温度（应略高于进风温度）。

（2）转子回路的监视检查工作规定。

1) 开机前摇测转子绝缘合格，电阻应在 0.5MΩ 以上。

2) 当出现转子一点接地信号时，运行每班测量一次发电机转子回路的"正对地"和"负对地"电压，使用高内阻（20MΩ 及以上）的数字万用表电压挡，并将测量结果记录在"运行日志"上。

3) 运行每班检查发电机炭刷、滑环两次，不能有炭刷过短、缺角，刷辫断脱、炭刷冒火、滑环发热等现象；并用红外测温仪对滑环、炭刷测温一次。滑环表面温度不允许超过 120℃。

4) 加强对发电机整流柜的检查维护工作,两柜负荷电流分配均匀,电流相差一般不超过 20%。夏季或发电机转子电流达其额定值 80% 以上时,每班用红外仪对整流柜各连接点测温一次。开机时应做风机电源切换试验,两路电源切换正常。

(3) 发电机运行过程中定期检测规定。

1) 检修人员每月对转子滑环冷却风道的滤网脏污情况进行一次检查、清理,防止滤网堵塞。运行人员每班应检测一次三台整流柜的温度,检修人员每月对整流柜的进风滤网清洗一次。

2) 继保班每星期测量一次发电机定子中性点 TV 的二次侧电压,对发电机定子回路有否接地进行监视。

3) 在系统电压高时,应限制无功出力,不增加发电机的视在功率。

4) 如果系统电压低,应提高无功出力,但定子电流到正常时,则必须降低发电机的有功负荷。

### 2.5.2 任务 发电机的过负荷监控处理

**1. 仿真发电机的额定参数**

仿真发电机的额定参数见表 2.8。

表 2.8　　　　　　　　　　　仿真发电机额定参数表

| 项　　目 | 参数 | 项　　目 | 参数 |
|---|---|---|---|
| 型号 | TS1350/135-96 | 额定容量 | 70600kVA/60000kW |
| 额定电压 | 13.8kV | 定子额定电流 | 2954A |
| 定子线圈接法 | 2Y | 周波 | 50Hz |
| 功率因数 | 0.85 | 转子电压 | 435V |
| 转子额定电流 | 1235V | 额定转速 | 62.5r/min |
| 飞逸转速 | 150r/min | 转向 | 顺时针(从上往下看) |
| 定子、转子绝缘等级 | B级 | 定子线圈最高允许温度 | 100℃ |
| 转子线圈最高允许温度 | 100℃ | 冷却水最高进水温度 | 28℃ |

**2. 发电机的允许过负荷**

正常运行时,发电机不允许超过额定容量长期运行。当发电机电压低于额定值时,允许适当增大定子电流,但定子电流不得在超过额定值 5% 的情况下长期运行。

在系统发生短路故障,发电机失步运行,成群电动机启动和强行励磁等情况下,发电机定子和转子都可能短时过负荷,过负荷使发电机定子、转子电流超过额定值较多时,会使绕组温度有超过容许限值的危险,使绝缘老化过快,甚至还可能造成机械损坏。过负荷数值愈大,持续时间愈长,上述危险性愈严重,但因发电机在额定工况下的温度较其所使用绝缘材料的最高允许温度低一些,有一定的备用余量可作短时间过负荷使用。

**3. 发电机过负荷的处理规定**

发电机不允许经常过负荷,只有在事故情况下,当系统必须切除部分发电机或线路时,为防止系统静稳定被破坏,保证连续供电,才允许发电机的定子绕组在短时间内过负荷运行,同时也允许转子绕组有相应的过负荷。

过负荷的允许数值不仅和持续时间有关,还与发电机的冷却方式有关。直接内冷的绕组在发热时容易变形,所以其过负荷的允许值比间接冷却的要小,发电机定子和转子短时过负荷的允许值在制造厂家给出的"过负荷与容许时间的关系表"中有所规定。

在事故情况下,当发电机的定子电流达到过负荷容许值时,应该首先检查发电机的功率因数和电压,并注意电流达到容许值所经过的时间。在容许的持续时间内,用减少励磁电流的方法,降低定子电流到正常值,但不得使功率因数过高和电压过低。

### 2.5.3 任务 发电机的自动开、停机

1. 计算机停机过程控制

仿真水电站发电机自动停机操作步骤:

(1) 检查 AVR 工作方式在"自动"位置。
(2) 检查发电机的计算机自动停机条件满足(停机条件显示为红色为满足)。
(3) 发自动停机令。
(4) 监视计算机自动停机过程,直至停机结束。
(5) 将 AVR 工作方式复归到"手动"位置。

2. 计算机开机过程控制

仿真水电站发电机自动开机升压并网操作步骤:

(1) 在低压风系统检查制动装置排风闸排风完成并关闭。
(2) 在监控画面按下水轮机复位按钮。
(3) 检查发电机已具备计算机自动开机条件。
(4) 检查或将 AVR 工作方式归在"手动"位置。
(5) 合 FMK。
(6) 发开机令。
(7) 监视计算机自动开机过程,直至自动升压至 13.77kV。
(8) 投入计算机同期。
(9) 确认已同期合上发电机出口断路器后,检查计算机同期已自动退出。
(10) 用 AC 调节平衡指示为零("手动"切"自动"时以 DC 为基准量)。
(11) 将 AVR 工作方式归到"自动"位置。
(12) 使用负荷调整装置带负荷(带负荷时注意先带起无功、后带有功;带负荷过程中要保持发电机功率因数不大于 0.85,经验判据是:保持无功不小于有功的 3/5)。

## 附件 2.1 记 录 簿 填 写 说 明

1. 操作记录簿

(1) 操作记录簿由受令人填写。
(2) 记录发、受令人姓名,操作命令编号,操作命令内容,发布预令、动令的内容、时间及正式执行操作的时间和内容。
(3) 命令内容应随听随记,全部命令记完后,受令人向发令人复诵一遍,并得到发令

人同意。

（4）记录操作任务完成后向调度汇报的时间、内容和人员姓名。

（5）自行掌握设备的操作，发令人栏内应填写"×××"值长名字，受令人栏填"×××"主值班员名字，时间和命令内容应填写相关内容。

2. 运行记录簿

（1）记录簿填写人即当值人员。应填写年、月、日、天气情况、交接班时间和参加交接班人员姓名。

（2）记录设备投运和停运情况、自动化装置及仪表的异常运行情况、保护定值变更及核对情况。

（3）记录事故处理经过。

（4）记录交接班及设备巡视检查情况、设备异常现象和发现的缺陷及处理情况。其中，记录交接班内容应注意以下六项：

1）系统运行方式。

2）继电保护自动化装置及仪表运行变更情况。

3）设备异常、事故及缺陷处理情况。

4）设备检修、试验情况，安全措施布置和工作票执行情况。

5）调度命令及上级有关运行方面的指示。

6）需要交代的其他事宜。

（5）记录上级有关运行的通知和工作要求（命令指示）。

（6）执行工作票和操作票的情况。

（7）例行运行维护工作完成情况。

（8）与运行有关的其他事宜。

3. 设备缺陷记录簿

（1）按危急、严重、一般缺陷分别记录。

（2）凡是运行、检修、继电、试验等在工作中发现的缺陷或发现后立即消除的缺陷，都应记录在记录簿上。

（3）运行发现的缺陷由值长定性，然后填入记录中，缺陷分类准确，写明部位、程度及有关数据。

（4）不能消除的缺陷按规定进行上报，并经常督促提醒有关单位对缺陷及时消除。

（5）缺陷消除后，应及时在簿内注明消除的人员、时间和验收人。

4. 断路器开闸记录簿

（1）本记录由当值人员填写并签名。

（2）按断路器名称或设备单元分页填写，主要记录断路器保护动作跳闸和手动开闸次数，保护动作跳闸未重合或重合良好记一次，重合不良记两次，手动开闸不分原因均应做统计次数。

（3）保护动作跳闸和手动开闸应分别累计次数。

（4）保护动作跳闸次数在断路器大修或灭弧室单元经过分解检修换油后重新统计。

（5）记录开闸的原因和时间。

## 5. 继电保护及自动装置记录簿

（1）按设备单元或自动装置的名称分页进行记录。

（2）本记录簿由继电保护、远动、仪表、通信和自动化专业人员填写，并向当值人员交代清楚，双方签字，各值值长均要阅知审核并签名，值班员均要了解其内容。

（3）记录试验项目和简要内容及试验结果，整定值及接线变更情况，检修试验中发现的问题及处理结果，装置的使用、操作方法、注意事项及能否投入运行的结论性意见等。

（4）按规定由运行人员改变保护定值情况要做好记录。

## 6. 设备检修、试验记录簿

（1）按设备的单元名称分页进行记录。

（2）由工作负责人填写并签名，值长或主值班员审核验收后签名，按值移交。

（3）记录检修试验的工作日期、内容，发现的问题及处理经过、记录试验数据、能否投运的结论等。其他设备的检修、消缺等工作内容也应按设备单元记录，如防误闭锁装置、直流、交流、照明、设备标志应分别建立设备单元。

## 7. 直流设备巡视及蓄电池充放电记录簿

（1）每日当值人员应对直流设备巡视检查一次，并按格式做好记录。

（2）蓄电池组充放电时，每小时测试一次充放电电流、直流母线电压和投入的电池数。

（3）计算出充放电安时数并做好记录。

（4）记录在充放电过程中发现的异常现象和处理情况。

## 8. 避雷器动作指示记录簿

（1）按电压等级及运行编号按组分项进行记录。

（2）避雷器新投运和试验检修后投入运行前，应记录计数器指示数。

（3）正常情况下，每月应定期巡视检查避雷器的计数器指示数，并做好记录。

（4）每次雷雨后，值班员应检查计数器指示数，并做好记录和动作原因。

（5）避雷器更换时，其"累计动作次数"应重新统计，记录器更换后也应做好记录，但避雷器累计动作次数不变。

## 9. 反事故演习记录簿

（1）反事故演习每季进行一次，要做好记录。

（2）拟定反事故演习计划，计划应周密，考虑各种可能，然后主持演习。

（3）记录好事故现象（包括音像、表计、信号指示、继电保护动作和设备异常拉合位置）。

（4）记录好被演习人判断的结果和实际处理情况。

（5）记录演习的日期、主持人和参加人员的姓名、演习的题目及内容。被演习人签字后，主持人签名。

（6）记录演习中发现的问题及今后拟采取的措施，并对演习作出评价，"评价"栏由主持人填写并指出差距和努力方向。

10. 安全活动记录簿

安全活动记录簿应由安全活动主持人填写，主要记录活动主题、发言内容以及结合本站实际，举一反三，吸取事故教训等内容，安全活动每周一次，参加人员自己签名。

（1）检查一周的安全情况，提出改进和注意事项。

（2）按当前中心工作的安排，提出季节性的安全措施和应注意的事项。

（3）学习事故通报，举一反三，吸取教训及采取的组织技术措施。

（4）对新投运的设备和带缺陷运行的设备提出应注意的安全事项。

（5）检查贯彻规章制度和两票执行情况，研究今后具体的对策和办法。

11. 事故障碍异常记录簿

（1）记录事故、障碍、异常现象发生的时间、天气情况、详细经过、设备状况和继电保护、自动装置运行情况，以及潮流、频率、电压和温度等情况。

（2）针对事故、障碍、异常现象发生的原因，制定出反事故措施

（3）记录发生事故、障碍、异常现象的责任分析以及责任人姓名、职务。

（4）记录发生事故（障碍）造成的设备损失及损失情况。

（5）性质栏应明确填写为"事故"或"障碍"及"异常"。

（6）此纪录要保证其完整性和历史性。

12. 运行分析记录簿

（1）综合分析每季至少一次，题目要预先选好交值班员准备。

（2）专题分析由值长根据可能出现的问题，组织当值人员进行，每值每月至少一次。主要分析设备的异常及不安全情况和采取的措施、办法，分析运行系统变动和继电保护运行状态及存在问题，分析安全生产、执行规章制度的情况和存在的问题等。

（3）分析后要记录活动日期、参加人员姓名、分析的题目及内容、存在的问题和采取的措施。对分析出的问题及时向领导汇报，以利于问题的解决。

13. 培训工作记录簿

（1）应制定年培训工作计划。

（2）记录培训工作计划的执行情况及具体内容。

（3）记录其他有关培训工作及内容。

14. 防误装置解锁钥匙使用记录簿

记录防误装置解锁钥匙、各回路备用钥匙使用情况、使用原因，由使用人记录，监护人、批准人要签字。备用钥匙由监护人启封，监护人封存。

15. 事故预想记录簿

（1）根据天气变化或设备温度、负荷、系统的变动及设备等出现的异常运行情况，由值长确定预想题目。

（2）值班人员根据预想的题目，作出相应的处理方法和措施。

（3）对处理的方法和措施由负责人进行审阅和评价。

（4）事故预想每月每值进行一次，分别记录。

## 附件2.2　记录簿格式

表2.9～表2.12所列为资料性表格，仅供学生仿真实训参考。

表 2.9　　　　　　　　　　　调度操作指令记录簿

　　年　月

| 时间 | | | 发受令人姓名 | | 指令号 | 操作内容 |
|---|---|---|---|---|---|---|
| 日 | 时 | 分 | 调度 | 变电站 | | |
| | | | | | | |
| | | | | | | |
| | | | | | | |
| | | | | | | |
| | | | | | | |

表 2.10　　　　　　　　　　　设备缺陷记录簿

| 序号 | 发现日期 | 发现人 | 缺陷内容 | 消除日期 | 消除人 | 验收人 |
|---|---|---|---|---|---|---|
| | | | | | | |
| | | | | | | |
| | | | | | | |
| | | | | | | |
| | | | | | | |

表 2.11　　　　　　　　　　　断路器动作记录簿

　　年　月

| 断路器安装位置： | | 运行编号： | | | | 断路器型号： | |
|---|---|---|---|---|---|---|---|
| 跳闸日期时间 | 断路器开闸原因 | 自动跳闸 | | 手动跳闸 | | 最后一次大修的时间 | 记录人 |
| | | 次数 | 累计 | 次数 | 累计 | | |
| | | | | | | | |
| | | | | | | | |
| | | | | | | | |
| | | | | | | | |

表 2.12　　　　　　　　　　　运行工作记录簿

　　年　月　日

| 交班负责人 | | 交班人员 | | 交班时间 | |
|---|---|---|---|---|---|
| | | | | 时 | 分 |
| 接班负责人 | | 接班人员 | | 接班时间 | |
| | | | | 时 | 分 |
| 时 | 分 | 内容 | | | |
| | | | | | |
| | | | | | |
| | | | | | |
| | | | | | |

# 模块 3  倒闸操作（电气操作）仿真实训

## 3.1 项目  了解水电站仿真系统倒闸操作的基本功能

本模块的倒闸操作工作案例均基于水力发电厂全功能教学培训仿真系统。该仿真系统以实际电厂为仿真对象，实现了水电厂发电机组和变电站的电气操作过程仿真，实现了全部自用电系统（包含直流蓄电池组和380V用电照明系统）的电气操作过程仿真，能正确反映发电机组、变电站及其全部自用电系统在正常、非正常和事故工况下的各种人为误操作事故。仿真系统作为电气运行岗位的技术教学、培训手段，能使学生学会手动、自动开停发电机组的操作；学会电厂及变电站系统中各电气设备停电检修及恢复运行的电气操作；学会电气主接线各种运行方式转换操作；学会厂用电系统的运行方式切换等电气运行岗位工作技能。

## 3.2 项目  熟悉仿真水电站各系统基本运行方式

水电站仿真系统主接线如图 3.1 所示（具体的接线图见附件 3.2 中图 3.20 和附件 3.3 中图 3.21）。

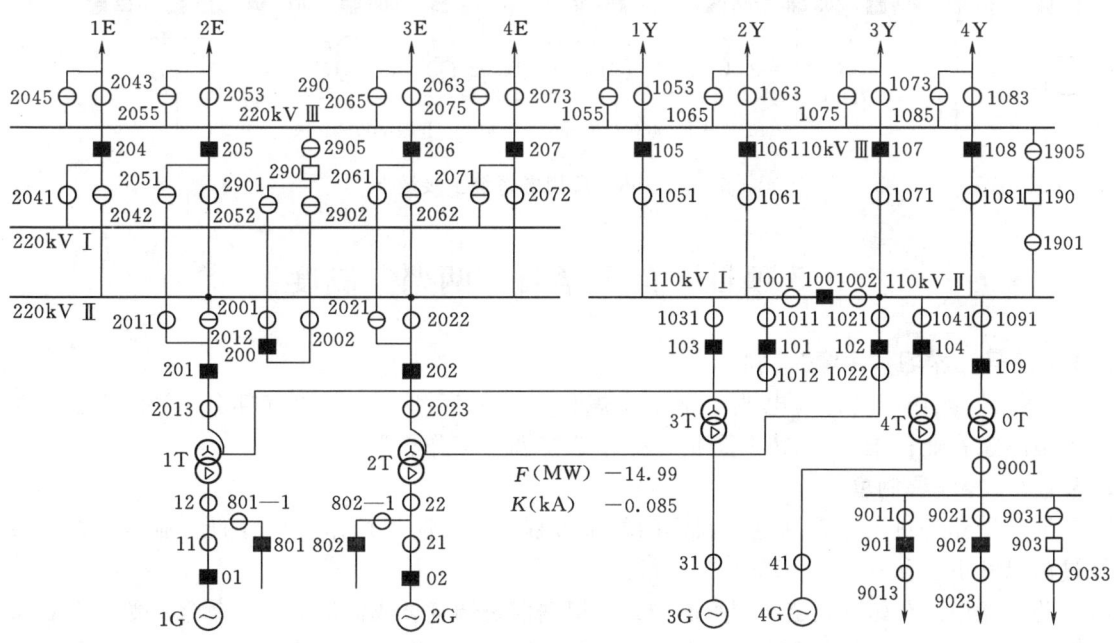

图 3.1  水电站仿真系统主接线

在正常运行方式下：1G、2G 满发运行；3G、4G 发变组满发运行；1T、2T 直接接地；0T、3T、4T 中性点不投接地。

220kV 系统：1E 线路、3E 线路、201 断路器投Ⅰ母，2E 线路、4E 线路、202 断路器投Ⅱ母；1E 线路、2E 线路为对侧有电源的双回线，3E 线路、4E 线路为对侧有电源的双回线，重合闸全投同期检定。200 断路器投运行；290 断路器冷备用，旁母热备用。290 断路器各保护除"高频"冷备用外其余投热备用状态。

110kV 系统：1Y、2Y、3Y、4Y、101、102、100 投送电运行；1Y、2Y（对侧有电源的双回线）和 3Y、4Y（对侧有电源的双回线）重合闸全投无压检定。190 断路器冷备用，旁母热备用。190 断路器各保护除"高频"冷备用外其余投热备用状态。

6kV 厂用电系统主接线如图 3.2 所示。正常运行方式：5T、6T 和 6.3 kV Ⅰ、Ⅱ工作母线投运行；7T、8T、9T、10T 和 400V 四段工作母线投运行；607、3A、6A 投热备用；607 的 11ABP、3A 的 12ABP、6A 的 13ABP 投入（参见图 3.13，ABP 是备用电源自动投入装置的俄文简称）。

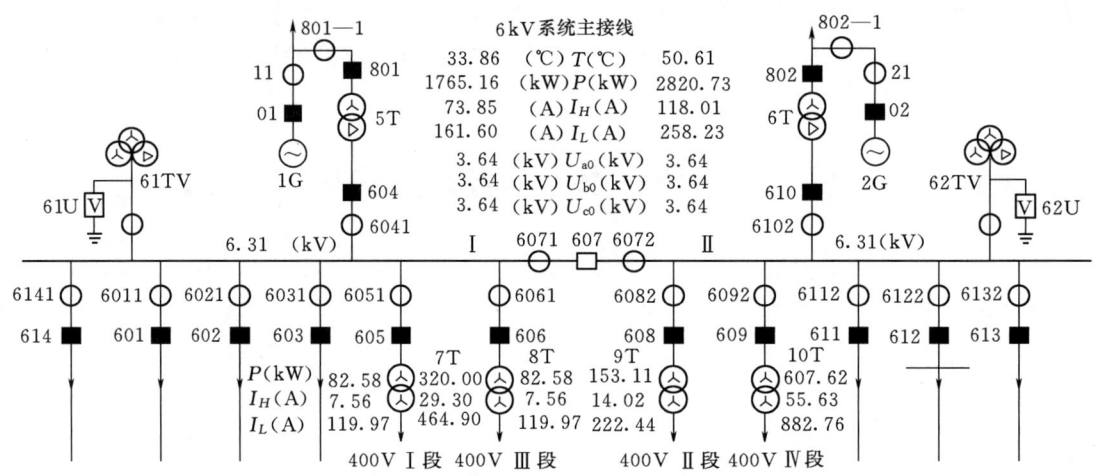

图 3.2  6kV 厂用电系统主接线

## 3.3 项目  自主学习"两票"制度

### 3.3.1 任务  学习"两票"制度

"两票"操作制度是《电业安全工作规程（发电厂和变电所电气部分）》中规定的制度，是国家行业标准。"两票"是指"操作票"和"工作票"。

#### 3.3.1.1  操作票制度

倒闸操作是进行一系列电气操作的复杂过程，为严防误操作，平时的倒闸操作必须用经过深思熟虑、认真填写的操作票进行。

关于操作票有如下规定：倒闸操作必须根据值班调度员或值班负责人命令，受令人复诵无误后执行。发布命令应准确、清晰，使用正规操作术语和设备双重名称，即设备名称和编号。发令人使用电话发布命令前，应先和受令人互报姓名。值班调度员发布命令的全过程（包括对方复诵命令）和听取命令的报告时，都要录音并作好记录。倒闸操作由操作人填写操作票，单人值班，操作票由发令人用电话向值班员传达，值班员应根据传达，填写操作票，复诵无误，并在"监护人"签名处填入发令人的姓名。每张操作票只能填写一个操作任务。

下列情况可以不填用操作票：

(1) 事故处理。

(2) 拉开、合上断路器、二次空气开关、二次回路开关的单一操作。

(3) 投上或取下熔断器的单一操作。

(4) 投、切保护（或自动装置）的一块连接片或一个转换开关。

(5) 拉开全厂（站）唯一合上的一组接地开关（不包含变压器中性点接地开关）或拆除全厂（站）仅有的一组使用的接地线。

(6) 寻找直流系统接地或摇测绝缘。

(7) 变压器、消弧线圈分接头的调整。

上述操作应记入操作记录簿内。

操作票每页应先编号，按照编号顺序使用。作废的操作票应注明"作废"字样，已操作的注明"已执行"的字样。上述操作票保存三个月。（注：接地开关是对各种具体的接地隔离开关和接地刀闸的规范的统称。）

### 3.3.1.2 工作票制度

**1. 保证安全的组织措施**

在高压设备上工作时，必须有保证工作人员安全的组织措施和技术措施。保证安全的组织措施有：

(1) 工作票制度。

(2) 工作许可制度。

(3) 工作监护制度。

(4) 工作间断、转移和终结制度。

**2. 工作票制度的有关规定**

在电气设备上工作，应填用工作票或按命令执行，其方式有下列三种：

(1) 填用第一种工作票。

(2) 填用第二种工作票。

(3) 口头或电话命令。

须填用第一种工作票的工作为：①高压设备上工作需要全部停电或部分停电者；②高压室内的二次接线和照明等回路上的工作，要将高压设备停电或做安全措施者。

须填用第二种工作票的工作为：①带电作业和在带电设备外壳上的工作；②控制盘和低压配电盘、配电箱、电源干线上的工作。

**3. 保证安全的技术措施**

(1) 停电。检修的设备必须停电；将检修设备停电，必须把各方面的电源完全断开（任何运用中的星形接线设备的中性点，必须视为带电设备）。禁止在只经断路器（开关）断开电源的设备上工作，必须拉开隔离开关（刀闸），使各方面至少有一个明显的断开点。与停电设备有关的变压器和电压互感器必须从高、低压两侧断开，防止向停电检修设备反送电。断开断路器（开关）和隔离开关（刀闸）的操作能源。隔离开关（刀闸）操作把手必须

锁住。

(2) 验电。验电时，必须用电压等级合适而且合格的验电器，在检修设备进出线两侧各相分别验电。验电前，应先在有电设备上进行试验，确证验电器良好。如果在木杆、木梯或木架构上验电，不接地线不能指示者，可在验电器上接地线，但必须经值班负责人许可。高压验电必须戴绝缘手套。验电时，应使用相应电压等级的专用验电器。330kV 及以上的电气设备，在没有相应电压等级的专用验电器的情况下，可使用绝缘棒代替验电器，根据绝缘棒端有无火花和放电"噼啪"声判断有无电压。表示设备断开和允许进入间隔的信号、经常接入的电压表等，不得作为设备无电压的根据，但如果指示有电，则禁止在该设备上工作。

(3) 装设接地线。当验明设备确已无电压后，应立即将检修设备接地并三相短路。这是保护工作人员在工作地点防止突然来电而采取的可靠的安全的措施，同时设备断开部分的剩余电荷亦可因接地而放尽。对于可能送电至停电设备的各方面或停电设备可能产生感应电压的都要装设接地线，所装接地线与带电部分应符合安全距离的规定。

检修母线时，应根据母线的长短和有无感应电压等实际地情况确定地线数量。检修 10m 及以下的母线，可以只装设一组接地线。

在门型架构的线路侧进行停电检修，如工作地点与所装接地线的距离小于 10m，工作地点虽在接地线外侧，也可不另装接地线。

检修部分若分为几个在电气上不相连接的部分，如分段母线以隔离开关（刀闸）或断路器（开关）隔开分成几段，则各段应分别验电接地短路。接地线与检修部分之间不得连有断路器（开关）或熔断器（保险）。

降压变电站全部停电时，应将各个可能来电侧的部分接地短路，其余部分务必每段都装设接地线。在室内配电装置上，接地线应装在该装置导电部分的规定地点，这些地点的油漆应刮去，并划下黑色记号。所有配电装置的适当地点均应设有接地网的接头。接地电阻必须合格。装设接地线必须由两人进行。若为单人值班，只允许使用接地刀闸接地，或使用绝缘棒合接地刀闸。装设接地线必须先接接地端，后接导体端，且必须接触良好。拆接地线的顺序与此相反，装、拆接地线均应使用绝缘棒且戴绝缘手套。

接地线应用多股软裸铜线，其截面应符合短路电流的要求，但不得小于 25mm。接地线在装设以前应经过详细检查。损坏的接地线应及时修理或更换。禁止使用不符合规定的导线作接地或短路之用。接地线必须使用专用的线夹固定在导体上，严禁用缠绕方法进行接地或短路。高压回路上的工作，需要拆除全部或一部分接地线后才能进行的工作，如测量母线和电缆的绝级电阻，检查断路器（开关）触头是否同时接触；如拆除一相接地线、拆除接地线、保留短路线，将接地线全部拆除或拉开接地刀闸，必须征得值班员的许可（根据调度员命令装设的接地线，必须征得调度员的许可），方可进行。工作完毕后立即恢复。每组接地线均应编号，并存放在固定地方。存放位置亦应编号，接地线号码与存放位置号码必须一致。装拆接地线，应做好记录，交接班时应交代清楚。

(4) 悬挂标示牌和装设遮栏。在一经合闸即可送电的工作地点的断路器（开关）和隔离开关（刀闸）的操作把手上，应悬挂"禁止合闸，有人工作！"的标示牌。

如果线路上有人工作，应在线路断路器（开关）和隔离开关（刀闸）操作把手上悬挂

"禁止合闸，线路有人工作！"的标示牌，标示牌的悬挂和拆除，应按调度员的命令执行。

部分停电的工作安全距离小于《电业安全工作规程（发电厂、变电站电气部分）》表1规定距离以内的未停电设备，应装设临时遮栏，临时遮栏与带电部分的距离不得小于《电业安全工作规程（发电厂、变电站电气部分）》表2的规定数值。临时遮栏可用干燥木材、橡胶或其他坚韧绝缘材料制成，装设应牢固，并悬挂"止步，高压危险！"的标示牌。

35kV及以下设备的临时遮栏，如因工作的特殊需要，可用绝缘挡板与带电部分直接接触，但此种挡板必须具有高度的绝缘性能，并符合《电业安全工作规程（发电厂、变电站电气部分）》附录E的要求。

在室内高压设备上工作时，应在工作地点两旁间隔和对面间隔的遮栏上和禁止通过的过道上悬挂"止步，高压危险！"的标示牌。

在室外地面高压设备上工作时，应在工作地点四周用绳子做好围栏，围栏上悬挂适当数量的"止步，高压危险！"标示牌，标示牌必须朝向围栏里面。在工作地点悬挂"在此工作！"的标示牌。

在室外架构上工作时，应在工作地点邻近带电部分的横梁上悬挂"止步，高压危险！"的标示牌，此项标示牌应在值班人员的监护下，由工作人员悬挂。在工作人员上、下铁架和梯子上应悬挂"从此上下！"的标示牌，在邻近其他可能误登的带电架构上，应悬挂"禁止攀登，高压危险！"的标示牌。

严禁工作人员在工作中移动或拆除遮栏、接地线和标示牌。

上述措施由值班员执行。对于无经常值班人员的电气设备，由断开电源人执行，并应有监护人在场。

### 3.3.2 任务 学习倒闸操作票的主要内容、工作过程和填写方法

1. 倒闸操作的目的和要求

倒闸操作的目的就是改变电气设备（或部分电气系统）的状态，将电气设备由一种状态转换成另一种状态就要拉开或合上某些断路器和隔离开关，改变继电保护和自动装置的定值或工作状态，断开或投入相应的直流回路，包括拆除或安装临时接地线等操作。这些改变电气设备状态的操作就称倒闸操作（或称电气操作）。

2. 倒闸操作的基本规律

电气设备使用状态分为四种，即运行状态、热备用状态、冷备用状态、检修状态。将电气设备（或部分电气系统）由一种使用状态转换到另一种使用状态，要按照状态转换的顺序进行，这种顺序就是倒闸操作的基本规律。

停电操作规律：运行状态→热备用状态→冷备用状态→检修状态。

送电操作规律：检修状态→冷备用状态→热备用状态→运行状态。

3. 电气设备的四种状态的内涵

（1）运行状态。是指从电气设备（母线、线路、断路器、变压器、电抗器、电容器及电压互感器等）或电气系统的受电端至电源的电路中，断路器和隔离开关都合闸接通（无论是否带有负荷都视为有相应电压）。

（2）热备用状态。是指电气设备（母线、线路、断路器、变压器、电抗器、电容器及电压互感器等）或电气系统已具备运行条件，从电气设备的备受电端至电源的电路中，各

隔离开关处于合上位置,仅仅断路器在断开位置;经一次合闸操作即可转为运行状态的状态。断路器的热备用是指其本身在断开位置、各侧隔离开关在合闸位置。

(3) 冷备用状态(停电)。是指电气设备各侧断路器和隔离开关都在断开位置;连接该设备的各侧均有明显断开点或可判断的断开点;连接该设备的各侧均无安全措施。

(4) 检修状态。是指连接设备的各侧均有明显的断开点或可判断的断开点,设备有安全措施,需要检修的设备已接地的状态;或该设备与系统彻底隔离,与断开点设备没有物理连接时的状态。在该状态下,设备的保护和自动装置、控制、合闸及信号电源等均应退出。

电气设备(或部分电气系统)新的状态出现后,电力系统的运行方式被改变,必然会出现负荷的重新分配和潮流方向的重新调整,因此倒闸操作一般规定:倒闸操作必须由系统调度下达任务和命令。系统调度下达任务前必须确定电力系统的运行是否合理,继电保护及自动装置是否与一次运行方式相适应,继电保护定值是否要调整等。

**4. 倒闸操作的基本安全要求**

倒闸操作的基本安全要求是电气五防:严防带负荷拉合隔离开关、严防带地线合闸送电、严防带电挂地线或合接地刀闸、严防误入带电间隔、严防误拉合断路器隔离开关。五防中,严防带负荷拉合隔离开关是倒闸操作最基本的要求。

(1) 要做到严防带负荷拉合隔离开关,就一定要遵守倒闸操作的基本原则,并且还要在拉合隔离开关操作前认真检查与隔离开关串联的断路器确实断开,这项检查操作必须要写在操作票中。(但倒母线除外,倒母线时,母联断路器必须处于合闸状态并取下其控制熔断器,将母联断路器做成合闸"死开关"。)

(2) 要做到严防带地线合闸送电,就一定要在送电操作前认真检查,确认待送电设备的接地线已全部拆除,接地刀闸已全部拉开,工作票已办理完终结手续。这些检查操作必须正确写在操作票中。

(3) 要做到严防带电挂地线或合接地刀闸,就一定要在挂地线或合接地刀闸操作前认真进行验电操作,验电、装设接地线应有明确位置,装设接地线或合接地开关的位置必须与验电位置相符。接地线必须有编号,禁止重复编号。验电操作的设备地点必须正确写在操作票中。在已停电的设备上验电前,除确认验电器完好、有效外,还应在相应电压等级的带电设备上检验报警正确,方能到需要接地的设备上验电。禁止使用电压等级不对应的验电器进行验电。

(4) 要做到严防误入带电间隔,就一定要熟悉本厂、站各电气主接线现场设备的作用、地点、编号及名称,熟悉各种安全标志和安全栅栏。特别要严防检修工作人员误入带电间隔,运行人员工作时一定要悬挂标示牌并装设遮栏。悬挂标示牌和装设遮栏的工作必须正确写在操作票中。

(5) 要做到严防误分、合断路器和隔离开关,就一定要在操作前认真核对设备名称、编号和位置,操作中应认真执行监护复诵制。发布操作命令和复诵操作命令都应严肃认真,声音洪亮清晰。必须按操作票填写的顺序逐项操作。每操作完一项,应检查无误后做一个"√"记号。

为防止误操作,高压电气设备都应加装五防闭锁装置。原则上不允许在无防误闭锁装置或防误闭锁装置解锁状态下进行倒闸操作,特殊情况下解锁操作须经运行部门主管领导批准。

闭锁装置的解锁用具（包括钥匙）应妥善保管，按规定使用，不许乱用。机械锁要一把钥匙开一把锁，钥匙要编号并妥善保管，方便使用。平时所有投运的闭锁装置（包括机械锁）不经值班调度员或值长同意不得退出或解锁。

5．倒闸操作的基本原则

停电拉闸操作必须按照断断路器→断负荷侧隔离开关→断母线侧隔离开关的顺序依次进行操作。

送电合闸顺序与之相反，即合母线侧隔离开关→合负荷侧隔离开关→合断路器。遵守这一基本原则，还可防止因误发生的带负荷拉、合隔离开关事故发生在母线上，避免在母线上发生弧光短路事故导致大面积停电。

6．微机五防与电气防误技术

电气防误闭锁回路是一种现场电气联锁技术，主要通过相关设备的辅助接点来实现闭锁。这是电气闭锁最基本的形式，闭锁可靠。但这种方式需要接入大量的二次电缆，接线方式较为复杂，运行维护较为困难。

电气闭锁回路一般只能防止断路器、隔离开关和接地开关的误操作，对误入带电间隔、接地线的挂接（拆除）等则无能为力，不能实现完整的"五防"。

微机五防系统一般不直接采用现场设备的辅助接点，接线简单，通过五防系统微机软件的规则库和现场锁具实现防误闭锁。微机五防系统可根据现场实际情况，编写相应的"五防"规则，可以实现较为完整的"五防"功能。只是在微机系统故障，未解除故障而解除闭锁时，"五防"功能完全失去。另外，微机五防系统还存在"走空程"（操作过程中漏项）导致误操作的问题。

7．倒闸操作的内容和工作过程

倒闸操作的各种原则均是围绕着电气五防及保人身安全、保设备安全、缩小事故范围而制定的。进行倒闸操作，要熟悉实际设备的各种状态，遵循倒闸操作的基本规律，要按照倒闸操作的基本要求遵守各种技术原则，熟悉执行操作票的程序，熟悉五防闭锁，还要具有高度的安全思想意识以及过硬的专业技术技能。

8．变电站（发电厂）倒闸操作票"操作项目"栏填写内容

（1）断开、合上的断路器和拉开、合上的隔离开关。

（2）检查断路器和隔离开关的位置。

（3）断开、合上隔离开关前检查断路器在断开位置。

（4）拉开、合上接地刀闸或接地开关。

（5）检查拉开、合上的接地刀闸或接地开关。

（6）装设、拆除的接地线及编号。

（7）继电保护和自动装置的调整。

（8）检查负荷分配。

（9）投入或取下二次回路及电压互感器回路的熔断器。

（10）断开或合上空气开关。

（11）检查、切换需要变动的保护及自动装置。

(12) 投入、退出相关的二次连接片。

(13) 投入、退出断路器等设备的操作电源、控制电源。

(14) 投入、退出隔离开关电动操作电源。

(15) 在具体位置检验确无电压（合接地开关或接地刀闸、装设接地线前）。

(16) 对于无人值班变电站的操作，应根据操作任务核对相关设备的运行方式。

(17) 装设或拆除绝缘挡板或绝缘罩。

(18) 核对现场设备的运行状态。

(19) 线路检修状态转换时，操作后悬挂和拆除标示牌。

操作票应填写设备的双重名称，即设备编号和名称（编号在前名称在后）。操作票应用钢笔或圆珠笔填写，票面应清楚整洁，不得任意涂改。操作人和监护人应根据模拟图板或接线图核对所填写的操作项目，并分别签名，然后经值班负责人审核签名。特别重要和复杂的操作还应由值长审核签名。

开始操作前，应先在模拟图板上进行核对性模拟操作预演，无误后，再进行设备操作。倒闸操作必须由两人执行，其中一人对设备较为熟悉者作监护。单人值班的变电站倒闸操作可由一人执行。特别重要和复杂的倒闸操作，由熟练的值班员操作，值班负责人或值长监护。

操作中发生疑问时，应立即停止操作并向值班调度员或值班负责人报告，弄清问题后，再进行操作。不准擅自更改操作票，不准随意解除闭锁装置。

用绝缘棒拉合隔离开关（刀闸）或经传动机构拉合隔离开关（刀闸）和断路器（开关），均应戴绝缘手套。雨天操作室外高压设备时，绝缘棒应有防雨罩，还应穿绝缘靴。接地网电阻不符合要求的，晴天也应穿绝缘靴。雷电时，禁止进行倒闸操作。

装卸高压熔断器（保险）应戴护目眼镜和绝缘手套，必要时使用绝缘夹钳，并站在绝缘垫或绝缘台上。

断路器（开关）遮断容量应满足网要求。如遮断容量不够，必须将操作机构用墙或金属板与该断路器（开关）隔开，并设远方控制，重合闸装置必须停用。

电气设备停电后，即使是事故停电，在未拉开有关隔离开关（刀闸）和做好安全措施以前，不得触及设备或进入遮栏，以防突然来电。

在发生人身触电事故时，为了解救触电人，可以不经许可，即行断开有关设备的电源，但事后必须立即报告上级。

9. 操作票填写举例

(1) 1E 线路与 204 断路器运行转检修。

操作思路如图 3.3 所示。

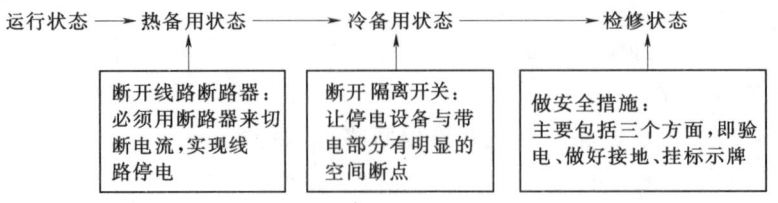

图 3.3　1E 线路与 204 断路器运行转检修操作思路

## 3.3 项目 自主学习"两票"制度

操作票填写见表3.1。

表3.1　　　　　　　　　操作票填写示例

| | |
|---|---|
| 操作任务：1E线路与204断路器运行转检修 | |
| 1 | 检查1E线和2E线负荷正常；断开1E线204断路器 |
| 2 | 检查1E线204断路器在分闸位置 |
| 3 | 拉开1E线2043隔离开关 |
| 4 | 检查1E线2043隔离开关在拉开位置 |
| 5 | 拉开1E线2041隔离开关 |
| 6 | 检查1E线2041隔离开关在拉开位置 |
| 7 | 退出1E线204高频保护 |
| 8 | 退出204断路器失灵启动220kV Ⅰ母线保护控制压板 |
| 9 | 退出1E线204断路器操作电源 |
| 10 | 在2041隔离开关操作把手上挂"禁止合闸，有人工作！"标示牌 |
| 11 | 在2042隔离开关操作把手上挂"禁止合闸，有人工作！"标示牌 |
| 12 | 在2043隔离开关操作把手上挂"禁止合闸，线路有人工作！"标示牌 |
| 13 | 在2045隔离开关操作把手上挂"禁止合闸，线路有人工作！"标示牌 |
| 14 | 在2043隔离开关的断路器侧验明确无电压 |
| 15 | 合上20437接地刀闸 |
| 16 | 在2042隔离开关的断路器侧验明确无电压 |
| 17 | 合上20427接地刀闸 |
| 18 | 取下1E线路电压互感器（TV）二次熔断器（或断开二次空气开关） |
| 19 | 在2043隔离开关的线路侧验明确无电压 |
| 20 | 合上20438接地刀闸 |
| | 以下空白 |

(2) 1E线路与204断路器检修转运行。操作思路如图3.4所示。

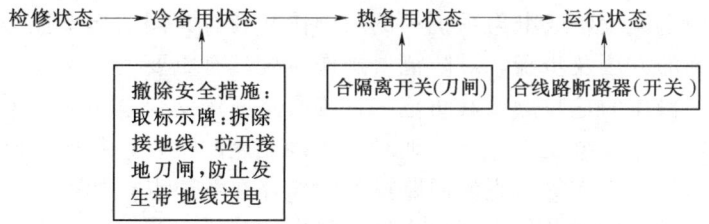

图3.4　1E线路与204断路器检修与运行操作思路

注：设备送电前应检查相关保护投好，防止发生无保护运行。

操作票填写示例见表3.2。

表 3.2　　　　　　　　　　　操作票填写示例

操作任务：1E 线路与 204 断路器检修转运行

| | |
|---|---|
| 1 | 拉开 20437 接地刀闸 |
| 2 | 拉开 20438 接地刀闸 |
| 3 | 拉开 20427 接地刀闸 |
| 4 | 拆除 2041 隔离开关操作把手上的"禁止合闸，有人工作！"标示牌 |
| 5 | 拆除 2042 隔离开关操作把手上的"禁止合闸，有人工作！"标示牌 |
| 6 | 拆除 2043 隔离开关操作把手上的"禁止合闸，线路有人工作！"标示牌 |
| 7 | 拆除 2045 隔离开关操作把手上的"禁止合闸，线路有人工作！"标示牌 |
| 8 | 投入 1E 线路 TV 二次熔断器；投入 1E 线 204 断路器操作电源 |
| 9 | 检查 1E 线 204 相间距离保护Ⅰ、Ⅱ、Ⅲ段出口压板投入 |
| 10 | 检查 1E 线 204 接地距离保护Ⅰ、Ⅱ、Ⅲ段出口压板投入 |
| 11 | 检查 1E 线 204 零序电流保护Ⅰ、Ⅱ、Ⅲ段出口压板投入 |
| 12 | 投入 1E 线 204 断路器失灵启动Ⅰ母线保护的控制压板 |
| 13 | 检查 220kV Ⅰ母线保护跳 204 断路器的出口压板投入 |
| 14 | 检查 1E 线 204 断路器在分闸位置 |
| 15 | 合上 1E 线 2041 隔离开关 |
| 16 | 检查 1E 线 2041 隔离开关在合上位置 |
| 17 | 合上 1E 线 2043 隔离开关 |
| 18 | 检查 1E 线 2043 隔离开关在合上位置 |
| 19 | 合上 1E 线 204 断路器 |
| 20 | 检查 1E 线 204 断路器在合闸正常 |
| 21 | 投入 1E 线 204 高频保护 |
| 22 | 检查 1E 线 204 断路器同期重合闸投入 |
| | 以下空白 |
| | |

10. 典型倒闸操作的危险点及其防范措施

倒闸操作是电气设备或电力系统由一种状态变换到另一种状态，由一种运行方式转变为另一种运行方式的一系列有序的操作，有其特殊性。电网不同的运行方式，变电站不同的主结线，继电保护及自动装置配置的差异以及不同的操作任务，都将影响到倒闸操作的每一具体步骤。但电气设备或电力系统的倒闸操作又具有共同的典型性操作，针对各典型操作的掌握其正确的方法及步骤，对防范误操作事故具有重要的意义。

(1) 直流回路操作的危险点及其防范。直流回路操作是变电站、发电厂运行值班人员常见的操作项目：直流系统发生一点接地时查找接地点的检查，某些继电保护及自动装置临时性的检查、退出、投入等。直流回路操作同样存在危险点，如操作方法不正确，也将造成某些保护及自动装置误动作，因此直流回路操作同样应遵守一些规定。

1) 取下直流控制熔断器时，应先取正极，后取负极。装上直流控制熔断器时，应先装负极，后装正极。这样做的目的是防止产生寄生回路，避免保护装置误动作。装、取熔断器应迅速，不得连续地接通和断开，取下和再装上之间要有一段时间间隔（应不小于 5s）。

2）运行中的保护装置要停用直流电源时，应先停用保护出口连接片，再停用直流回路。恢复时次序相反。

3）母线差动保护、失灵保护停用直流熔断器时，应先停用出口连接片。在加用直流回路以后，要检查整个装置工作是否正常，必要时，使用高内阻电压表测量出口连接片两端无电压后，再加用出口连接片。

4）在断路器停电的操作中，断路器的控制电源必须待有关隔离开关全部操作完毕后才退出，因为一旦断路器未断开，造成带负荷拉隔离开关时，断路器的保护可动作于跳闸。如果在拉开隔离开关之前取下熔断器，则会因断路器不能跳闸而扩大事故。

5）在断路器送电操作中，断路器的控制电源应在有关隔离开关操作前投入，这是因为在装上控制熔断器后，可以检查保护装置和控制回路工作状态是否完好。如有问题，可在安全措施未拆除时，予以处理。另外，这时保护装置已处于准备工作状态，这样在后面的操作中，因断路器的原因造成事故，保护回路可以动作于跳闸。如果在合上隔离开关后，再装上控制熔断器，一旦因断路器未断开造成带负荷合隔离开关，使断路器不能跳闸而扩大事故。

6）断路器合闸熔断器（即保险）的操作。断路器合闸熔断器是指电磁操动机构的合闸熔断器，断路器停电操作时，应在断路器断开之后取下，目的是防止在停电操作中，由于某种意外原因，造成误动作而合闸；如果合闸熔断器不是在断路器断开之后取下，而是在拉开隔离开关之后再取，那么一旦在拉隔离开关时断路器误合闸，就可能造成带负荷拉隔离开关的事故。同理，在断路器送电的操作中，合闸熔断器应该在合上隔离开关之后，合上断路器之前装上。

7）现地操作拉开或合上电动隔离开关前，先投好隔离开关的操作电源；现地操作拉开或合上电动隔离开关后，及时退出电动隔离开关的操作电源。

（2）环形网络并解列操作的危险点及其防范。

1）环形网络（或称环网）的并解列也称合环、解环操作，是电力系统由一种方式转换为另一种方式的常见操作。环网合环操作必须进行同期检定合闸，严防非同期并列操作。

2）线路做安全措施前，必须断开线路 TV 二次开关或取下二次熔断器，并验电。

11．倒闸操作的一般原则

（1）一次设备不允许无保护运行。电气设备转入热备用前，继电保护必须按规定投入。投入继电保护前，先投入相应断路器控制电源。

（2）隔离开关操作前，必须投入相应断路器控制电源。

（3）一次设备带电前，保护及自动装置应齐全且功能完好、整定值正确、传动良好、连接片在规定位置。一次设备停电，保护装置及二次回路无工作时，保护装置可不停用，但其跳其他运行断路器的出口压板应解除，避免留下万一误动就会引发事故跳闸的安全隐患。

（4）系统运行方式和设备运行状态的变化将影响保护的工作条件或不满足保护的工作原理，从而有可能引起保护误动时，操作之前应提前停用这些保护。

（5）当一次系统运行方式发生变化时，应及时对继电保护装置及安全自动装置进行调整。

（6）保护及自动装置检修时，应将电源空气开关（断路器）、信号电源开关、保护和计量电压空气开关断开。

（7）断路器操作电源必须待其回路有关隔离开关全部操作完毕后才退出，以防止误操作时失去保护电源。

(8) 断路器分闸操作时,若发现断路器非全相分闸,应立即合上该断路器。断路器合闸操作时,若发现断路器非全相合闸,应立即拉开该断路器,并退出其操作电源。

(9) 调度管辖范围内继电保护和安全自动装置及其通道的投入和停用,需经值班调度员下令后方可进行操作。

(10) 电网解列操作时,应首先平衡有功与无功负荷,将解列点有功功率调整接近于零,电流调整至最小,使解列后两个系统的频率、电压波动在允许范围内。

(11) 电压互感器停电操作时,先断开二次空气开关(或取下二次熔断器),后拉开一次隔离开关。送电操作顺序相反。一次侧未并列运行的两组电压互感器,禁止二次侧并列。

(12) 倒闸操作前应充分考虑系统中性点的运行方式,不得使110kV及以上系统失去接地点。

(13) 多回并列线路,若其中一回需停电,应考虑保护及自动装置的调整,且在未断开断路器前,必须检查其余回线负荷分配,确保运行线路不过负荷。

12. 系统运行转检修倒闸操作示例

220kV全系统正常运行转检修操作方案:断开204、205、206、207、200、201、202断路器;断开204、205、206、207、200、201、202断路器两侧隔离开关;退出21TV、22TV、23TV二次熔断器;断开2101、2102、2103隔离开关;退出204、205、206、207、200、201、202断路器操作电源;确认2043、2045、2053、2055、2063、2065、2073、2075隔离开关断开;设"禁止合闸,有人工作!"标牌;验明2043、2053、2063、2073隔离开关断路器侧确无电压;合上20437、20537、20637、20737接地刀闸;验明旁母确无电压;合上旁母21037接地刀闸;验明2013、2023隔离开关断路器侧确无电压;合上20137、20237接地刀闸。

13. 系统检修转运行倒闸操作示例

220kV全系统检修转正常运行操作内容:撤除检修工作票上所设全部安全措施;合上204、205、206、207、200、201、202断路器操作电源;按正常运行方式的要求,检查220kV全系统保护正确投入;按正常运行方式,合上204、205、206、207、200、201、202断路器两侧隔离开关;合上204断路器,查220kV Ⅰ母线电压正常;合202断路器,查220kV Ⅱ母线电压正常;准同期合上200断路器;检同期合上205、201断路器;检同期合上206、207断路器。

14. 运行人员工作要求和职责

电气误操作事故性质恶劣,后果严重。发生误操作的原因很多,但运行值班人员技术素质不过硬,对要操作的设备或系统不熟悉,对操作后将引起的设备或电网运行方式的变化不清楚,对典型倒闸操作的操作要点没能很好领悟,对操作过程中容易引起误操作的关键环节即危险点未予足够重视,这是根本原因。

运行人员一定要明白所做工作的基本性质、明确所做工作的核心要求、清楚在工作中所要遵循的工作标准和工作规范,知道自己必须具有的工作能力。

(1) 在电气操作工作中:

1) 工作的基本性质。按电气操作基本规律进行一系列有序操作,完成部分电气系统和电气设备的状态转换。

2）工作职责的核心要求。确保安全第一。

3）所要遵循的工作标准和工作规范。安全规程、现场运行规程、有关技术规范和工作制度、有关操作标准和具体操作原则。

4）要完成电气操作任务必须具有的基本工作能力。①应用和自觉遵守操作基本规律的能力；②应用和自觉遵守有关操作标准和具体操作原则的能力；③应用和自觉遵守防误操作规则和措施，对不安全因素进行防范，保障安全的能力；④熟练完成二次系统相应配合操作的能力。

（2）在紧急异常情况和事故处理工作中：

1）工作的基本性质。按处理预案并遵循操作规律和操作原则有序进行处理操作，迅速正确完成处理工作任务。

2）工作职责的核心要求。保人身、保设备、保系统安全稳定，尽量缩小事故范围、尽力减小损失。

3）所要遵循的工作标准和工作规范。安全规程、现场运行规程、有关技术规范和工作制度、有关操作标准和具体操作原则。

4）必须具有的基本工作能力。①记录事故现象和及时复归信号的工作能力；②分析和判断事故性质的能力；③优先保证厂用电（自用电）系统安全运行，确保厂用电（自用电）系统可靠［或迅速正确恢复厂用电（自用电）系统用电］的能力；④排查确定故障设备，并迅速隔离故障地点的能力；⑤排查和确定非故障设备（特别是发电机），并迅速恢复非故障设备（特别是恢复发电机发电）送电和运行的能力。

班值长在事故处理工作中还应具备的工作能力：①组织、协调和指挥安排处理工作的能力；②做好事故处理善后工作的能力；③理清事故处理过程，整理事故处理记录，撰写事故报告的能力；④特别重要的是在事故处理过程中，班值长一定要始终保持有确保厂用电（自用电）系统安全、可靠运行的意识。

## 3.4 项目　改变线路状态的操作

### 3.4.1 任务　学习电气操作常用动词

（1）合上。是指各种断路器（开关）、隔离开关通过人工操作使其由分闸位置转为合闸位置的操作。

（2）断开。是指各种断路器（开关）、隔离开关通过人工操作使其由合闸位置转为分闸位置的操作。

（3）装设地线。是指通过接地短路线使电气设备全部或部分可靠接地的操作。

（4）拆除地线。是指将接地短路线从电气设备上取下并脱离接地的操作。

（5）投入或停用、切换、退出。是指使继电保护、安全自动装置、故障录波装置、变压器有载调压分接头、消弧线圈分接头等设备达到指令状态的操作。

（6）取下或投上。是指将熔断器退出或嵌入工作回路的操作。

（7）悬挂或取下。是指将临时标示牌放置到指定位置或从放置位置移开的操作。

（8）调整：是指变压器调压抽头位置或消弧线圈分接头切换的操作等。

### 3.4.2 任务　学习操作导则

（1）一次设备不允许无保护运行。一次设备带电前，保护及自动装置应齐全且功能完好、整定值正确、传动良好、连接片在规定位置。一次设备停电，保护装置及二次回路无工作时，保护装置可不停用，但其跳其他运行断路器的出口压板应解除。

（2）系统运行方式和设备运行状态的变化将影响保护的工作条件或不满足保护的工作原理，从而有可能引起保护误动时，操作之前应提前停用这些保护。

（3）断路器允许断开、合上额定电流以内的负荷电流及切断额定遮断容量以内的故障电流。

（4）断路器控制电源必须待其回路有关隔离开关全部操作完毕后才退出，以防止误操作时失去保护电源。

（5）隔离开关操作前，必须投入相应断路器控制电源。

（6）线路送电操作顺序，应先合上母线侧隔离开关，后合上线路侧隔离开关，再合上断路器。500kV 3/2 接线方式，线路送电时一般应先合上母线侧断路器，后合中间断路器；停电时操作顺序相反。一般应选择大电源侧作为充电侧，停电时顺序相反。

（7）下列情况下，必须停用断路器自动重合闸装置：
1）重合闸装置异常时。
2）断路器灭弧介质及机构异常，但可维持运行时。
3）断路器切断故障电流次数超过规定次数时。
4）线路带电作业要求停用自动重合闸装置时。
5）线路有明显缺陷时。
6）对线路充电时。
7）其他按照规定不能投重合闸装置的情况。例如，允许开断次数仅剩下一次。

（8）严格防止发生下列恶性误操作：
1）非同期并列。
2）带地线合闸送电，带电装设接地线或合接地刀闸（变压器中性点接地刀闸除外）。
3）带负荷拉合隔离开关。
4）走错间隔误停电、误送电。
5）中性点不接地系统网络接地故障时用隔离开关拉、合网络接地电流。

### 3.4.3 任务　线路运行转检修

**1. 线路状态**

（1）运行状态：线路断路器及其电压互感器均处于运行状态。（线路空载运行：线路只有一侧与电源母线或电源设备连接，而另一侧线路断路器处于冷备用状态）

（2）热备用状态：线路断路器处于热备用状态，线路电压互感器在运行状态。

（3）冷备用状态：线路断路器处于冷备用状态，线路电压互感器二次熔断器已取下。

（4）检修状态：在线路冷备用状态下，合上线路侧接地刀闸。

**2. 线路操作规定**

线路的停送电均应按照值班调度员或有关单位书面指定的人员的命令执行。严禁约时停、送电。停电时,必须先将该线路可能来电的所有断路器(开关)、线路隔离开关(刀闸)、母线隔离开关(刀闸)全部拉开,用验电器验明确无电压后,在所有线路上可能来电的各端装接地线,线路隔离开关(刀闸)操作把手上挂"禁止合闸,线路有人工作!"的标示牌。

另外,对线路的继电保护与自动装置操作和工作应遵守:

(1) 正常运行情况下,电气设备不得处于无保护状态,保护及自动装置的投退及运行方式的改变,必须根据调度命令执行。

(2) 保护装置的投退 一般只需投入或退出相应的压板即可完成,不应断开装置的电源开关。投退压板时,应看清"用途标签框",防止误投退,压板间距较近时,还需防止误碰。

(3) 保护装置的整定通知单是现场更改保护的依据,定值更改或新设备投入前,值班人员(或巡检人员)必须与调度核对无误后方可投入。

(4) 在继保、自动装置及二次回路工作或试验工作结束后,值班人员(或巡检人员)应进行验收;验收项目如下:

1) 检查屏上的工作标志是否齐全,工作场所是否清理完毕。

2) 检查压板位置是否正确。

3) 继保工作记录是否记录。

4) 无其他异常。

在继电保护、自动装置及二次回路工作或试验,必须办理工作票,值班人员(或巡检人员)必须审查工作票并布置安全措施后方能开工。

3. 水电站仿真系统 220kV 1E 线路运行转检修操作

(1) 要求。写出操作步骤并完成操作。状态转换过程符合规律,一次部分与二次部分的操作配合正确。

(2) 工具、材料设备场地。水电站仿真系统:1E 保护屏、220kV 母线保护屏、220kV 系统屏。

(3) 参考步骤。

1) 断开 204 断路器。

2) 检查 204 断路器确断。

3) 拉开 2043 隔离开关。

4) 检查 2043 隔离开关确断。

5) 拉开 2041 隔离开关。

6) 检查 2041 隔离开关确断。

7) 退出 204 断路器高频保护。

8) 退出 204 断路器失灵启动 Ⅰ 母线保护的控制压板。

9) 退出 220kV Ⅰ 母线保护跳 204 断路器控制压板。

10) 退出 204 断路器操作电源。

11) 确认 2043 隔离开关断开;设"禁止合闸,线路有人工作!"标示牌。

12) 确认 2045 隔离开关断开;设"禁止合闸,线路有人工作!"标示牌。

13) 取下 1E 线路 TV 二次熔断器;验明 2043 隔离开关线路侧确无电压。

14) 合上 20438 接地刀闸。

### 3.4.4 任务　水电站仿真系统 220kV 1E 线路检修转运行

（1）要求。写出操作步骤并完成操作。状态转换过程符合规律，一次部分与二次部分的操作配合正确。

（2）工具、材料设备场地。水电站仿真系统：1E 保护屏、220kV 母线保护屏、220kV 系统屏。

（3）参考步骤。

1）退出 1E 线路重合闸。

2）断（拉）开 1E 线路 20438 接地刀闸。

3）拆除 2043 隔离开关"禁止合闸，线路有人工作！"标牌。

4）拆除 2045 隔离开关"禁止合闸，线路有人工作！"标牌。

5）投入 1E 线路 TV 二次熔断器；投入 204 断路器操作电源。

6）检查投入 204 相间距离保护Ⅰ、Ⅱ、Ⅲ段。

7）检查投入 204 接地距离保护Ⅰ、Ⅱ、Ⅲ段。

8）检查投入 204 零序电流保护Ⅰ、Ⅱ、Ⅲ段。

9）投入 204 断路器失灵启动Ⅰ母保护的压板。

10）检查投入 220kV Ⅰ母保护跳 204 断路器的压板。

11）检查 204 断路器确断。

12）合上 2041 隔离开关，查确合。

13）合上 2043 隔离开关，查确合。

14）合上 204 断路器。

15）投入 204 断路器高频保护。

16）投入 204 断路器同期重合闸。

## 3.5 项目　改变线路断路器状态操作

### 3.5.1 任务　断路器的操作知识学习

断路器共有以下几种状态：

（1）运行状态。断路器及其两侧隔离开关均在合闸位置。

（2）热备用状态。断路器在断开位置，断路器操作、合闸电源已投上，两侧隔离开关均在合闸位置。

（3）冷备用状态。断路器及其两侧隔离开关均在断开位置，并取下其操作及合闸电源。

（4）检修状态。在冷备用状态下，断路器可能来电的各侧接地刀闸合上或各装设一组接地线。

### 3.5.2 任务　断路器操作一般规定的学习

（1）断路器投运前，应检查接地线是否全部拆除，防误闭锁装置是否正常。

（2）操作前应检查控制回路和辅助回路的电源，检查机构已储能。

（3）检查油断路器油位、油色正常；真空断路器灭弧室无异常；$SF_6$ 断路器气体压力在规定的范围内；各种信号正确、表计指示正常。

(4) 长期停运超过六个月的断路器,在正式执行操作前应通过远方控制方式进行试操作 2~3 次,无异常后方能按操作票拟定的方式操作。

(5) 操作前,检查相应隔离开关和断路器的位置;应确认继电保护已按规定投入。

(6) 操作控制把手时,不能用力过猛,以防损坏控制断路器;不能返回太快,以防时间短断路器来不及合闸。操作中应同时监视有关电压、电流、功率等表计的指示及红绿灯的变化。

(7) 操作开关柜时,应严格按照规定的程序进行,防止由于程序错误造成闭锁、二次插头、隔离挡板和接地开关等元件损坏。

(8) 断路器(分)合闸动作后,应到现场确认本体和机构(分)合闸指示器以及拐臂、传动杆位置,保证断路器确已正确(分)合闸。同时检查断路器本体有、无异常。

(9) 断路器合闸后检查:
1) 红灯亮,机械指示应在合闸位置。
2) 送电回路的电流表、功率表及计量表是否指示正确。
3) 电磁机构电动合闸后,立即检查直流盘合闸电流表指示,若有电流指示,说明合闸线圈有电,应立即拉开合闸电源,检查断路器合闸接触器是否卡涩,并迅速恢复合闸电源。
4) 弹簧操动机构,在合闸后应检查弹簧是否储能。

(10) 断路器分闸后的检查:
1) 绿灯亮,机械指示应在分闸位置。
2) 检查表计指示正确。

### 3.5.3 任务  断路器异常操作规定的学习

(1) 电磁机构严禁用手动杠杆或千斤顶带电进行合闸操作。

(2) 无自由脱扣的机构,严禁就地操作。

(3) 液压(气压)操动机构,如因压力异常导致断路器分、合闸闭锁时,不准擅自解除闭锁,进行操作。

(4) 一般情况下,凡能够电动操作的断路器,不应就地手动操作。

### 3.5.4 任务  故障状态下操作规定的学习

(1) 断路器运行中,由于某种原因造成油断路器严重缺油,$SF_6$ 断路器气体压力异常,发出闭锁操作信号,应立即断开故障断路器的控制电源。断路器机构压力突然到零,应立即拉开打压油泵电源及断路器的控制电源,并及时处理。

(2) 对于真空断路器,如发现灭弧室内有异常,应立即汇报,禁止操作,按调度命令停用断路器跳闸压板。

(3) 油断路器由于系统容量增大,运行地点的短路电流达到断路器额定开断电流的 80% 时,应停用自动重合闸,在短路故障开断后禁止强送。

(4) 断路器实际故障开断次数仅比允许故障开断次数少一次时,应停用该断路器的自动重合闸。

(5) 分相操作的断路器发生非全相合闸时,应立即将已合上相拉开,重新操作合闸一次。如仍不正常,则应拉开合上相并切断该断路器的控制电源,查明原因。

(6) 分相操作的断路器发生非全相分闸时,应立即合上已拉开相,切断该断路器的控制电源,手动其操作机构,将拒动相分闸,查明原因。

(7) 用旁路断路器代路前,先退出被带线路重合闸,旁路断路器保护应按所代断路器保护正确投入,且保护定值与被带断路器相符。旁路断路器代路操作,应先用旁路断路器对旁路母线充电一次,正常后断开,再用被代断路器的旁路隔离开关对旁路母线充电,最后用旁路断路器合环。旁路送电正常后要切换高频保护,投入旁路断路器重合闸。进行无旁路断路器的代路操作时,应将经操作隔离开关所闭合环路的所有断路器改为"死开关"。

### 3.5.5 任务　水电站仿真系统 220kV 1E 线路 204 断路器运行转检修

(1) 要求。写出操作步骤并完成操作。290 断路器代替 204 断路器送电操作过程中线路不停电;204 断路器状态转换符合规律;保护与重合闸的投退与切换操作正确。

(2) 工具、材料设备场地。水电站仿真系统:1E 保护屏、290 保护屏、220kV 母线保护屏、220kV 系统屏。

(3) 参考步骤。

1) 退出(停用)204 断路器重合闸。(断路器有异常应先停用重合闸)。
2) 检查合上(23TV)2103 隔离开关。
3) 投入 290 操作电源。
4) 调整 290 断路器距离保护Ⅰ、Ⅱ、Ⅲ整定值与 204 同,并投入。
5) 调整 290 断路器零序保护Ⅰ、Ⅱ、Ⅲ整定值与 204 同,并投入。
6) 调整 290 断路器接地距离保护Ⅰ、Ⅱ、Ⅲ整定值与 204 同,并投入。
7) 投入 220kV Ⅰ母线保护跳 290 断路器的压板。
8) 投入 290 断路器失灵启动Ⅰ母线保护的压板。
9) 检查 290 断路器确断。
10) 合上 2901 隔离开关。
11) 合上 2905 隔离开关。
12) 合上 290 断路器。
13) 检查 220kV 旁母电压正常。
14) 断开 290 断路器。
15) 检查 290 断路器确断。
16) 合上 2045 隔离开关。
17) 合上 290 断路器。
18) 检查 290 断路器三相电流正常。
19) 断开 204 断路器。
20) 检查 204 断路器确断。
21) 断开 2043 隔离开关。
22) 断开 2041 隔离开关。
23) 退出 220kV Ⅰ母线保护跳 204 断路器的压板。
24) 退出 204 断路器高频保护。
25) 退出 204 断路器失灵启动Ⅰ母线保护的压板。
26) 退出 204 断路器操作电源。

27) 投入 290 断路器高频保护。

28) 投入 290 断路器同期检查重合闸。

29) 确认 2043 隔离开关断开；设"禁止合闸，有人工作！"标牌。

30) 确认 2041 隔离开关断开；设"禁止合闸，有人工作！"标牌。

31) 确认 2042 隔离开关断开；设"禁止合闸，有人工作！"标牌。

32) 验明 2043 隔离开关断路器侧确无电压。

33) 合上 20437 接地刀闸。

34) 验明 2042 隔离开关断路器侧确无电压。

35) 合上 20427 接地刀闸。

### 3.5.6 任务  水电站仿真系统 220kV 3E 线路 206 断路器运行转检修（3E 线路不停电）

(1) 要求。写出操作步骤并完成操作。290 断路器代替 206 断路器送电操作过程中线路不停电；206 断路器状态转换符合规律；保护与重合闸的投退与切换操作正确。

(2) 工具、材料设备场地。水电站仿真系统：3E 保护屏、290 断路器保护屏、220kV 母线保护屏、电气主接线。

(3) 参考步骤。

1) 退出（停用）206 断路器重合闸。

2) 检查合上（23TV）2103 隔离开关。

3) 投入 290 操作电源。

4) 调整 290 断路器距离保护Ⅰ、Ⅱ、Ⅲ整定值与 206 同，并投入。

5) 调整 290 断路器零序保护Ⅰ、Ⅱ、Ⅲ整定值与 206 同，并投入。

6) 调整 290 断路器接地距离保护Ⅰ、Ⅱ、Ⅲ整定值与 206 同，并投入。

7) 投入 220kV Ⅰ母线保护跳 290 断路器的压板。

8) 投入 290 断路器失灵启动Ⅰ母线保护的压板。

9) 检查 290 断路器确断。

10) 合上 2901 隔离开关。

11) 合上 2905 隔离开关。

12) 合上 290 断路器。

13) 检查 220kV 旁母电压正常。

14) 断开 290 断路器。

15) 检查 290 断路器确断。

16) 合上 2065 隔离开关。

17) 合上 290 断路器。

18) 检查 290 断路器三相电流正常。

19) 断开 206 断路器。

20) 检查 206 断路器确断。

21) 断开 2063 隔离开关。

22) 断开 2061 隔离开关。

23) 退出 220kV Ⅰ母线保护跳 206 断路器的压板。

24）退出206断路器高频保护。

25）退出206断路器失灵启动Ⅰ母线保护的压板。

26）退出206断路器操作电源。

27）投入290断路器高频保护。

28）投入290断路器同期检查重合闸。

29）确认2063隔离开关断开；设"禁止合闸，有人工作！"标牌。

30）确认2061隔离开关断开；设"禁止合闸，有人工作！"标牌。

31）确认2062隔离开关断开；设"禁止合闸，有人工作！"标牌。

32）验明2063隔离开关断路器侧确无电压。

33）合上20637接地刀闸。

34）验明2062隔离开关断路器侧确无电压。

35）合上20627接地刀闸。

### 3.5.7 任务　水电站仿真系统220kV 3E线路206断路器检修转运行

1）检查206断路器验收合格。

2）断开20637接地刀闸。

3）断开20627接地刀闸。

4）拆除2063隔离开关操作把手上的"禁止合闸，有人工作！"标牌。

5）拆除2062隔离开关操作把手上的"禁止合闸，有人工作！"标牌。

6）拆除2061隔离开关操作把手上的"禁止合闸，有人工作！"标牌。

7）撤除检修工作票所设的其余安全措施。

8）投入206断路器操作电源。

9）检查投入206相间距离保护Ⅰ、Ⅱ、Ⅲ段。

10）检查投入206接地距离保护Ⅰ、Ⅱ、Ⅲ段。

11）检查投入206零序电流保护Ⅰ、Ⅱ、Ⅲ段。

12）投入206断路器失灵启动Ⅰ母线保护的压板。

13）投入220kV Ⅰ母线保护跳206断路器的压板。

14）检查206断路器确断。

15）合上2061隔离开关。

16）合上2063隔离开关。

17）合上206断路器。

18）断开290断路器。

19）检查290断路器确断。

20）断开2065隔离开关。

21）断开2905隔离开关。

22）断开2901隔离开关。

23）退出290断路器重合闸。

24）退出290断路器的高频保护。

25）退出290断路器相间距离保护Ⅰ、Ⅱ、Ⅲ段。

26）退出290断路器接地距离保护Ⅰ、Ⅱ、Ⅲ段。

27）退出290断路器零序电流保护Ⅰ、Ⅱ、Ⅲ段。

28）退出290断路器失灵保护启动Ⅰ母线保护的压板。

29）退出290断路器操作电源。

30）退出220kVⅠ母线差动保护跳290断路器的压板。

31）投入206断路器高频保护。

32）投入206断路器同期重合闸。

## 3.6 项目 综 合 操 作

**任务 水电站仿真系统220kV 1E线路及204断路器检修转运行接2E线路及205断路器运行转检修**

（1）要求。写出操作步骤并完成操作。撤除204断路器安全措施，将204断路器从冷备用状态恢复正常运行后，对205断路器停电转入检修状态。

（2）工具、材料设备场地。水电站仿真系统：1E保护屏、2E保护屏、220kV母线保护屏、220kV系统屏。

（3）参考步骤。

1）断（拉）开1E线路20438接地刀闸，检查20438刀闸确断。

2）断（拉）开1E线路20437接地刀闸，检查20437刀闸确断。

3）断（拉）开1E线路20427接地刀闸，检查20427刀闸确断。

4）撤除检修工作票所设的其余安全措施；投入1E线路TV二次熔断器。

5）投入204断路器操作电源。

6）检查投入204相间距离保护Ⅰ、Ⅱ、Ⅲ段。

7）检查投入204接地距离保护Ⅰ、Ⅱ、Ⅲ段。

8）检查投入204零序电流保护Ⅰ、Ⅱ、Ⅲ段。

9）投入204断路器失灵启动Ⅰ母保护的压板。

10）检查投入220kVⅠ母线保护跳204断路器的压板。

11）检查204断路器确断。

12）合上2041隔离开关，检查2041隔离开关确合。

13）合上2043隔离开关，检查2043隔离开关确合。

14）合上204断路器。

15）投入204断路器高频保护。

16）检查投入204断路器同期重合闸。

17）断开205断路器。

18）检查205断路器确断。

19）拉开2053隔离开关，检查2053隔离开关确断。

20）拉开2052隔离开关，检查2052隔离开关确断。

21）退出205断路器高频保护。

22）退出 205 断路器失灵启动Ⅱ母线保护的控制压板。

23）退出 220kVⅡ母线保护跳 205 断路器的压板。

24）退出 205 断路器操作电源。

25）验明 2053 隔离开关断路器侧确无电压。

26）合上 20537 接地刀闸，检查 20537 刀闸确合。

27）验明 2052 隔离开关断路器侧确无电压。

28）合上 20527 接地刀闸，检查 20527 刀闸确合。

29）取下 2E 线路 TV 二次熔断器；验明 2053 隔离开关线路侧确无电压。

30）合上 20538 接地刀闸，检查 20538 刀闸确合。

31）按检修工作票要求，做好其他安全措施。

（4）质量要求。

1）操作票中的操作动词、设备名称、编号，设备状态和有关参数等不得涂改。

2）操作要准确到达指定的设备，不走错位置。

3）每操作完一项要在操作票上做标号。

4）操作顺序不能涂改，不能跳项更改。

5）该题不要求在操作票中做全安全措施。

6）不许走错位置，错误拉合断路器、隔离开关。

7）能准确进行保护的退投操作。

## 3.7 项目　改变 220kV 母线状态的操作

### 3.7.1 任务　母线操作相关知识

1. 母线状态

（1）运行状态。母线电压互感器（TV）隔离开关处于合闸位置，至少有一个以上的支路断路器或隔离开关使母线与相邻设备连接。（只有一支路断路器或隔离开关使母线与相邻设备连接称为母线空载运行状态。）

（2）热备用状态。母线电压互感器隔离开关处于合闸位置，与相邻设备间的隔离开关、断路器均在断开位置。

（3）冷备用状态。母线电压互感器隔离开关处于断开位置，与相邻设备间的隔离开关、断路器均在断开位置，并断开这些断路器的操作及合闸电源。

（4）检修状态。在冷备用状态的母线上装一组接地线或合上接地刀闸（或合上母线接地隔离开关）。

2. 6kV 及以上电压互感器状态

（1）运行状态。电压互感器与其所连接的母线、线路、发电机、变压器应视为一体，这些设备的状态已规定了电压互感器的相应状态。

（2）热备用状态。合上高压侧隔离开关，低压侧断路器，插上二次插头。

（3）冷备用状态。断开高压侧隔离开关、低压侧断路器，并取下高、低压侧熔断器。

（4）检修状态。在冷备用状态下，在电压互感器高压侧装设一组接地线或合上接地刀闸。

3. 有关母线操作的原则

(1) 母线停、送电操作时，应做好电压互感器二次切换，防止电压互感器二次侧向母线反充电。

(2) 对母线充电的操作，一般情况下应在母线热备用状态下（母线带电压互感器）进行充电操作，有以下几种方式：

1) 用母线断路器进行母线充电操作，应投入母线充电保护，母联断路器隔离开关的操作遵循先合电源侧隔离开关的原则。

2) 用主变压器断路器对母线进行充电。

3) 用线路断路器或旁路断路器（本侧或对侧）对母线充电。用母联断路器进行母线充电操作，应投入母联断路器充电保护，充电正常后退出充电保护。

(3) 母联断路器停电时，应按照拉开母联断路器、拉开停电母线侧隔离开关、拉开运行母线侧隔离开关顺序进行操作。

(4) 在停母线操作时，停母线电压互感器应先断开电压互感器二次空气断路器或熔断器，再拉开一次隔离开关。

(5) 进行母线操作时，应根据继电保护的要求调整母线差动保护运行方式。

(6) 两组母联的并列操作必须用断路器同期合闸来完成。

(7) 两组母联的解列操作必须用断路器完成。

4. 倒母线

倒母线是指双母线接线方式的变电站（开关站），将一组母线上的部分或全部线路以及变压器出线，通过母线隔离开关按"先合后拉"原则倒换到另一组母线上运行的操作。

倒母线的操作原则如下：

(1) 倒母线操作时，应按规定投退和转换有关线路保护及母差保护。

(2) 倒母线前应将母联断路器设置为"死开关"。

(3) 运行设备倒母线操作时，母线隔离开关必须按"先合后拉"的原则进行。

(4) 对于曾经发生谐振过电压的母线，必须采用防范措施才能进行倒闸操作。

(5) 恢复双母线运行的倒母线应考虑让各组母线的负荷与电源分布的合理性。

(6) 仅进行热备用间隔设备的倒母线操作时，应先将该间隔操作到冷备用状态，然后再操作到另一组母线热备用。这样的操作不应将母联断路器设置为"死开关"。

### 3.7.2 任务 水电站仿真系统 220kV Ⅰ 母线运行转检修

(1) 要求。(1E 线路) 204 断路器、(3E) 206 断路器、201 断路器不停电倒 Ⅱ 母线操作，并做好保护切换。

(2) 工具、材料设备场地。水电站仿真系统：电气主接线、220kV 母线保护屏、线路保护屏等。

(3) 参考步骤。

1) 确认 200 断路器在合闸运行。

2) 投入 220kV Ⅱ 母线保护跳 201 断路器控制压板。

3) 投入 220kV Ⅱ 母线保护跳 204 断路器控制压板。

4）投入220kV Ⅱ母线保护跳206断路器控制压板。

5）投入204断路器失灵启动220kV Ⅱ母线保护压板。

6）投入206断路器失灵启动220kV Ⅱ母线保护压板。

7）退出200断路器操作电源。

8）合上2012隔离开关。

9）断开2011隔离开关。

10）合上2042隔离开关。

11）断开2041隔离开关。

12）合上2062隔离开关。

13）断开2061隔离开关。

14）投上200断路器操作电源。

15）退出220kV Ⅰ母线保护跳201断路器控制压板。

16）退出220kV Ⅰ母线保护跳204断路器控制压板。

17）退出220kV Ⅰ母线保护跳206断路器控制压板。

18）退出204断路器失灵启动220kV Ⅰ母线保护压板。

19）退出206断路器失灵启动220kV Ⅰ母线保护压板。

20）断开200断路器。

21）检查200断路器确断。

22）断开2001隔离开关。

23）断开2002隔离开关。

24）取出220kV Ⅰ母线（21TV）二次熔断器。

25）确认220kV Ⅰ母线（21TV）二次负载已正常自动转换。

26）断开（21TV）2101隔离开关。

27）退出200断路器失灵启动220kV Ⅰ母线保护压板。

28）退出200断路器失灵启动220kV Ⅱ母线保护压板。

29）退出220kV Ⅱ母线保护跳200断路器控制压板。

30）退出220kV Ⅰ母线保护跳200断路器控制压板。

31）退出200断路器操作电源。

32）确认2101隔离开关断开；设"禁止合闸，有人工作！"标牌。

33）确认2041隔离开关断开；设"禁止合闸，有人工作！"标牌。

34）确认2051隔离开关断开；设"禁止合闸，有人工作！"标牌。

35）确认2061隔离开关断开；设"禁止合闸，有人工作！"标牌。

36）确认2071隔离开关断开；设"禁止合闸，有人工作！"标牌。

37）确认2011隔离开关断开；设"禁止合闸，有人工作！"标牌。

38）确认2021隔离开关断开；设"禁止合闸，有人工作！"标牌。

39）确认2001隔离开关断开；设"禁止合闸，有人工作！"标牌。

40）确认2901隔离开关断开；设"禁止合闸，有人工作！"标牌。

41）验明220kV Ⅰ母线确无电压。

42) 合上 21017 接地刀闸。

(4) 质量要求。

1) 操作要准确到达指定的设备，不走错位置。

2) 每操作完一项要在操作票上做标号。

3) 操作顺序不能涂改，不能跳项更改。

4) 该题不要求在操作票中做全安全措施。

(5) 评分标准。

1) 倒负荷正确，20 分，停电正确，10 分。

2) 等电位操作前不退出相关操作电源，扣 10 分。

3) 等电位操作后不投回相关操作电源，扣 15 分。

4) 电压互感器不退，扣 10 分，退出电压感器的操作顺序不对，扣 2 分。

5) 母联断路器断开后不退操作电源，扣 2 分。

6) 先断母联，再退电压互感器，扣 2 分。

7) 操作过程中压板投退顺序不当或漏投漏退，可扣 1~15 分。

8) 安全施措施漏做一项可扣 1~5 分。

### 3.7.3 任务　水电站仿真系统 220kV Ⅰ 母线运行转冷备用

(1) 要求。写出操作步骤并完成操作。201 断路器及 1E、3E 不停电的倒母线操作，并做好保护切换。

(2) 工具、材料设备场地。水电站仿真系统：220kV 母线保护屏、220kV 线路保护屏、电气主接线。

(3) 参考步骤。

1) 确认 200 断路器在合闸运行。

2) 投入 220kV Ⅱ 母线保护跳 201 断路器控制压板。

3) 投入 220kV Ⅱ 母线保护跳 204 断路器控制压板。

4) 投入 220kV Ⅱ 母线保护跳 206 断路器控制压板。

5) 投入 204 断路器失灵启动 220kV Ⅱ 母线保护压板。

6) 投入 206 断路器失灵启动 220kV Ⅱ 母线保护压板。

7) 退出 200 断路器操作电源。

8) 合上 2012 隔离开关。

9) 断开 2011 隔离开关。

10) 合上 2042 隔离开关。

11) 断开 2041 隔离开关。

12) 合上 2062 隔离开关。

13) 断开 2061 隔离开关。

14) 投上 200 断路器操作电源。

15) 退出 220kV Ⅰ 母线保护跳 201 断路器控制压板。

16) 退出 220kV Ⅰ 母线保护跳 204 断路器控制压板。

17) 退出 220kV Ⅰ 母线保护跳 206 断路器控制压板。

18) 退出 204 断路器失灵启动 220kV Ⅰ母线保护压板。

19) 退出 206 断路器失灵启动 220kV Ⅰ母线保护压板。

20) 断开 200 断路器。

21) 检查 200 断路器确已断开。

22) 断开 2001 隔离开关。

23) 断开 2002 隔离开关。

24) 取出 220kV Ⅰ母线（21TV）二次熔断器。

25) 确认 220kV Ⅰ母线 21TV 二次负载已正常自动转换。

26) 断开 2101 隔离开关。

27) 退出 200 断路器失灵启动 220kV Ⅰ母线保护压板。

28) 退出 200 断路器失灵启动 220kV Ⅱ母线保护压板。

29) 退出 220kV Ⅱ母线保护跳 200 断路器控制压板。

30) 退出 220kV Ⅰ母线保护跳 200 断路器控制压板。

31) 退出 200 断路器操作电源。

(4) 质量要求。

1) 操作要准确到达指定的设备，不走错位置。

2) 每操作完一项要在操作票上做标号。

3) 操作顺序不能涂改，不能跳项更改。

4) 该题不要求在操作票中做全安全措施。

5) 不许走错位置，错误分、合断路器、隔离开关。

6) 能准确进行保护的退投操作。

### 3.7.4 任务　水电站仿真系统 220kV Ⅱ母线运行转检修

(1) 要求。按给定操作任务填写操作票。将 220kV Ⅱ母线各出线不停电倒至Ⅰ母线运行，然后对 220kV Ⅱ母线停电并转入检修状态，同时完成母线保护运行方式的切换。

(2) 工具、材料设备场地。水电站仿真系统：220kV 母线保护屏、220kV 线路保护屏、电气主接线。

(3) 参考步骤。

1) 确认 200 断路器在合闸运行。

2) 投入 220kV Ⅰ母线保护跳 202 断路器控制压板。

3) 投入 220kV Ⅰ母线保护跳 205 断路器控制压板。

4) 投入 220kV Ⅰ母线保护跳 207 断路器控制压板。

5) 投入 205 断路器失灵启动 220kV Ⅰ母线保护压板。

6) 投入 207 断路器失灵启动 220kV Ⅰ母线保护压板。

7) 退出 200 断路器操作电源。

8) 合上 2021 隔离开关。

9) 断开 2022 隔离开关。

10) 合上 2051 隔离开关。

11) 断开 2052 隔离开关。

12）合上 2071 隔离开关。
13）断开 2072 隔离开关。
14）投上 200 断路器操作电源。
15）退出 220kV Ⅱ 母线保护跳 202 断路器控制压板。
16）退出 220kV Ⅱ 母线保护跳 205 断路器控制压板。
17）退出 220kV Ⅱ 母线保护跳 207 断路器控制压板。
18）退出 205 断路器失灵启动 220kV Ⅱ 母线保护压板。
19）退出 207 断路器失灵启动 220kV Ⅱ 母线保护压板。
20）断开 200 断路器。
21）检查 200 断路器确已断开。
22）断开 2002 隔离开关。
23）断开 2001 隔离开关。
24）取出 220kV Ⅱ 母线（22TV）二次熔断器。
25）确认 220kV Ⅱ 母线 22TV 二次负载已正常自动转换。
26）断开 2102 隔离开关。
27）退出 200 断路器失灵启动 220kV Ⅰ 母线保护压板。
28）退出 200 断路器失灵启动 220kV Ⅱ 母线保护压板。
29）退出 220kV Ⅰ 母线保护跳 200 断路器控制压板。
30）退出 220kV Ⅱ 母线保护跳 200 断路器控制压板。
31）退出 200 断路器操作电源。
32）确认 2102 隔离开关断开；设"禁止合闸，有人工作！"标牌。
33）确认 2042 隔离开关断开；设"禁止合闸，有人工作！"标牌。
34）确认 2052 隔离开关断开；设"禁止合闸，有人工作！"标牌。
35）确认 2062 隔离开关断开；设"禁止合闸，有人工作！"标牌。
36）确认 2072 隔离开关断开；设"禁止合闸，有人工作！"标牌。
37）确认 2022 隔离开关断开；设"禁止合闸，有人工作！"标牌。
38）确认 2012 隔离开关断开；设"禁止合闸，有人工作！"标牌。
39）确认 2002 隔离开关断开；设"禁止合闸，有人工作！"标牌。
40）确认 2902 隔离开关断开；设"禁止合闸，有人工作！"标牌。
41）验明 220kV Ⅱ 母线确无电压。
42）合上 21027 接地刀闸。

（4）质量要求。

1）操作票要字迹清楚。
2）操作设备要写双重名称。
3）操作票不准合项，并项。
4）操作顺序不能涂改，不能跳项更改。
5）该题要求在操作票中做全安全措施。
6）操作票要有结束标志。

## 3.7.5 任务 水电路仿真系统 220kV Ⅰ 母线检修转运行

(1) 要求。给定操作任务填写操作票。首先对 220kV Ⅰ 母线送电,201 断路器及 1E、3E 线路不停电的倒母线操作,并做好保护切换。

(2) 工具、材料设备场地。水电站仿真系统:220kV 母线保护屏、220kV 线路保护屏、电气主接线。

(3) 参考步骤。

1) 断开 21017 接地刀闸。
2) 拆除 2101 隔离开关操作把手上的"禁止合闸,有人工作!"标牌。
3) 拆除 2041 隔离开关操作把手上的"禁止合闸,有人工作!"标牌。
4) 拆除 2051 隔离开关操作把手上的"禁止合闸,有人工作!"标牌。
5) 拆除 2061 隔离开关操作把手上的"禁止合闸,有人工作!"标牌。
6) 拆除 2071 隔离开关操作把手上的"禁止合闸,有人工作!"标牌。
7) 拆除 2011 隔离开关操作把手上的"禁止合闸,有人工作!"标牌。
8) 拆除 2021 隔离开关操作把手上的"禁止合闸,有人工作!"标牌。
9) 拆除 2001 隔离开关操作把手上的"禁止合闸,有人工作!"标牌。
10) 拆除 2901 隔离开关操作把手上的"禁止合闸,有人工作!"标牌。
11) 拆除检修工作票所列其他安全措施,清洁现场。
12) 合上 220kV Ⅰ 母线 TV 2101 隔离开关,投上二次熔断器。
13) 投上 200 断路器操作电源。
14) 检查投入 220kV Ⅰ 母线差动保护。
15) 投入 200 断路器失灵启动 220kV Ⅰ 母线保护压板。
16) 投入 200 断路器失灵启动 220kV Ⅱ 母线保护压板。
17) 投入 220kV Ⅰ 母线保护跳 200 断路器控制压板。
18) 投入 220kV Ⅱ 母线保护跳 200 断路器控制压板。
19) 检查 200 断路器断开。
20) 合上 2001 隔离开关。
21) 合上 2002 隔离开关。
22) 合上 200 隔离开关。
23) 检查 220kV Ⅰ 母线电压正常。
24) 投入 220kV Ⅰ 母线保护跳 201 断路器控制压板。
25) 投入 220kV Ⅰ 母线保护跳 204 断路器控制压板。
26) 投入 220kV Ⅰ 母线保护跳 206 断路器控制压板。
27) 投入 204 断路器失灵启动 220kV Ⅰ 母线保护压板。
28) 投入 206 断路器失灵启动 220kV Ⅰ 母线保护压板。
29) 退出 200 断路器操作电源。
30) 合上 2011 隔离开关。
31) 断开 2012 隔离开关。
32) 合上 2041 隔离开关。

33) 断开 2042 隔离开关。

34) 合上 2061 隔离开关。

35) 断开 2062 隔离开关。

36) 投上 200 断路器操作电源。

37) 退出 220kV Ⅱ 母线保护跳 201 断路器控制压板。

38) 退出 220kV Ⅱ 母线保护跳 204 断路器控制压板。

39) 退出 220kV Ⅱ 母线保护跳 206 断路器控制压板。

40) 退出 204 断路器失灵启动 Ⅱ 母线保护压板。

41) 退出 206 断路器失灵启动 Ⅱ 母线保护压板。

（4）质量要求。

1) 操作票要字迹清楚。

2) 操作设备要写双重名称。

3) 操作票不准合项、并项。

4) 操作顺序不能涂改，不能跳项更改。

5) 该题要求在操作票中做全安全措施。

6) 操作票要有结束标志。

### 3.7.6 任务  水电站仿真系统 220kV Ⅱ 母线检修转运行

（1）要求。通过 200 断路器对 Ⅱ 母线进行充电，（2E 线路）205 断路器、（4E）207 断路器、202 断路器不停电倒 Ⅱ 母线操作，并做好保护切换。

（2）工具、材料设备场地。水电站仿真系统：电气主接线、220kV 母线保护屏、线路保护屏等。

（3）参考步骤。

1) 收回所有有关检修工作票，检查 220kV Ⅱ 母线现场清洁良好，220kV Ⅱ 母线验收合格。

2) 断开 21027 接地刀闸。

3) 拆除 2102 隔离开关操作把手上的"禁止合闸，有人工作！"标牌。

4) 拆除 2042 隔离开关操作把手上的"禁止合闸，有人工作！"标牌。

5) 拆除 2052 隔离开关操作把手上的"禁止合闸，有人工作！"标牌。

6) 拆除 2062 隔离开关操作把手上的"禁止合闸，有人工作！"标牌。

7) 拆除 2072 隔离开关操作把手上的"禁止合闸，有人工作！"标牌。

8) 拆除 2012 隔离开关操作把手上的"禁止合闸，有人工作！"标牌。

9) 拆除 2022 隔离开关操作把手上的"禁止合闸，有人工作！"标牌。

10) 拆除 2002 隔离开关操作把手上的"禁止合闸，有人工作！"标牌。

11) 拆除 2902 隔离开关操作把手上的"禁止合闸，有人工作！"标牌。

12) 拆除检修工作票所列其余安全措施，清洁现场。

13) 合上 220kV Ⅱ 母线 TV 2102 隔离开关，投上二次熔断器。

14) 投上 200 断路器操作电源。

15) 检查投入 220kV Ⅱ 母线差动保护。

16) 投入 200 断路器失灵启动 220kV Ⅱ 母线保护压板。

17) 投入 200 断路器失灵启动 220kV Ⅰ 母线保护压板。
18) 投入 220kV Ⅱ 母线保护跳 200 断路器控制压板。
19) 投入 220kV Ⅰ 母线保护跳 200 断路器控制压板。
20) 检查 200 断路器确断。
21) 合上 2001 隔离开关。
22) 合上 2002 隔离开关。
23) 合上 200 断路器。
24) 检查 220kV Ⅱ 母线电压正常。
25) 投入 220kV Ⅱ 母线保护跳 202 断路器控制压板。
26) 投入 220kV Ⅱ 母线保护跳 205 断路器控制压板。
27) 投入 220kV Ⅱ 母线保护跳 207 断路器控制压板。
28) 投入 205 断路器失灵启动 220kV Ⅱ 母线保护压板。
29) 投入 207 断路器失灵启动 220kV Ⅱ 母线保护压板。
30) 退出 200 断路器操作电源。
31) 合上 2022 隔离开关。
32) 断开 2021 隔离开关。
33) 合上 2052 隔离开关。
34) 断开 2051 隔离开关。
35) 合上 2072 隔离开关。
36) 断开 2071 隔离开关。
37) 投上 200 断路器操作电源。
38) 退出 220kV Ⅰ 母线保护跳 202 断路器控制压板。
39) 退出 220kV Ⅰ 母线保护跳 205 断路器控制压板。
40) 退出 220kV Ⅰ 母线保护跳 207 断路器控制压板。
41) 退出 205 断路器失灵启动 Ⅰ 母线保护压板。
42) 退出 207 断路器失灵启动 Ⅰ 母线保护压板。

(4) 质量要求。
1) 操作要准确到达指定的设备，不走错位置。
2) 每操作完一项要在操作票上做标号。
3) 不许走错位置，错误分、合断路器、隔离开关。
4) 能准确进行保护的退投操作。

(5) 评分标准。
1) 母线充电正确，10 分；倒负荷正确，20 分。
2) 带地电线送电，记 0 分。
3) 不投电压互感器，扣 15 分；投入电压互感的操作顺序不对，扣 2 分。
4) 等电位操作前未退出相应操作电源，扣 10 分。
5) 等电位操作后未投回相应操作电源，扣 15 分。
6) 操作过程中压板投退顺序不当或漏投漏退，可扣 1～15 分。

## 3.8 项目 改变 110kV 母线状态的操作

**3.8.1 任务 水电站仿真系统 110kV Ⅰ 母线运行转冷备用（停电）**

(1) 要求。首先停 3G（3 号机可以采用自动停机），然后用 190 代替 1Y 或 2Y，最后将 110kV Ⅰ 母线停电。

(2) 工具、材料设备场地。水电站仿真系统：3G 计算机停机监控屏、3G 机组状态屏、3T 保护屏、110kV 母线保护屏、110kV 线路保护屏、电气主接线。

(3) 参考步骤。

1) 合上 3T 变压器 110kV 中性点 1030 接地隔离开关。
2) 检查 3G 停机条件满足。
3) 发出 3G 自动停机指令，监视停机过程直至停机结束。
4) 确认 103 断路器确断。
5) 断开 1031 隔离开关。
6) 退出 103 断路器操作电源。
7) 投上 190 断路器操作电源。
8) 调整 190 距离保护 Ⅰ、Ⅱ、Ⅲ 定值与 106 同，并投入。
9) 调整 190 零序保护 Ⅰ、Ⅱ、Ⅲ 定值与 106 同，并投入。
10) 调整 190 接地距离保护 Ⅰ、Ⅱ、Ⅲ 定值与 106 同，并投入。
11) 投入 190 断路器失灵保护。
12) 检查 190 断路器确断。
13) 合上 1901 隔离开关。
14) 合上 1905 隔离开关。
15) 合上 190 断路器。
16) 检查 110kV 旁路母线电压正常。
17) 断开 190 断路器。
18) 检查 190 断路器确断。
19) 合上 1065 隔离开关。
20) 合上 190 断路器。
21) 检查 190 断路器三相电流平衡。
22) 断开 106 断路器。
23) 检查 106 断路器确断。
24) 断开 1063 隔离开关。
25) 断开 1061 隔离开关。
26) 退出 106 断路器高频保护。
27) 投入 190 断路器高频保护。
28) 投入 190 断路器无压检定重合闸。
29) 断开 105 断路器。

30）查 105 断路器确断。

31）断开 1053 隔离开关。

32）断开 1051 隔离开关。

33）断开 101 断路器。

34）查 101 断路器确断。

35）断开 1012 隔离开关。

36）断开 1011 隔离开关。

37）断开 100 断路器。

38）查 100 断路器确断。

39）断开 1001 隔离开关。

40）断开 1002 隔离开关。

41）取出 110kV Ⅰ 母线（TV）二次熔断器，断开 1101 隔离开关。

42）退出 101 断路器操作电源。

43）退出 100 断路器失灵启动 Ⅰ、Ⅱ 母线保护。

44）退出 100 断路器操作电源。

45）退出 106 断路器操作电源。

46）退出 105 断路器（1Y）高频保护（需调度同意，若是线路有电则不退）。

47）退出 105 断路器操作电源。

（4）质量要求。

1）操作票要字迹清楚。

2）操作设备要写双重名称。

3）操作票不准合项；并项。

4）操作顺序不能涂改，不能跳项更改。

（5）评分标准。

1）停机操作正确，5 分。

2）旁代操作正确，10 分。

3）母线停电过程正确，15 分。

### 3.8.2 任务　水电站仿真系统 110kV Ⅰ 母线冷备用转运行

（1）要求。按给定操作任务填写操作票。检查并投好 110kV Ⅰ 母线各保护，用 102 断路器完成对空载母线的充电，用 200 断路器完成同期并列后，恢复 105 断路器，106 断路器正常运行方式，190 断路器及旁路母线退回冷备用。

（2）工具、材料设备场地。水电站仿真系统：110kV 母线保护屏、110kV 线路保护屏、电气主接线。

（3）参考步骤。

1）合上（11TV）1101 隔离开关，并投好二次熔断器。

2）检查投入 110kV Ⅰ 母线各保护。

3）投入 101 断路器操作电源。

4）投入 101 断路器失灵保护。

5) 检查 101 断路器确断。
6) 合上 1011 隔离开关。
7) 合上 1012 隔离开关。
8) 合上 101 断路器。
9) 检查 110kV Ⅰ 母线电压正常。
10) 投入 100 断路器操作电源,投入 100 断路器失灵保护。
11) 检查 100 断路器确断。
12) 合上 1002 隔离开关。
13) 合上 1001 隔离开关。
14) 选择同期方式,同期合上 100 断路器。
15) 投入 106 断路器操作电源。
16) 检查投入 106 断路器相间距离,接地距离,零序电流保护Ⅰ、Ⅱ、Ⅲ段。
17) 投入 106 断路器失灵保护。
18) 检查 106 断路器确断。
19) 合上 1061 隔离开关。
20) 合上 1063 隔离开关。
21) 合上 106 断路器。
22) 检查 106 断路器三相电流平衡。
23) 断开 190 断路器。
24) 检查 190 断路器确断。
25) 断开 1065 隔离开关。
26) 断开 1905 隔离开关。
27) 断开 1901 隔离开关。
28) 退出 190 断路器相间距离,接地距离,零序电流保护Ⅰ、Ⅱ、Ⅲ段。
29) 退出 190 断路器的高频保护。
30) 退出 190 断路器重合闸。
31) 退出 190 断路器的失灵保护。
32) 退出 190 断路器的操作电源。
33) 投入 106 断路器高频保护。
34) 投入 106 断路器的无压检定重合闸。
35) 投入 105 断路器操作电源。
36) 检查投入 105 断路器相间距离,接地距离,零序电流保护Ⅰ、Ⅱ、Ⅲ段。
37) 投入 105 断路器失灵保护。
38) 检查 105 断路器确断。
39) 合上 1051 隔离开关。
40) 合上 1053 隔离开关。
41) 合上 105 断路器。
42) 检查投入 105 断路器高频保护。

43）检查投入 105 断路器的无压检定重合闸。

（4）质量要求。

1）操作票中的操作动词、设备名称、编号，设备状态和有关参数等不得涂改。

2）操作票要字迹清楚。

3）操作设备要写双重名称。

4）操作票不准合项、并项。

5）操作顺序不能涂改，不能跳项更改。

6）操作票要有结束标志。

## 3.9 项目　发电机自动开、停机操作

### 3.9.1 任务　发电机自动开机操作（计算机控制开机）

计算机控制发电机自动开/停机流程如图 3.5 所示。

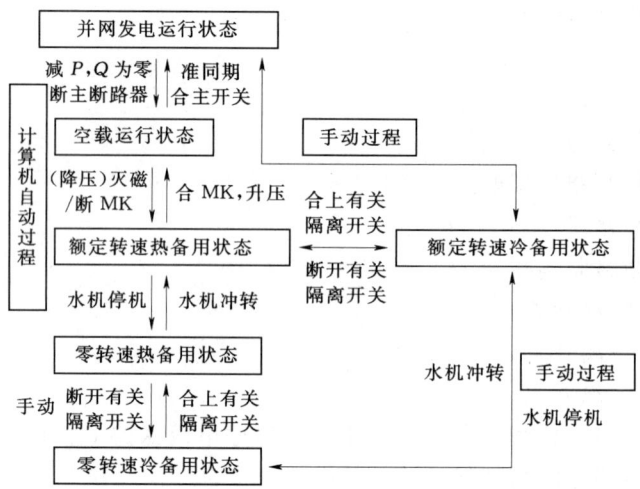

图 3.5　计算机自动控制发电机开/停机流程图

参考步骤：

（1）检查发电机满足计算机开机条件。

（2）检查低压风系统排气关闭，在监控画面按下水轮机"复位"按钮。

（3）将 AVR 工作方式置于"手动"位置。

（4）合 FMK。

（5）发开机令。

（6）选择同期方式，同期合上发电机出口断路器。

（7）用 AC 调节平衡指示为零。

（8）将 AVR 工作方式归到"自动"位置。

（9）带负荷。

### 3.9.2 任务　发电机自动停机操作（计算机控制停机）

计算机控制发电机自动停机流程如 3.5 所示。

参考步骤:
(1) 检查 AVR 工作方式在"自动"位置。
(2) 检查发电机的计算机自动停机条件满足。(停机条件显示为红色为满足。)
(3) 发自动停机令。
(4) 监视计算机自动停机过程,直至停机结束。
(5) 将 AVR 工作方式复归到"手动"位置。

# 3.10 项目  发电机手动升压并网操作

应了解发电机启停操作的有关规定:
(1) 发电机大小修和机组长期停运后,在重新启动前,应进行发电机断路器及自动灭磁开关的分、合闸试验(包括两者间的联锁)和电气及水轮机保护联动发电机断路器的动作试验。
(2) 发电机开始转动后,即应认为发电机及其全部设备均已带电。
大修后做第一次启动试验的机组,应缓慢升速并监听发电机各部的声音,检查轴承润滑、冷却系统工作情况及机组各部振动情况。
(3) 当发电机转速达到额定转速的一半左右时,应检查整流子和滑环上的电刷是否有跳动、卡涩或接触不良的现象,如有上述现象,应设法消除。
(4) 在转速达到额定值时,应检查轴承油压、油流、油温和瓦温及冷却系统漏风情况,测试各轴承摆度,监视摆度是否超过规定。
(5) 发电机正常启动前,不论采用何种同步并列方式,其励磁调整装置均应放在空载额定电压位置。
(6) 发电机并列应以自动准同步并列方式为基本操作方式,如自动准同步并列方式不良应改为手动准同步并列方式。无论采用何种同步并列方式,现场运行规程均应规定各种同步并列的方法及所使用的断路器、插座和同步装置。
(7) 对发电机电压的增加速度不作规定,可以立即升至额定值。有制造厂规定者应按其规定执行。
(8) 提升发电机的电压时,应注意三相定子电流均等于或接近于零。当发电机的转速已达额定值、励磁调整装置的位置已在相当于空载额定电压的位置上时,应注意发电机定子电压是否已达额定值,同时根据转子电流表核对转子电流是否与正常空载额定电压时的励磁电流相符。
(9) 发电机并入电网以后,有功负荷增加的速度不受限制。
(10) 加负荷时,必须注意监视发电机冷却介质温升、铁芯温度、绕组温度以及电刷、励磁装置工作情况等。
(11) 在正常情况下,发电机解列前必须将有功功率和无功功率降至空载,然后再断开发电机的断路器。完成以上步骤时,方可进行停机操作。对于 110kV 和 220kV 系统中容量 200MW 以下的水轮发电机组,解列前必须将未接地的变压器中性点投入。
(12) 发电机仅在检修或停机时间较长时才将母线隔离开关拉开并关闭水轮机前的阀门。

(13) 发电机每次停机后,应检查绕组、轴承冷却供水是否已停止,全部制动装置均已复归,为下次开机做好准备。

(14) 发电机停机时,无论采取何种制动方式应能连续制动,直到停止转动为止。

(15) 采用电制动停机时,应对停机过程中定子电流进行监视。

### 3.10.1 任务　水电站仿真系统 3 号机组手动自励升压并网

(1) 要求。写出操作步骤并完成操作。发电机在额定转速下,完成手动升压和自动(或手动)准同期并网,并完成带额定有功、无功负荷。

(2) 工具、材料设备场地。水电站仿真系统:3G 机组状态屏、3G 励磁系统、3G 保护屏、3G 机组盘台(图 3.6)、3G 电压调节柜、3G 同期屏(图 3.6)、3G 监控屏。

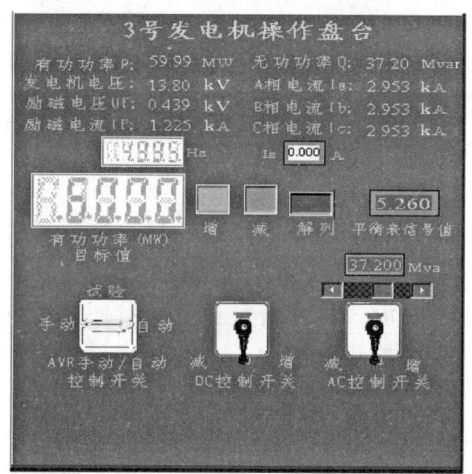
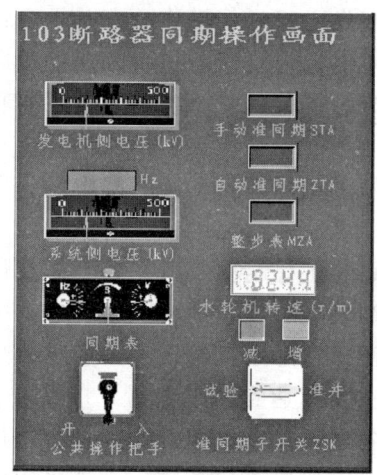

图 3.6　水电站仿真系统 3G 机组操作盘台和 3G 同期屏操作界面

(3) 参考步骤。

1) 检查 3G、3T 发变组保护正确投入。

2) 检查 3T 升压变冷却系统投入工作。

3) 检查 3T 升压变 110kV 中性点 1030 接地隔离开关合上。

4) 检查 3G、3T 发变组确处热备用状态。

5) 检查 3G 发电机晶闸管整流装置正确投入。

6) 检查 3G 发电机转速达到额定转速。

7) 检查 3G 发电机初励调压器调整在起励位。

8) 检查 3G 发电机 AVR 置于"手动"位。

9) 合上 3G 发电机 3FMK 开关。

10) 投入 3G 发电机初励起励装置。

11) 检查 3G 发电机起励电压正常和转子电流正常。

12) 合上 3G 发电机初励升压。

13) 退出 3G 初励起励装置。

14) 调节 3G 发电机初励调压器升高发电机电压达 13.7kV 左右。

15) 调节 AVR 的 DC 把手使发电机电压升至 13.8kV。

### 3.10项目 发电机手动升压并网操作

16) 检查3G初励升压断路器确已自动断开。
17) 将3G发电机初励调压器调整到备励位置。
18) 记录3G发电机转子电压和电流值。
19) 调节AC使平衡表指示为零。
20) 将3G发电机AVR切换至"自动"位置。
21) 启用3G发电机同期装置进行手动（或自动）准同期并网操作。
22) 确认3G发变组103断路器合闸并网成功，退出3G同期装置。
23) 在3G发电机盘台上手动增加无功和有功。
24) 断开3T升压变110kV中性点1030接地隔离开关，检查1030隔离开关确已断开。

（4）质量要求。

1) 操作要准确到达指定的设备，不走错位置。
2) 每操作完一项要在操作票上做标号。
3) 检查发电机确处于热备用状态和晶闸管整流装置投入时，各有关隔离开关，断路器和有关保护正确投入的检查要能到位。
4) 在发电机的整个升压过程中密切注意发电机定子电流及发电机零序电流（发电机消弧线圈电流）是否为零，若不为零应立即停止升压。

手动（或自动）准同期并网操作中要检查同期组合表频率差和电压差指针指在允许范围内才能投"准并"，并网后正确退出同期装置。

5) 增加无功和有功时，注意先增无功和后增有功，注意发电机功率因数不大于0.85。

（5）评分标准。升压过程正确，得20分；同期并网，升无功和有功操作正确，得10分。

1) 升压前准备检查项目中漏投失磁保护，扣5分，漏查AVR，一项扣10分，漏其余项扣2分。
2) 升压不成功，第一次扣15分，允许再重做一次，若第二次仍不成功，记0分。
3) 升压时先投残压后合灭磁断路器，扣2分。
4) 升压时先投初励后投残压起励，记0分。
5) 升压至13.7kV后，不调DC升电压至13.8kV，若能查初励断开，不扣分；若不查初励断开，扣2分。
6) 发电机电压成功后：不查初励断开，扣2分，初励不切换至备励，扣2分，不记录转子电压和电流值，扣2分。
7) 并网前不调平衡，扣3分。
8) 并网前漏AVR切至自动位，带负荷前能完成，扣1分。
9) 投同期装置顺序不对，扣2分。
10) 非同期并网，记0分。
11) 并网成功后，不能正确退同期装置，扣2分。
12) 并网不成功即加带负荷，扣10分。
13) 并网成功后不带负荷，扣5分。
14) 带负荷不正确（顺序不对、过负荷），扣2分。
15) 带负荷时AVR不在自动位负荷带不起来，扣3分

16）中性点隔离开关操作不正确，扣2分。

### 3.10.2 任务 水电站仿真系统2号机组手动自励升压并网

（1）要求。写出操作步骤并完成操作。发电机在额定转速下，完成手动升压和自动（或手动）准同期并网，并完成带额定有功、无功负荷。

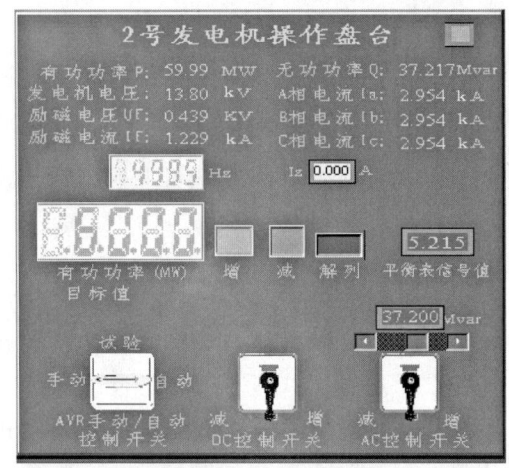

（2）工具、材料设备场地。水电站仿真系统：2G机组状态屏、2G励磁系统（图3.7）、2G保护屏、2G机组盘台（图3.7）、2G电压调节柜、2G同期屏、2G监控屏。

（3）参考步骤。

1）检查2G发电机保护正确投入。

2）检查2G发电机确处热备用状态。

3）检查2G晶闸管整流装置正确投入。

4）检查2G发电机转速达到额定转速。

5）检查2G直流起励装置调整在起励位。

6）检查2G发电机AVR置于"手动"位。

7）合上2G发电机2FMK开关。

8）投入2G直流起励装置。

9）检查2G发电机起励电压正常和转子电流正常。

10）合上2G发电机自励升压开关（投入自励升压）。

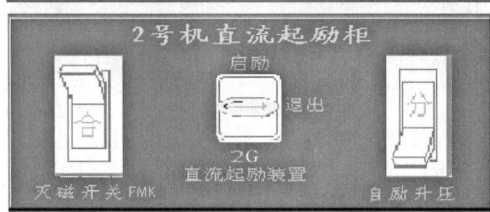

图3.7 水电站仿真系统2G机组操作盘台和2G直流起励柜操作界面

11）退出2G直流起励装置。

12）监视2G自励升压升高发电机电压达13.7kV左右。

13）调节DC使发电机电压升至13.8kV。

14）检查2G自励升压开关确已自动断开。

15）检查初励开关自动断开，将2G初励变调压器调整到备励位置。

16）记录2G发电机转子电压和电流值。

17）调节AC使平衡表指示为零。

18）将2G AVR切换至"自动"位置。

19）启用2G同期装置进行手动（或自动）准同期并网操作。

20）确认02断路器合闸并网成功后，退出2F同期装置。

21）在2G发电机盘台上手动增加无功和有功。

（4）质量要求。

1）操作要准确到达指定的设备，不走错位置。

2）每操作完一项要在操作票上做标号。

3）检查发电机确处热备用状态和晶闸管整流装置投入时，各有关隔离开关、断路器和有关保护正确投入的检查要能到位。

4)在发电机的整个升压过程中密切注意发电机定子电流及发电机零序电流（发电机消弧线圈电流）是否为零，若不为零应立即停止升压。

手动（或自动）准同期并网操作中要检查同期组合表频率差和电压差指针指在允许范围内才能投"准并"，并网后正确退出同期装置。

5)增加无功和有功时，注意先增无功和后增有功，注意发电机功率因数不大于0.85。

（5）评分标准。

1)升压过程正确，得20分；同期并网，升无功和有功操作正确，得10分。

2)升压前准备检查项目中漏投失磁保护，扣5分，漏查AVR，一项扣10分，漏其余项扣2分。

3)升压不成功，第一次扣15分，允许再重做一次，若第二次仍不成功，记0分。

4)升压时先投直流起励后合灭磁开关，扣2分。

5)升压时先投自励升压后投直流起励，记0分。

6)升压至13.7kV后，不调DC升电压至13.8kV，若能查自励升压断开，不扣分；若不查自励升压断开，扣2分。

7)发电机电压成功后：不查初励断开，扣2分，初励不切换至备励，扣2分，不记录转子电压和电流值，扣2分。

8)并网前不调平衡，扣3分。

9)并网前漏AVR切至自动位，带负荷前能完成，扣1分。

10)投同期装置顺序不对，扣2分。

11)非同期并网，记0分。

12)并网成功后，不能正确退同期装置，扣2分。

13)并网不成功即加带负荷，扣10分。

14)并网成功后不带负荷，扣5分。

15)带负荷不正确（顺序不对、过负荷），扣2分。

16)带负荷时AVR不在自动位负荷带不起来，扣3分。

## 3.11 项目  发电机由运行转空转冷备用

### 3.11.1 任务  手动控制发电机从并网发电转额定转速冷备用状态

注：操作主要在机组状态和励磁系统控制界面完成，操作过程中AVR的工作状态保持在"自动"位置。

（1）合升压变中性接地隔离开关。

（2）用负荷棒图减 $P$ 到零、减 $Q$ 到最小。

（3）断开发电机主断路器。

（4）退出失磁保护和励磁消失保护。

（5）断开发电机励磁开关FMK。

（6）检查发电机主断路器确在断开。

(7) 断开发电机主断路器出口隔离开关。

(8) 取出发电机机端电压互感器 TV 二次熔断器。

(9) 断开发电机机端电压互感器 TV 一次隔离开关。

(10) 检查发电机励磁开关 FMK 确在断开。

(11) 断开发电机晶闸管整流装置 1SP、2SP、3SP 开关。

(12) 断开发电机晶闸管整流装置 1QK、2QK、3QK 隔离开关。

(13) 断开发电机自整流变隔离开关 ZBG。

(14) 检查断开发电机初励开关断开 KQD。

(15) 断开发电机中性隔离开关。

(16) 按规定退出发电机有关保护。

(17) 退出发电机主开关的操作电源。

## 3.11.2 任务　水电站仿真系统 1 号发电机手动解列停电（并网发电状态转额定转速冷备用状态）

(1) 要求。完成手动减负荷、解列、灭磁，对 1G 发电机电压母线和定子绕组、转子绕组、励磁系统停电。

(2) 工具、材料设备场地。水电站仿真系统：1G 组盘台、1G 机组状态屏、1G 灭磁开关柜、1G 发电机保护屏（图 3.8）、1G 励磁系统、1G 机组监控屏。

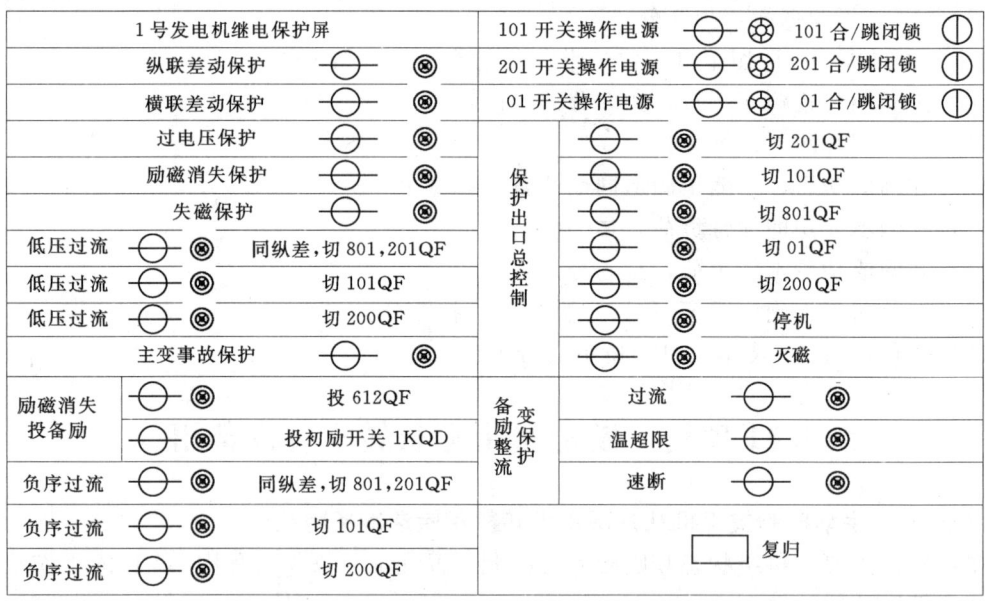

图 3.8　水电站仿真系统 1G 发电机继电保护操作界面

(3) 参考步骤。

1) 检查 1G 发电机自励磁调节器 AVR 在"自动"位。

2) 手动调整 1G 发电机的有功目标值至零。

3) 手动调整 1G 发电机无功目标值至零。

4) 确认 1G 发电机有功实际值降至零。

## 3.11 项目 发电机由运行转空转冷备用

5) 确认 1G 发电机无功实际值降至最小。
6) 投 1G 发电机自励磁调节器 AVR 在"手动"位。
7) 断开 1G 发电机 01 断路器。
8) 退出 1G 发电机失磁保护和励磁消失保护。
9) 用 1G 发电机自励磁调节器 DC 调节 1G 的电压降至最小。
10) 断开 1G 发电机励磁开关 1FMK，查确断。
11) 检查 1G 发电机 01 断路器确断。
12) 断开 11 隔离开关，检查 11 隔离开关确断。
13) 取出 1G 电压互感器 1TV 二次熔断器。
14) 断开 1G 电压互感器 1TV－1 隔离开关，检查 1TV－1 隔离开关确断。
15) 取出 1G 电压互感器 2TV 二次熔断器。
16) 断开 1G 电压互感器 2TV－1 隔离开关，检查 2TV－1 隔离开关确断。
17) 检查 1G 发电机 1FMK 励磁断路器确断。
18) 断开 1G 发电机晶闸管整流装置 1SP 开关。
19) 断开 1G 发电机晶闸管整流装置 2SP 开关。
20) 断开 1G 发电机晶闸管整流装置 3SP 开关。
21) 断开 1G 发电机晶闸管整流装置 1QK 隔离开关。
22) 断开 1G 发电机晶闸管整流装置 2QK 隔离开关。
23) 断开 1G 发电机晶闸管整流装置 3QK 隔离开关。
24) 断开 1G 整流变 ZBG—1 隔离开关，检查 ZBG—1 隔离开关确断。
25) 检查断开初励断路器 1KQD 开关。
26) 断开 1L—1 中性点隔离开关，检查 1L—1 隔离开关确断。
27) 退出 1F 发电机保护跳 201、101、200、801 出口压板。
28) 退出 1F 发电机励磁消失投备励出口压板。
29) 退出 01 断路器的操作电源。

(4) 质量要求。
1) 减无功和有功时，注意发电机功率因数不大于 0.85。
2) 操作要准确到达指定的设备，不走错位置。
3) 每操作完一项要在操作票上做标号。
4) 不能使发电机励磁开关 FMK 自动跳闸。
5) 不能造成发电机甩负荷停机。

(5) 评分标准。
1) 发电机停电正确，15 分，隔离正确，15 分。
2) 造成发电机甩负荷停机，记 0 分。
3) 减负荷前不查 AVR 位置，扣 5 分。
4) 减负荷顺序不对，扣 2 分。
5) 减负荷不至 0 就解列，若未发生停机事故，扣 10 分。
6) 解列后 AVR 切换不正确，扣 5 分。

7) 灭磁前失磁保护不退,造成灭磁开关自动断开,发电机停机,记 0 分。(操作票扣 5 分)。

8) 不降压即断灭磁开关扣 10 分。

9) 隔离过程中漏拉隔离开关,一个扣 1 分,重要的隔离开关可扣 10 分(如发电机出口隔离开关)。

10) 漏退 01 断路器操作电源,扣 1 分。

## 3.12 项目　发电机运行转检修的操作

### 3.12.1 任务　水电站仿真系统 2 号机组在正常运行方式下运行转检修

(1) 要求。可以用计算机自动停机过程完成发电机停机操作,完成 2 号机组停电及安全措施(包括励磁系统)。

(2) 工具、材料设备场地。水电站仿真系统:2G 计算机停机监控屏、2G 保护屏(图 3.9)、2G 机组状态屏、2G 励磁系统。

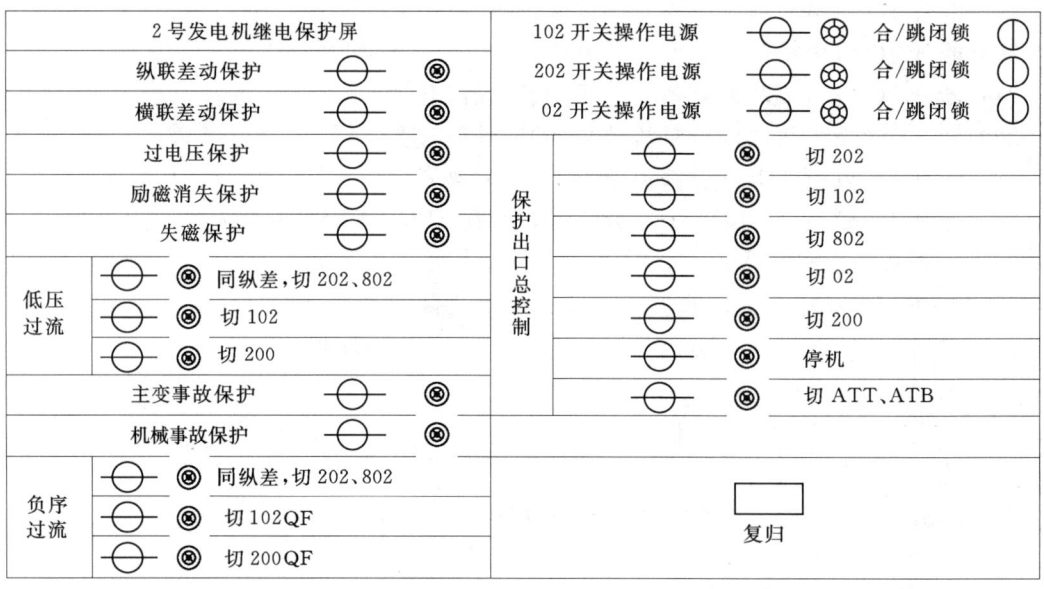

图 3.9　水电站仿真系统 2G 发电机继电保护操作界面

(3) 参考步骤。

1) 检查 2G 自动停机条件满足。

2) 发 2G 停机指令,监视自动停机过程。

3) 待 02 断路器和 2FMK 断路器自动断开。

4) 检查 02 断路器确断。

5) 断开 21 隔离开关。

6) 取出 2G 电压互感器 1TV 二次熔断器,断开 1TV—2 隔离开关。

7) 取出 2G 电压互感器 2TV 二次熔断器,断开 2TV—2 隔离开关。

8) 检查 2G 灭磁开关 2FMK 确断。
9) 断开 2G 晶闸管整流装置交流输入 1SP 开关。
10) 断开 2G 晶闸管整流装置交流输入 2SP 开关。
11) 断开 2G 晶闸管整流装置交流输入 3SP 开关。
12) 断开 2G 晶闸管整流装置直流输出开关 1QK。
13) 断开 2G 晶闸管整流装置直流输出开关 2QK。
14) 断开 2G 晶闸管整流装置直流输出开关 3QK。
15) 断开 2G 晶闸管整流变压器 ZBG—2 隔离开关。
16) 检查断开 2G 初励开关 2KQD。
17) 断开 2G 中性点消弧线圈 2L—2 隔离开关。
18) 退出 2G 发电机保护跳 202、102、200、802 出口压板。
19) 断开 2CG—2 机端电容器隔离开关。
20) 退出 02 断路器的操作电源。
21) 检查 2G 转速为零。
22) 按 2G 检修工作票要求。
a. 检查 21 隔离开关断开，挂上"禁止合闸，有人工作！"标示牌。
b. 检查 2L—2 隔离开关断开；挂上"禁止合闸，有人工作！"标示牌。
c. 检查 1TV—2 隔离开关断开；挂上"禁止合闸，有人工作！"标示牌。
d. 检查 2TV—2 隔离开关断开；挂上"禁止合闸，有人工作！"标示牌。
e. 验明 21 隔离开关发电机侧确无电压。
f. 在 21 隔离开关和 02 断路器间挂上三相短路接地线一组。
g. 在 02 断路器发电机侧进行放电。
h. 在 02 断路器发电机侧挂上三相短路接地线一组。
i. 在 2G 中性点 2L—2 隔离开关发电机侧挂上接地线一组。
j. 在 2G 发电机的检修工作范围设置遮栏。
k. 在 2G 发电机上挂"在此工作"标示牌。

(4) 质量要求。
1) 操作票要字迹清楚。
2) 操作设备要写双重名称。
3) 操作票不准合项、并项。
4) 操作顺序不能涂改，不能跳项更改。
5) 该题要求在操作票中做全安全措施。
6) 运行人员在自动停机过程中要严密监护整个过程，出现环节问题时能迅速做出正确的处理。
7) 运行人员平时应做好停机过程中部分自动系统失灵及断路器跳闸回路拒动时应如何处理的预想。例如，当发电机转速下降至额定转速 35% 以下时，刹车系统是否自动投入，若不能自动投入应懂得手动投入的方法等，以便在出问题时能迅速做出正确的处理。

(5) 评分标准。

1) 自动停机正确，3分；停电隔离正确，15分；安全措施正确，12分。
2) 因走错间隔发停错发电机，误拉闸，错合接地刀闸，记0分。
3) 对晶闸管整流装置进行隔离时，漏断一个隔离开关或断路器，扣2分。
4) 漏查初励断路器位置，扣1分。
5) 电压互感器不退，扣10分，退出电压互感的操作顺序不对，扣2分。
6) 做安全措施前不检查发电转速为0，扣2分。
7) 挂标示牌不查确断，扣1分，漏挂标示牌，一个扣1分。
8) 接地前不进行验电，漏一处扣5分。
9) 发电机中性点侧接地前不进行放电，扣5分。
10) 漏接地操作一处，扣5分。

### 3.12.2 任务　水电站仿真系统3号机组在正常运行方式下运行转检修

（1）要求。可以用计算机自动停机过程完成发电机停机操作，完成3号机组停电及安全措施（包括励磁系统）。

（2）工具、材料设备场地。水电站仿真系统：3G机组盘台（图3.11）、3G同期操作界面（图3.11）、3G计算机停机监控屏（图3.10）、3G保护屏（图3.12）、3G机组状态屏、3G励磁系统、110kV系统。

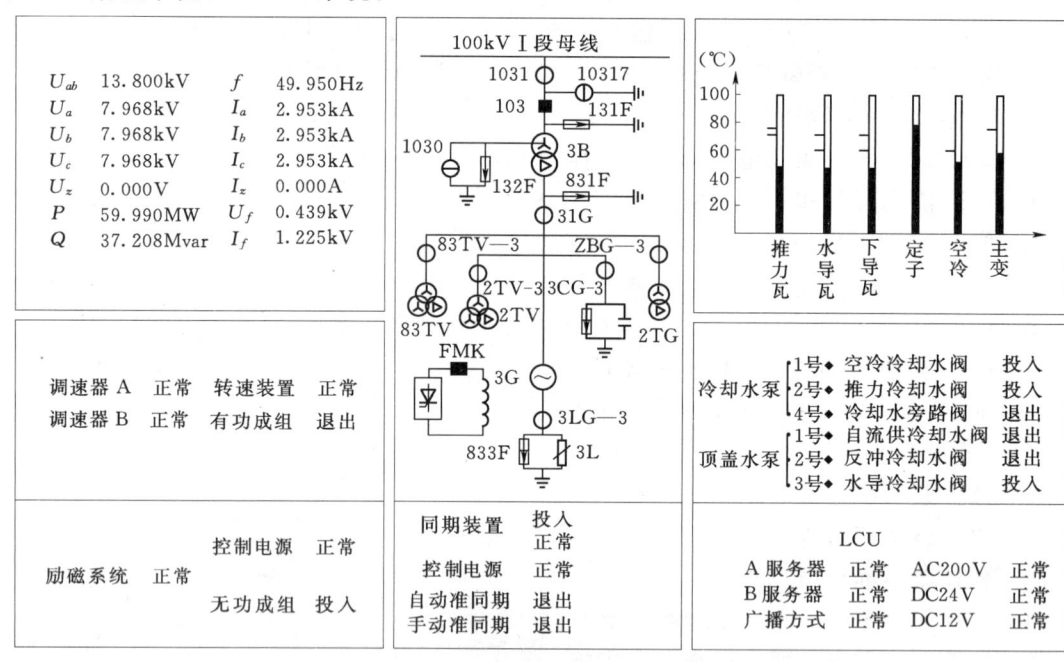

图3.10　水电站仿真系统3G计算机停机监控屏

（3）参考步骤。

1) 合上3T变压器110kV中性点1030隔离开关。
2) 检查3G自动停机条件满足。
3) 发3G停机指令，监视自动停机过程。
4) 待103断路器和3FMK开关自动断开。

3.12 项目　发电机运行转检修的操作

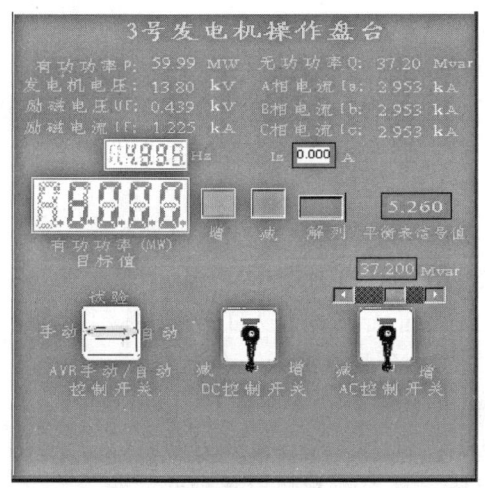 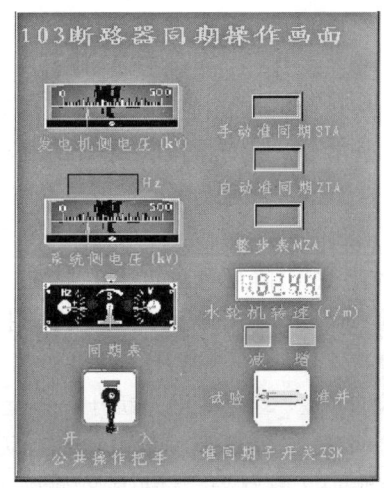

图 3.11　水电站仿真系统 3G 机组操作盘台和 103 断路器同期操作界面

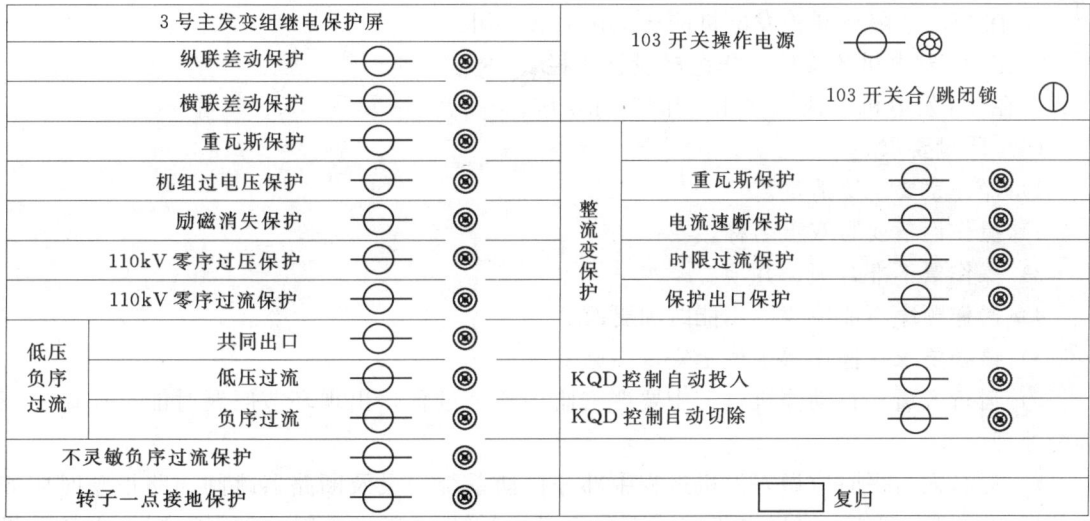

图 3.12　水电站仿真系统 3 号主发变组继电保护操作界面

5) 检查 103 断路器确已断开。
6) 断开 1031 隔离开关。
7) 取出 3G 电压互感器 83TV 二次熔断器,断开 83TV—3 电压互感器隔离开关。
8) 取出 3G 电压互感器 2TV 二次熔断器,断开 2TV—3 电压互感器隔离开关。
9) 检查 3G 灭磁断路器 3FMK 确断。
10) 断开 3G 晶闸管整流装置交流输入 1SP 开关。
11) 断开 3G 晶闸管整流装置交流输入 2SP 开关。
12) 断开 3G 晶闸管整流装置交流输入 3SP 开关。
13) 断开 3G 晶闸管整流装置直流输出刀开关 1QK。
14) 断开 3G 晶闸管整流装置直流输出刀开关 2QK。
15) 断开 3G 晶闸管整流装置直流输出刀开关 3QK。

16) 断开3G晶闸管整流变压器ZBG—3电源隔离开关。
17) 检查断开3G初励开关3KQD，断开31隔离开关。
18) 断开3CG—3机端电容器隔离开关；断开3G中性点消弧线圈3L—3隔离开关。
19) 退出3G发变组保护跳100出口压板；退出103断路器的操作电源。
20) 检查3G转速为零。
21) 退出3T冷却器工作电源；按3G检修工作票要求做到下列安全措施。
a. 检查1031隔离开关断开；挂上"禁止合闸，有人工作！"标示牌。
b. 检查83TV—3隔离开关断开；挂上"禁止合闸，有人工作！"标示牌。
c. 检查2TV—3隔离开关断开；挂上"禁止合闸，有人工作！"标示牌。
d. 检查3L—3隔离开关断开；挂上"禁止合闸，有人工作！"标示牌。
e. 验明1031隔离开关发电机侧确无电压，合上10317接地刀闸。
f. 验明103断路器3T变压器侧确无电压，挂上三相短路接地线一组。
g. 在3L—3隔离开关发电机侧进行放电。
h. 在3L—3隔离开关发电机侧挂上接地线一组。
i. 在3G发电机的检修工作范围设置遮栏。
j. 在3G发电机上挂"在此工作！"标示牌。

(4) 质量要求。
1) 操作票要字迹清楚。
2) 操作设备要写双重名称。
3) 操作票不准合项、并项。
4) 操作顺序不能涂改，不能跳项更改。
5) 该题要求在操作票中做全安全措施。
6) 运行人员在自动停机过程中要严密监护整个过程，出现环节问题时能迅速做出正确的处理。
7) 运行人员平时应做好停机过程中部分自动系统失灵及断路器跳闸回路拒动时应如何处理的预想。例如，当发电机转速下降至额定转速35%以下时，刹车系统是否自动投入，若不能自动投入应懂得手动投入的方法等，以便在出问题时能迅速做出正确的处理。

(5) 评分标准。
1) 自动停机正确，3分，停电隔离正确，15分，安全措施正确，12分。
2) 因走错间隔停错发电机，误拉闸，错合接地刀闸，记0分。
3) 停机前不合3T中性点接地刀闸，扣2分。
4) 对晶闸管整流装置进行隔离时漏断一个隔离开关或断路器，扣2分。
5) 电压互感器不退，扣10分，退出电压互感器的操作顺序不对，扣2分
6) 漏查初励开关位置，扣1分。
7) 做安全措施前不检查发电转速为0，扣2分。
8) 挂标示牌不查确断，扣1分，漏挂标示牌一个扣1分。
9) 接地前不进行验电，漏一处扣5分。
10) 发电机中性点侧接地前不进行放电，扣5分。

11) 漏接地操作，一处扣 5 分。

## 3.13 项目　厂用电切换操作

### 3.13.1 任务　水电站仿真系统 6kV Ⅰ 段厂用电切换操作

（1）要求。利用 ABP（BZT）完成切换。

（2）工具、材料设备场地。水电站仿真系统：6kV 厂用电系统（图 3.4）、ABP（BZT）装置屏（图 3.13）。

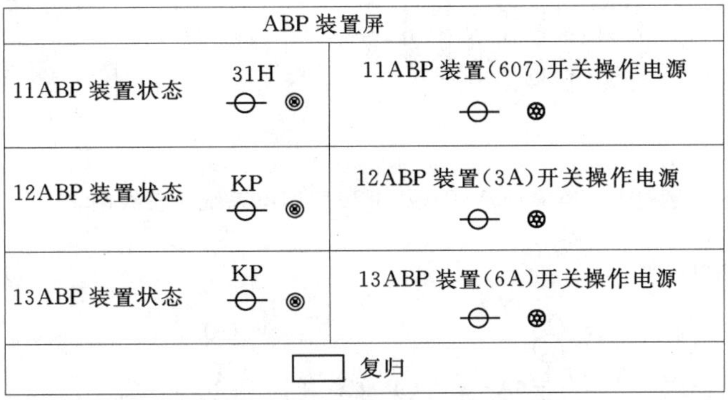

| ABP 装置屏 | | | |
|---|---|---|---|
| 11ABP 装置状态 | 31H ⊖ ⊚ | 11ABP 装置（607）开关操作电源 | ⊖ ⊚ |
| 12ABP 装置状态 | KP ⊖ ⊚ | 12ABP 装置（3A）开关操作电源 | ⊖ ⊚ |
| 13ABP 装置状态 | KP ⊖ ⊚ | 13ABP 装置（6A）开关操作电源 | ⊖ ⊚ |
| | | 复归 □ | |

图 3-13　ABP（BZT）装置屏操作界面

（3）参考步骤。
1）通知机械运行人员厂用电瞬间停电。
2）断开 604 断路器。
3）检查 607 断路器自动合闸。
4）检查 6kV Ⅰ 母线电压正常。
5）检查 11ABP 动作指示正常。
6）退出 11ABP。
7）复归 11ABP。
8）对厂用电系统进行检查，恢复因低压引致跳闸的设备。

### 3.13.2 任务　水电站仿真系统 400V 厂用电切换操作（对 6kV Ⅰ 段运行转检修操作前）

（1）要求。利用 ABP 完成切换。

（2）工具、材料设备场地。水电站仿真系统：400V Ⅰ 段、Ⅱ 段厂用电系统（图 3.14）、400V Ⅲ 段、Ⅳ 段厂用电系统（图 3.15）、ABP 装置屏。

（3）参考步骤。
1）通知机械值班人员厂用电瞬间停电。
2）断 605 断路器。（连锁 1A 断路器跳）
3）检查 12ABP 动作指示正常。
4）退出 12ABP，复归 12ABP。
5）检查 1A 开关确断，断开 1A—1 隔离开关。

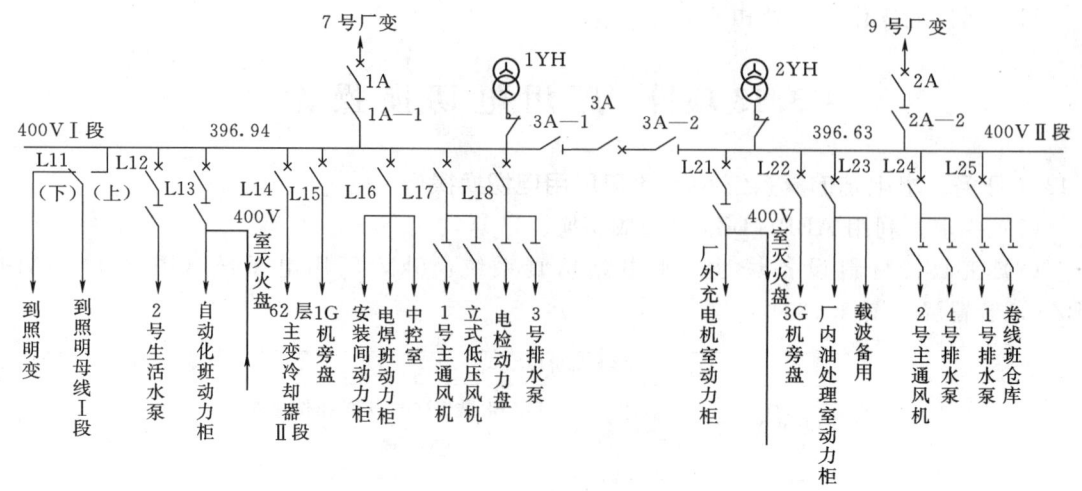

图 3.14 400V Ⅰ段、Ⅱ段厂用电系统主接线图

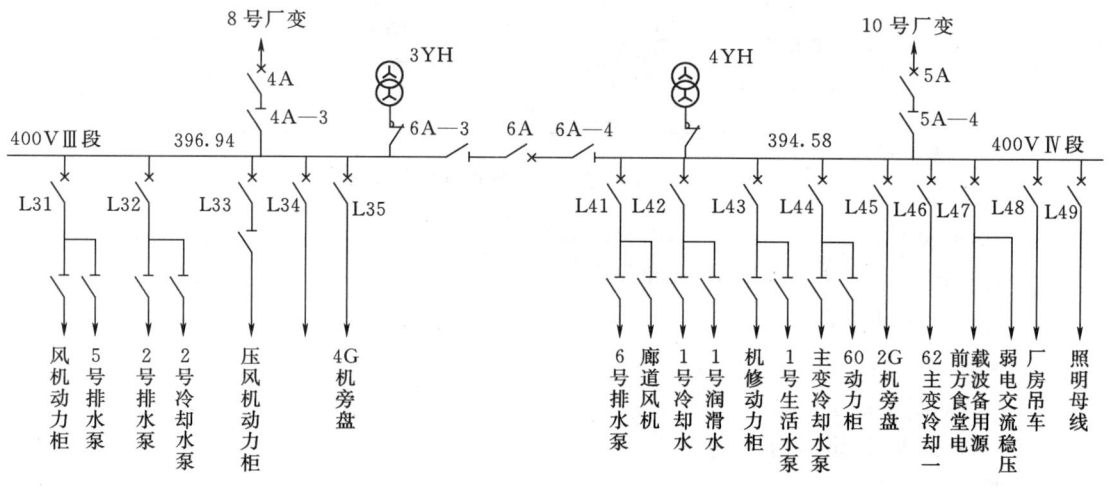

图 3-15 400V Ⅲ段、Ⅳ段厂用电系统

6) 断开 606 断路器。（连锁 4A 开关跳）
7) 检查 13ABP 动作指示正常。
8) 退出 13ABP，复归 13ABP。
9) 检查 4A 开关确断，断开 4A—3 隔离开关。
10) 对厂用电系统进行检查，恢复因低压引致跳闸的设备。

## 3.14 项目  厂用电恢复操作

**任务  水电站仿真系统 6kV Ⅰ段恢复正常操作**

（1）要求：400V ABP 不能动作。

(2) 工具、材料设备场地。水电站仿真系统：6kV 厂用电系统、ABP 装置屏。

(3) 参考步骤。

1) 通知机械运行人员厂用电瞬间停电。

2) 断开 607 断路器。

3) 合上 604 断路器。（1.8s 内完成，否则 12ABP、13ABP 动作。）

4) 检查 604 断路器合上。

5) 检查 6 kV Ⅰ 母线电压正常。

6) 投入 11ABP。

7) 确认 12ABP、13ABP 未动作。

8) 对厂用电系统进行检查，恢复因低压引致跳闸的设备。

## 3.15 项目　改变变压器状态的操作

### 3.15.1 任务　变压器相关知识学习

**1. 变压器状态**

(1) 运行状态。各侧断路器及其隔离开关均在合闸位置，使变压器与相邻设备电气上连通（空载运行状态：只有一电源侧断路器及其隔离开关均在合闸位置）。

(2) 热备用状态。各侧断路器均在断开位置，各侧（或至少有一侧）隔离开关在合闸位置。

(3) 冷备用状态。各侧断路器及隔离开关均在断开位置（包括连接在变压器上的电压互感器），且应取下各侧断路器的操作及合闸电源。

(4) 检修状态。在冷备用状态下，在可能来电的各侧引线均装设一组接地线，或各侧隔离开关的变压器侧均合上接地刀闸。

**2. 变压器的允许运行方式**

油冷却的变压器正常运行时，无论是空载或带多少负荷均应启用冷却器，并必须有一台备用。

冷却器工作状态分为工作、辅助、备用三种。由控制装置根据负荷及温度状况来自动控制。冷却器工作的组数应根据负荷多少和温升变化来配备，并且考虑位置分布均匀对称。

温度表指示变压器上层油温，为防止绝缘油加速劣化，一般不得超过环境气温与额定温升之和，仿真水电站环境气温定为 25℃，1T、2T、3T、4T 主变的额定温升是 45℃，因此上层油温规定不能超过 70℃。

水电站仿真系统主变的冷却器系统按负载情况，自动投入或切除相应数量的冷却器。在额定负载的 75% 以下时投入工作冷却器，其数量由下式得出

$$N_1 = \frac{P_0 + 0.75^2 P_k}{P}(N - N_3)$$

式中：$N_1$ 为工作冷却器数量（化整），台；$N$ 为变压器的冷却器总数量，台；$N_3$ 为备用冷却器数量（通常为一台）；$P_0$ 为变压器的空载损耗，kW；$P_k$ 为变压器额定负载时的负载损耗，kW；$P$ 为变压器额定负载时的总损耗，kW。

在额定负载的 75% 以上时再自动投入辅助冷却器,其数量由下式得出

$$N_2 = N - (N_1 + N_3)$$

式中：$N_2$ 为辅助冷却器数量,台。

工作冷却器与辅助冷却器应间隔交替沿油箱体周围均匀对称分布。

当变压器的负载虽未达到 75% 额定负载,但变压器顶层油温已达到 55℃ 以上时要投入辅助冷却器。

油泵在冷油中运转的电动机需要的功率比在热油中运转大时,如果油温不低于 10℃ 油泵可以正常运行,如果油温继续下降,可根据情况将部分工作冷却器置于辅助运行状态,剩下的工作冷却器不能少于两台,必要时停止部分或全部风扇运转,油泵运转而风扇停转时,其冷却容量约为额定值的 10%。

水电站仿真系统主变在低负荷运行时,可以切除部分冷却器。

1、2 号主变冷却器全部失去电源时,只允许再继续满载运行 15~20min 后应立即将所有线圈从网络中切除。

1、2 号主变强迫油循环风冷,其过负荷不应超过 20%,在变压器过负荷运行时,应投入全部工作冷却器,事故过负荷的容许值参照表 3.3 执行。

表 3.3　　　　　　　　主变压器事故过负荷容许时间　　　　　　　单位：h　min

| 过负荷倍数 | 环境温度（℃） | | | | |
|---|---|---|---|---|---|
| | 0 | 10 | 20 | 30 | 40 |
| 1.1 | 24　00 | 24　00 | 24　00 | 14　30 | 5　10 |
| 1.2 | 24　00 | 21　00 | 8　00 | 3　30 | 1　35 |
| 1.3 | 11　00 | 5　10 | 2　45 | 1　30 | 0　45 |
| 1.4 | 3　40 | 2　10 | 1　20 | 0　45 | 0　15 |
| 1.5 | 1　50 | 1　10 | 0　40 | 0　16 | 0　07 |
| 1.6 | 1　00 | 0　35 | 0　10 | 0　08 | 0　05 |
| 1.7 | 0　30 | 0　15 | 0　09 | 0　05 | + |

变压器可以在正常过负荷和事故过负荷的情况下运行,正常过负荷可以经常出现,其容许值根据变压器负荷曲线、冷却介质温度以及过负荷前的变压器所带的负荷确定,事故过负荷只允许在事故情况下使用,主变存在较大缺陷时不准过负荷运行,全天满负荷运行的变压器不允许过负荷运行。对于变压器正常过负荷倍数、持续时间、需要地区年等值环境温度、变压器的冷却方式和容量按有关运行规程执行。

变压器过负荷时,应将当时的电流、有功功率、无功功率、母线电压、主变本体温度、远方测量温度、外温及过负荷持续时间分别详细地记录在运行记录内,核对正确后记入变压器档案内。

变压器外加一次电压可以较额定电压高,但一般不得超过相应分接头电压 5%,无论电压分接头在任何位置,如果所加的一次电压不超过相应额定值的 5%,则变压器二次侧可带额定电流。

## 3.15.2 任务 主变运行转检修操作知识学习

1. 操作导则

(1) 变压器停电操作。停电操作一般应先停低压侧,再停中压侧,最后停高压侧(升压变压器和并列运行的变压器停电时可根据实际情况调整顺序);操作过程中可以先将各侧断路器操作到断开位置,再逐一按照由低到高的顺序操作隔离开关到断开位置(隔离开关的操作须按照先拉变压器侧隔离开关,再拉母线侧隔离开关的顺序进行)。

(2) 在 110kV 及以上中性点直接接地系统中,变压器停、送电及经变压器向母线充电时,在操作前必须将中性点接地开关合上,操作完毕后按系统方式要求决定是否拉开。

(3) 如果变压器停运前温度较高,冷却器的停用应在变压器停运 30min 后。

2. 运行中的消弧线圈注意事项

(1) 在系统有接地时,消弧线圈不得脱离系统。

(2) 1 号消弧线圈可以带电调节电抗电流值,可进行远方或就地电动操作,也可以就地手动操作,必须由两人执行。1 号消弧线圈在进行电动调节后,应到现场检查分接头的位置,检查设备有无异常。

(3) 2 号消弧线圈需要调节电抗电流值时,必须停电后进行调节,必须由两人执行。

(4) 消弧线圈为户内油浸风冷式,在线路有接地时,1 号消弧线圈不能超过铭牌上规定的允许工作时间。2 号消弧线圈以连续工作 2h 为限,超过 2h 应请示调度切除故障线路。

(5) 系统接地时,应注意监视电抗电流,并及时地汇报调度。

## 3.15.3 任务 水电站仿真系统 1T 主变运行转检修(1G 已解列)

(1) 要求。首先做好 6kV 厂用电切换操作,然后对 1T 主变停电并做好安全措施。

(2) 工具、材料设备场地。水电站仿真系统:6kV 厂用电系统、电气主接线、ABP 装置屏、1G 保护屏、1T 保护屏(图 3.16)、1G 机组状态屏、1G 励磁系统。

(3) 参考步骤。

1) 写出水电站仿真系统 1T 主变运行转检修操作票(1G 已解列)。

2) 合上 3T 中性点 1030 接地隔离开关。

3) 通知机械运行人员厂用电瞬间停电。

4) 断开 604 断路器。

5) 检查 607 断路器自动合闸。

6) 检查 6kV Ⅰ 母线电压正常。

7) 检查 ABP 动作指示正常,退出 11ABP。

8) 复归 11ABP。

9) 断开 801 断路器。

10) 断开 101 断路器。

11) 断开 201 断路器。

12) 检查 801 断路器确断。

13) 检查 01 断路器确断。

14) 断开 12 隔离开关。

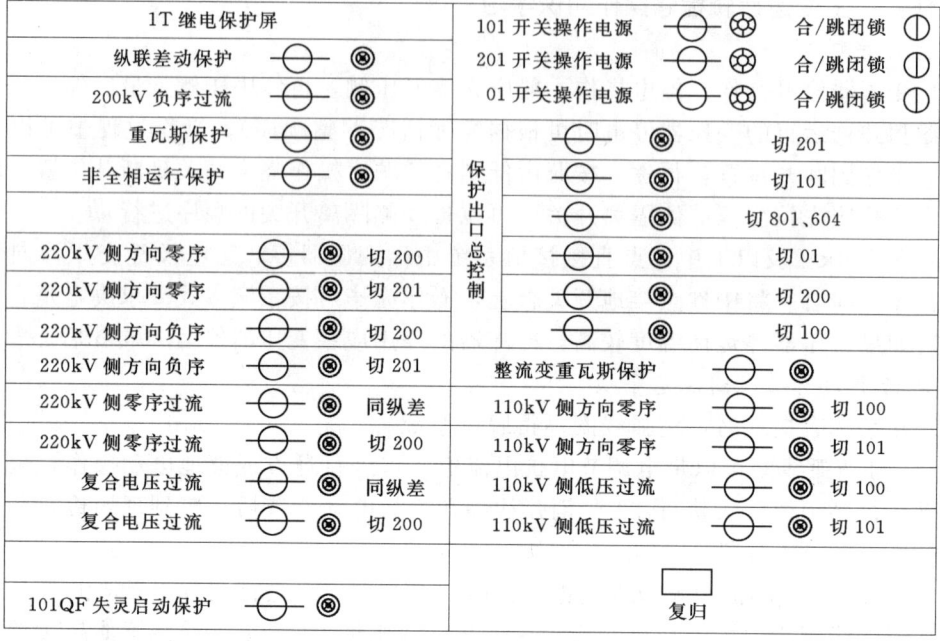

图 3.16　1T 主变保护屏

15）检查 101 断路器确断。
16）断开 1012 隔离开关。
17）断开 1011 隔离开关。
18）检查 201 断路器确断。
19）断开 2013 隔离开关。
20）断开 2011 隔离开关。
21）取出电压互感器 81TV 二次熔断器。
22）断开 81TV—1 隔离开关。
23）退出 1T 主变 101 断路器失灵保护。
24）退出 1T 主变各保护出口跳 200 断路器的出口压板。
25）退出 1T 主变各保护出口跳 100 断路器的出口压板。
26）退出 1T 主变各保护出口跳 801 断路器的出口压板。
27）退出 1G 主变事故保护出口压板。
28）退出 01 断路器操作电源。
29）退出 101 断路器操作电源。
30）退出 201 断路器操作电源。
31）退出 1T 主变冷却系统工作电源。
32）确认 2013 隔离开关断开；悬挂"禁止合闸，有人工作！"标示牌。
33）确认 1012 隔离开关断开；悬挂"禁止合闸，有人工作！"标示牌。
34）确认 81TV—1 隔离开关断开；悬挂"禁止合闸，有人工作！"标示牌。
35）确认 12 隔离开关断开；悬挂"禁止合闸，有人工作"标示牌。

36）验明 2013 隔离开关 1T 主变侧确无电压。

37）合上 20138 接地刀闸。

38）验明 1012 隔离开关 1T 主变侧确无电压。

39）在 1012 隔离开关 1T 主变侧挂三相短路接地线一组。

40）验明 12 隔离开关 1T 主变侧确无电压。

41）在 12 隔离开关 1T 主变侧进行放电操作。

42）在 12 隔离开关 1T 主变侧挂三相短路接地线一组。

43）按检修工作票的要求，完成其余安全措施。

（4）质量要求。

1）操作票要字迹清楚。

2）操作设备要写双重名称。

3）操作票不准合项、并项。

4）操作顺序不能涂改，不能跳项更改。

5）该题要求在操作票中做全安全措施。

（5）评分标准。

1）厂用电切换正确，6 分，变压器停电隔离正确，12 分，安全措施正确，12 分。

2）未通知机械运行人员厂用电瞬间停电，扣 1 分。

3）备用电源自投装置动作后必进行相应的检查和操作，漏一项检查扣 1 分，漏一项操作扣 2 分。

4）变压器停电操作不按顺序，扣 5 分。

5）对变压器进行隔离开关不按顺序，扣 5 分。

6）电压互感器不退，扣 10 分；退出电压感器的操作顺序不对，扣 2 分

7）漏退一个操作电源，扣 1 分。

8）对 101 断路器停电后，退出保护和操作电源顺序不对，扣 2 分。

9）挂标示牌前不查确断，扣 1 分，漏挂标示牌，一个扣 1 分。

10）接地前不进行验电漏，一处扣 5 分。

11）主变三角形侧接地前不进行放电，扣 5 分。

12）漏做接地操作，一处扣 5 分。

### 3.15.4 任务　水电站仿真系统 1T 主变运行转检修，1 号厂用变转为冷备用

（1）要求。在 4 台发电机组已停机，水电站作变电站运行的工况条件下，写出操作步骤并完成操作。先断开 610 断路器切换厂用电，然后完成 1 号厂变和 1B 主变停电操作，将 1T 主变转入检修状态。

（2）工具、材料设备场地。水电站仿真系统：6kV 厂用电系统、1 号厂变保护屏；ABP 装置屏、1T 主变保护屏、电气主接线。

（3）参考步骤。

1）断开 604 断路器。

2）检查 607 断路器自动合闸。

3）检查 6kV Ⅰ母线电压正常。

4）检查 ABP 动作指示正常，退出 11ABP。

5）复归 11ABP。

6）断开 801 断路器。

7）检查 604 断路器确断。

8）断开 6041 隔离开关。

9）检查 801 断路器确断。

10）断开 8011 隔离开关。

11）取下 81TV 二次熔断器；断开 81TV—1 隔离开关；断开 12 隔离开关。

12）断开 101 断路器。

13）断开 201 断路器。

14）检查 101 断路器确断。

15）断开 1012 隔离开关。

16）断开 1011 隔离开关。

17）检查 201 断路器确断。

18）断开 2013 隔离开关。

19）断开 2011 隔离开关。

20）退出 1T 主变 101 断路器失灵保护。

21）退出 1T 主变各保护出口跳 200 断路器的出口压板。

22）退出 1T 主变各保护出口跳 100 断路器的出口压板。

23）退出 1T 主变各保护出口跳 801 断路器的出口压板。

24）退出 1 号厂用变保护总出口压板 11XB、12XB、13XB。

25）退出 801 断路器操作电源。

26）退出 101 断路器操作电源。

27）退出 201 断路器操作电。

28）退出 1T 主变冷却系统工作电源。

29）验明 2013 隔离开关 1T 主变侧确无电压。

30）合上 20138 接地刀闸。

31）验明 1012 隔离开关 1T 主变侧确无电压。

32）在 1012 隔离开关 1T 主变侧挂三相短路接地线一组。

33）验明 12 隔离开关 1T 主变侧确无电压。

34）在 12 隔离开关 1T 主变侧进行放电操作。

35）在 1T 主变与 12 隔离开关之间挂三相短路接地线一组。

36）按检修工作票的要求，完成其余安全措施。

### 3.15.5 任务　水电站仿真系统 2T 主变检修转运行

1. 主变检修转运行操作知识学习

（1）油循环的变压器在投运前应先启用其冷却装置；对强油循环水冷变压器，应先投入油系统，再启用水系统。水冷却器冬季停用后应将水全部放尽。

（2）变压器的充电，各侧都是电源侧的变压器，按先高压侧、后中压侧、再低压侧的

## 3.15 项目 改变变压器状态的操作

顺序送电，停运时应按先低压侧，后中压侧，再高压侧的顺序停运。单侧电源的变压器应当由装有保护装置的电源侧用断路器操作，按先电源侧，后负荷侧的顺序送电，停运时应先停负荷侧，后停电源侧。

（3）在110kV及以上中性点有效接地系统中，投运或停运变压器的操作，中性点必须先接地。投入后可按系统需要决定中性点是否断开。

（4）消弧线圈从一台变压器的中性点切换到另一台变压器的中性点时，必须先将消弧线圈断开后再切换。不得将两台变压器的中性点同时接到一台消弧线圈的中性母线上。

（5）充电前应仔细检查充电侧母线电压，保证充电后各侧电压不超过规定值。

（6）对单侧电源的双卷变压器，在以上条件满足后，开始做投入操作，首先合好保护压板及操作电源开关。然后合两侧的一次隔离开关，合电源侧断路器，检查变压器一切正常后，再合负荷侧一次断路器。

（7）新投运的变压器应经5次全电压冲击合闸。进行过器身检修及改动的老变压器应经3次全电压冲击合闸无异常现象发生后投入运行。励磁涌流不应引起保护装置的误动作。

（8）变压器充电后，检查各仪表指示是否正常，所有开关位置指示牌及指示信号都应反映正常。合闸后仔细观察变压器运行情况，变压器各密封面及焊缝不应有渗漏油现象。

（9）投运后气体继电器内部可能出现积气，应及时收取气体继电器中的气体，并对收集的气体进行色谱分析。

**2. 2T主变检修转运行任务**

2T主变检修转运行操作前的初态是2G在单机带2号厂用分支运行。

（1）要求。首先切换厂用电，然后2G手动解列，恢复2T的运行，最后将2G自动同期并列。（不要求在该操作票中恢复6kV厂用电正常运行方式。）

（2）工具、材料设备场地。水电站仿真系统：6kV厂用电系统、2G机组状态屏、ABP装置屏、2G保护屏、2T保护屏（图3.17）、电气主接线、3G计算机开机监控屏。

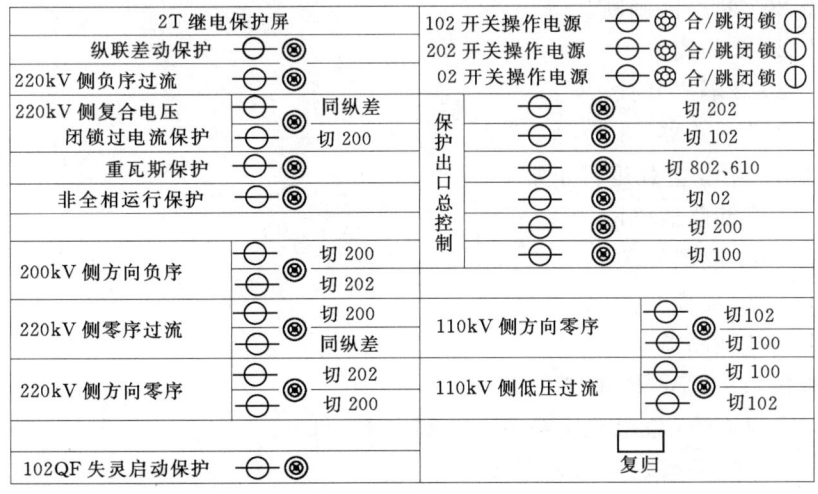

图3-17 2T主变保护屏

（3）参考步骤。

1）断开 20238 接地刀闸。

2）拆除 22 隔离开关 2T 变压器之间三相短路接地线一组。

3）拆除 1022 隔离开关 2T 变压器之间三相短路接地线一组。

4）取下 2023 隔离开关的"禁止合闸，有人工作！"标示牌。

5）取下 1022 隔离开关上的"禁止合闸，有人工作！"标示牌。

6）取下 22 隔离开关的"禁止合闸，有人工作！"标示牌。

7）撤除检修工作票上所设其他安全措施。

8）检查投入 2T 主变冷却系统工作电源。

9）投上 202 断路器操作电源。

10）投上 102 断路器操作电源。

11）检查投入 2T 各保护。

12）通知机械运行人员厂用电瞬间停电。

13）断开 610 断路器。

14）检查 607 断路器自投成功。

15）检查 6kV Ⅱ母线电压正常。

16）检查 ABP 动作指示正常，退出 11ABP。

17）复归 11ABP。

18）断开 802 断路器。

19）断开 02 断路器。

20）检查 802 断路器确断。

21）检查 02 断路器确断。

22）合上 22 隔离开关。

23）检查电压互感器 82TV—1 隔离开关合上，投上二次熔断器。

24）检查 202 断路器确断。

25）合上 2022 隔离开关。

26）合上 2023 隔离开关。

27）合上 202 断路器。

28）检查 2T 主变空载运行正常。

29）检查 102 断路器确断。

30）合上 1021 隔离开关。

31）合上 1022 隔离开关。

32）合上 102 断路器。

33）检查投入 2G AVR 在"手动"位。

34）用 DC 调整 2G 发电机空载电压为额定 13.8kV。

35）调节 AC 使平衡表指示为零。

36）投 2G AVR 在"自动"位。

37）启动 2G 计算机自动同期合上 02 断路器。

38)给 2G 带满负荷。

（4）质量要求。

1)该题要求在操作票中拆除安全措施。

2)操作票要字迹清楚。

3)操作设备要写双重名称。

4)操作票不准合项、并项。

5)操作顺序不能涂改，不能跳项更改。

6)手动（或自动）准同期并网操作中要检查同期组合表频率差和电压差指针指在允许范围内才能投"准并"，并网后正确退出同期装置。

（5）评分标准。

1)拆除安全措施正确，5 分，厂用电切换正确，5 分，变压器送电正确，14 分，2G 并网带负荷操作正确，6 分

2)漏拆除标示牌，一项扣 1 分。

3)接地未撤除进行送电，记 0 分。

4)未通知机械运行人员厂用电瞬间停电，扣 1 分。

5)备用电源自投装置动作后必进行相应的检查和操作中，漏一项检查扣 1 分，漏一项操作扣 2 分。

6)变压器送电前投操作电源和检查保护的顺序不对，扣 1 分。

7)变压器送电前漏检查保护投入，扣 5 分。

8)对变压器送电顺序不对，扣 10 分。

9)不检查变压器电压互感器，扣 1 分。

### 3.15.6 任务　水电站仿真系统 2T 主变及 2 号厂用分支检修转运行

此操作用 4 台发电机组已停机，水电站作变电站运行的初态。

（1）要求。按给定操作任务填写操作票。先撤除 2 号厂用分支及 2T 主变的各项安全措施，用 202 断路器完成对 2T 主变充电考验，恢复 110kV 侧送电，然后恢复 2 号厂用分支送电，最后将 6kV 厂用电系统恢复到正常运行方式。

（2）工具、材料设备场地。水电站仿真系统：6kV 厂用电系统、2 号厂变保护屏（图 3.18）；ABP 装置屏、2T 主变保护屏、电气主接线。

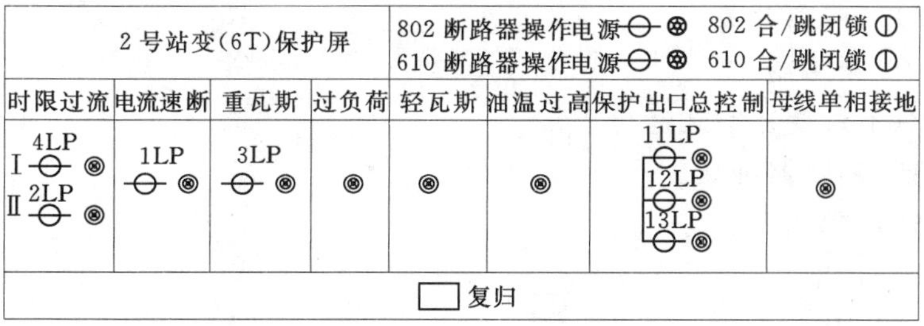

图 3-18　2 号站变保护屏

(3) 参考步骤。

1) 断开 20238 接地刀闸。
2) 撤除 1022 隔离开关 2T 主变侧三相短路接地线一组。
3) 撤除 2T 主变与 22 隔离开关之间三相短路接地线一组。
4) 撤除 2023 隔离开关"禁止合闸，有人工作！"标示牌。
5) 撤除 1022 隔离开关"禁止合闸，有人工作！"标示牌。
6) 撤除 22 隔离开关"禁止合闸，有人工作！"标示牌。
7) 撤除 8021 隔离开关 802 断路器（6T 厂变）侧三相短路接地线一组。
8) 撤除 6102 隔离开关 610 断路器（6T 厂变）侧三相短路接地线一组。
9) 撤除 8021 隔离开关"禁止合闸，有人工作！"标示牌。
10) 撤除 6102 隔离开关"禁止合闸，有人工作！"标示牌。
11) 检查投入 2T 主变冷却系统工作正常。
12) 投入 102 断路器操作电源。
13) 投入 202 断路器操作电源。
14) 检查投入 2T 主变各保护。
15) 入 2T 主变保护各出口压板。
16) 投入 802 断路器操作电源。
17) 检查投入 2 号厂用变各保护。
18) 投入 2 号厂用变保护总出口压板 11LP、12LP、13LP。
19) 检查 202 断路器确断。
20) 合上 2021 隔离开关。
21) 合上 2023 隔离开关。
22) 合上（合 3 次）202 断路器；检查 2T 主变空载运行正常。
23) 检查 102 断路器确断。
24) 合上 1021 隔离开关。
25) 合上 1022 隔离开关。
26) 合上 102 断路器。
27) 检查 802 断路器确断。
28) 合上 22 隔离开关。
29) 合上 8021 隔离开关。
30) 合上 802 断路器。
31) 检查（6T 厂变）空载运行正常。
32) 检查 610 断路器确断。
33) 合上 6101 隔离开关。
34) 退出 12ABP。
35) 退出 13ABP。
36) 断开 607 断路器。
37) 合上 610 断路器。

38) 检查 6.3kV Ⅱ母线电压正常。

39) 投入 11ABP。

40) 投入 12ABP。

41) 投入 13ABP。

(4) 质量要求。

1) 操作票要字迹清楚。

2) 操作设备要写双重名称。

3) 操作票不准合项、并项。

4) 操作顺序不能涂改,不能跳项更改。

5) 该题要求在操作票中做全安全措施。

6) 操作票要有结束标志。

(5) 倒闸操作评分的补充说明。

1) 操作过程中出现原则性错误(如:带负荷拉、合隔离开关,带地线送电,设备无保护运行,发电机非同期并列、甩负荷,误拉断路器造成停电,发生事故等),一律记 0 分。

2) 断路器送电前,不查断路器确断即合隔离开关,扣 5 分,合隔离开关顺序不对,扣 5 分。

3) 断路器停电后,不查确断即断合隔离开关,扣 5 分,断隔离开关不按顺序,扣 5 分。

## 附件 3.1 仿 真 工 作 环 境

水电站仿真工作环境示例如图 3.19 所示。

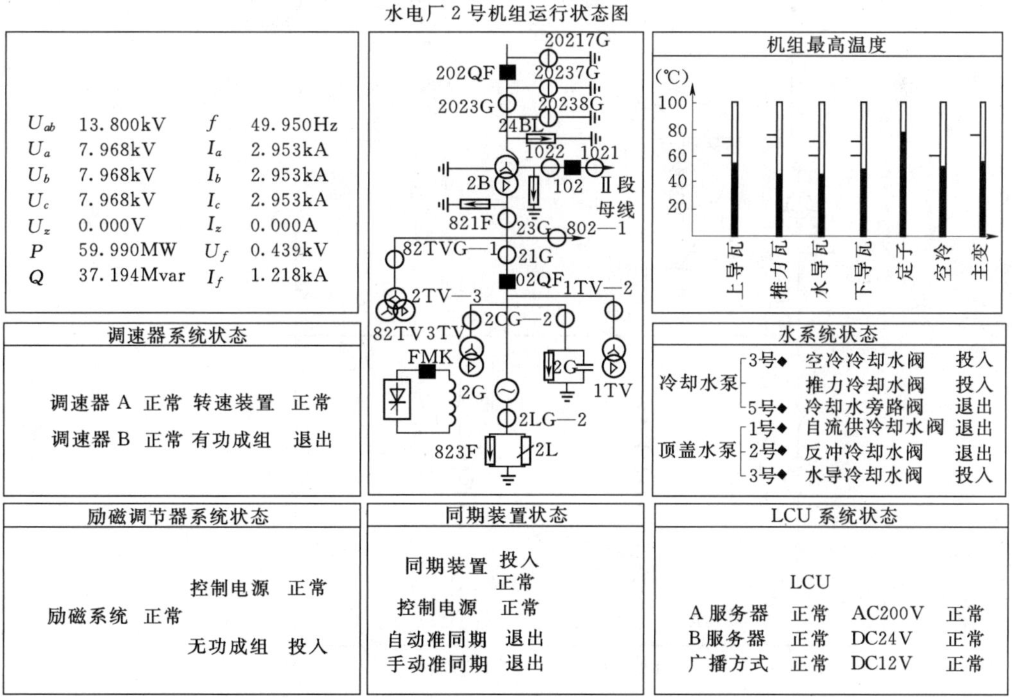

图 3.19 水电站仿真工作环境示例

## 附件 3.2 水电站仿真系统电气主接线

220kV、1G、2G、6kV、400V 系统图如图 3.20 所示。

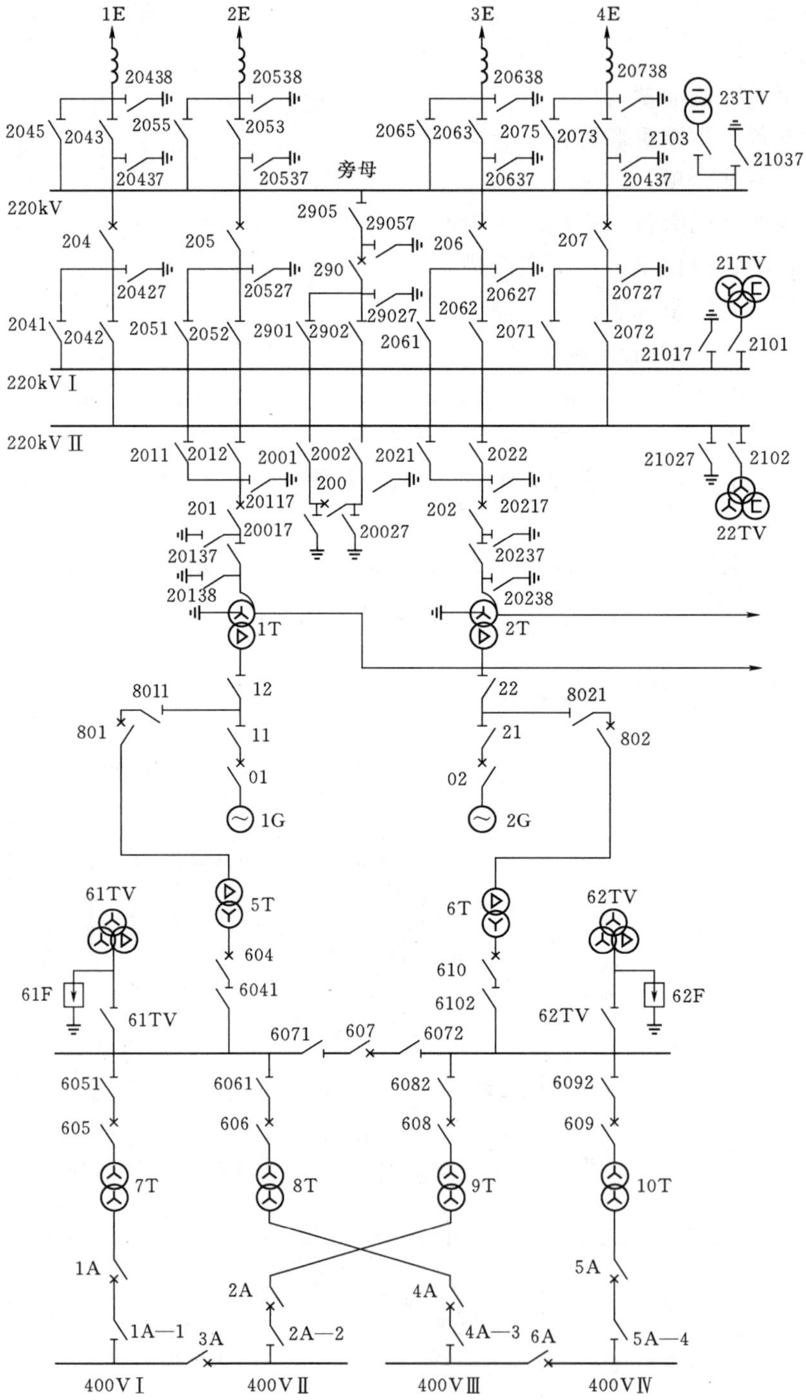

图 3.20 220kV、1G、2G、6kV、400V 系统图

## 附件 3.3　110kV、2G 主系统

110kV、2G 主系统如图 3.21 所示。

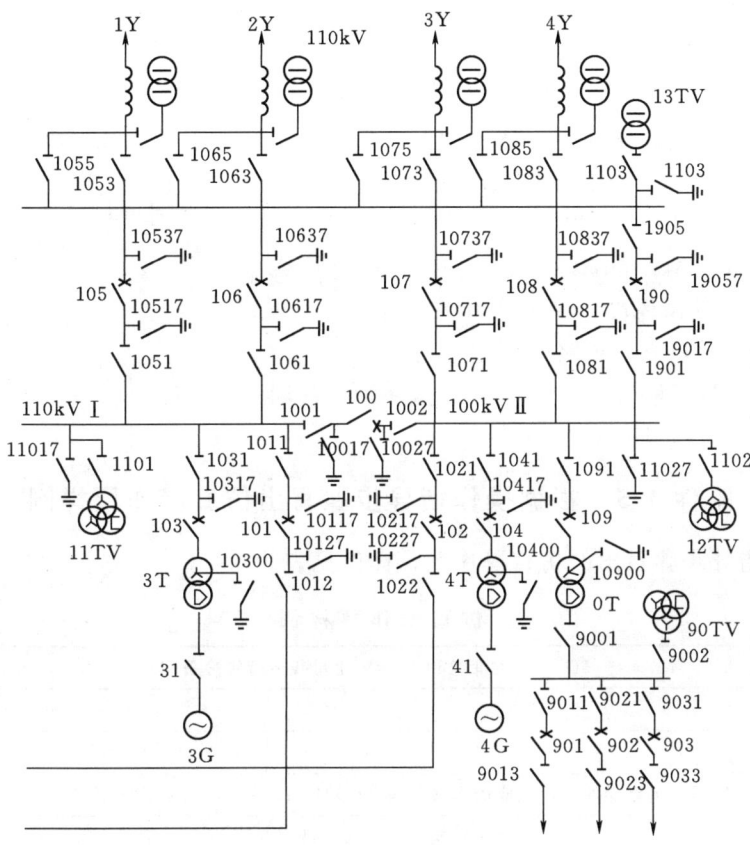

图 3.21　110kV、2G 主系统图

## 附件 3.4　水电站仿真系统主电气设备额定参数

1. 发电机

额定容量：60MW。

额定电压：13.8kV。

定子额定电流：2954A。

功率因数：0.85。

转子电压：439V。

转子电流：1235A。

额定转速：62.5r/min。

2. 变压器

(1) 1T、2T 主变（自耦变压器，强制油循环风冷，中性点直接接地）。

额定容量：150MVA，短路电压 13.85%（高中侧）。

额定电压：242kV、121kV、13.8kV。

额定电流：358A、716A、3138A。

（2）3T、4T主变（强制油循环风冷，中性点经隔离开关接地）。

额定容量：80MVA，短路电压10.1%。

额定电压：121kV、13.8kV。

额定电流：381.7A、3350A。

（3）5T、6T厂用高压变（自然、油循环自冷，中性点不接地或经高阻抗接地）。

额定容量：4MVA，短路电压5.8%。

额定电压：13.8kV、6.3kV。

额定电流：167A、366A。

（4）0号变（油浸风冷，经隔离开关接地）。

额定容量：16MVA，短路电压9.8%。

额定电压：115.5kV、11kV。

额定电流：84A、840A。

## 附件3.5  根据操作指导步骤写出仿真操作票样例

根据操作指导步骤写出的仿真操作票，样例见表3.4。

表3.4  仿真操作票样例

| 操作任务 | 3G、3T发变组和110kV Ⅰ母线运行转冷备用 | | 本题得分 | |
|---|---|---|---|---|
| 操作初态 | | | | |
| 开始时间 | | 结束时间 | | |
| 写出并审查操作票后完成操作（正确完成填写15分、正确完成操作15分） | | | | |
| √ | 序号 | 操作项目 | | 评分 |
| | 1 | 合上（3T）110kV中性点1030接地隔离开关，查合到位 | | |
| | 2 | 检查3G自动停机条件满足 | | |
| | 3 | 发3G停机指令 | | |
| | 4 | 监视停机过程直至停机结束 | | |
| | 5 | 待3G发变组103断路器和3FMK开关自动断开 | | |
| | 6 | 检查103断路器确断 | | |
| | 7 | 断开1031隔离开关，查确断到位 | | |
| | 8 | 取出3G电压互感器83TV二次熔断器 | | |
| | 9 | 断开3G电压互感器83TV—3隔离开关，查确断（查有光字报警） | | |
| | 10 | 取出3G电压互感器2TV二次熔断器 | | |
| | 11 | 断开3G电压互感器2TV—3隔离开关，查确断 | | |
| | 12 | 检查3G灭磁开关3FMK确断 | | |
| | 13 | 断开3G晶闸管整流装置交流输入熔断器1SP、2SP、3SP，查确断 | | |
| | 14 | 断开3G晶闸管整流装置直流输出刀开关1QK、2QK、3QK，查确断 | | |

附件 3.5　根据操作指导步骤写出仿真操作票样例

续表

| √ | 序号 | 操 作 项 目 | 评分 |
|---|---|---|---|
|   | 15 | 断开 3G 晶闸管整流变压器 ZBG—3 电源开关，查确断到位 |   |
|   | 16 | 检查 3KQD 初励开关确断 |   |
|   | 17 | 断开 3G 中心点 3L—3 隔离开关，查确断到位 |   |
|   | 18 | 退出 3G 发变组 103 断路器操作电源 |   |
|   | 19 | 检查 3G 转速为零 |   |
|   | 20 | 停用 3T 主变各组冷却器 |   |
|   | 21 | 退出 3T 主变冷却系统工作电源 |   |
|   | 22 | 检查 110kV 旁路母线电压互感器（13TV）1103 隔离开关和二次空气开关合上 |   |
|   | 23 | 投上 110kV 旁路 190 断路器操作电源 |   |
|   | 24 | 调整 190 距离保护Ⅰ、Ⅱ、Ⅲ定值与 106 同，并投入 |   |
|   | 25 | 调整 190 零序保护Ⅰ、Ⅱ、Ⅲ定值与 106 同，并投入 |   |
|   | 26 | 调整 190 接地距离保护Ⅰ、Ⅱ、Ⅲ定值与 106 同，并投入 |   |
|   | 27 | 投入 190 断路器失灵保护 |   |
|   | 28 | 检查 110kV 旁路母线 190 断路器确断 |   |
|   | 29 | 合上 1901 隔离开关，查 ABC 三相确合到位 |   |
|   | 30 | 合上 1905 隔离开关，查 ABC 三相确合到位 |   |
|   | 31 | 合上 110kV 旁路母线 190 断路器 |   |
|   | 32 | 检查 110kV 旁路母线电压正常 |   |
|   | 33 | 断开 110kV 旁路 190 断路器 |   |
|   | 34 | 检查 190 断路器确断 |   |
|   | 35 | 合上 110kV 2Y 线旁路 1065 隔离开关，查 ABC 三相确合到位 |   |
|   | 36 | 合上 110kV 旁路母线 190 断路器 |   |
|   | 37 | 检查 190 断路器三相电流平衡 |   |
|   | 38 | 断开 110kV 2Y 线 106 断路器 |   |
|   | 39 | 检查 106 断路器确断 |   |
|   | 40 | 断开 1063 隔离开关，查 ABC 三相确断到位 |   |
|   | 41 | 断开 1061 隔离开关，查 ABC 三相确断到位 |   |
|   | 42 | 退出 106 断路器高频保护 |   |
|   | 43 | 退出 106 断路器重合闸 |   |
|   | 44 | 投入 190 断路器高频保护 |   |
|   | 45 | 投入 190 断路器无压检定重合闸 |   |
|   | 46 | 断开 110kV 1Y 线 105 断路器 |   |
|   | 47 | 检查 105 断路器确断 |   |
|   | 48 | 断开 1053 隔离开关，查 ABC 三相确断到位 |   |
|   | 49 | 断开 1051 隔离开关，查 ABC 三相确断到位 |   |

续表

| √ | 序号 | 操作项目 | 评分 |
|---|---|---|---|
| | 50 | 断开1T主变110kV侧101断路器 | |
| | 51 | 检查101断路器确断 | |
| | 52 | 断开1012隔离开关，查ABC三相确断到位 | |
| | 53 | 断开1011隔离开关，查ABC三相确断到位 | |
| | 54 | 断开110kV分段母联100断路器 | |
| | 55 | 检查100断路器确已断开 | |
| | 56 | 断开1001隔离开关，查ABC三相确断到位 | |
| | 57 | 断开1002隔离开关，查ABC三相确断到位 | |
| | 58 | 取出110kV Ⅰ母线电压互感器（11TV）二次熔断器 | |
| | 59 | 断开110kV Ⅰ母线（11TV）1101隔离开关，查ABC三相确断 | |
| | 60 | 退出1T主变101断路器失灵保护 | |
| | 61 | 退出101断路器操作电源 | |
| | 62 | 退出100断路器失灵启动Ⅰ、Ⅱ母线保护 | |
| | 63 | 退出100断路器操作电源 | |
| | 64 | 经调度同意，退出110kV 1Y线路（105）断路器高频保护 | |
| | 65 | 退出105断路器操作电源 | |
| | 66 | 退出106断路器操作电源 | |
| | | 以下空白 | |

# 模块 4  事故处理仿真演习

本书的事故处理工作案例均基于水力发电厂全功能教学培训仿真系统。该仿真系统模拟变电站、水轮发电机组、厂用电全部继电保护和自动装置，可模拟保护正确动作的事故现象，还可模拟保护越级动作、断路器越级跳闸的各种复杂事故现象与事故处理。该仿真系统还模拟了许多种电气异常工况。可模拟下列 8 种情况下，保护正确动作、保护拒动以及保护越级动作和断路器越级跳闸的复杂事故现象，并可进行事故处理演习：

(1) 各种主变压器故障。
(2) 各种母线故障。
(3) 各种线路故障。
(4) 各种厂用电系统故障。
(5) 各厂用变压器故障。
(6) 各断路器失灵故障。
(7) 各种带负荷拉合隔离开关事故。
(8) 各继电保护装置故障。

## 4.1 项目  事故处理知识

**任务  了解事故处理的主要要求**

1. 事故处理主要任务

(1) 尽快限制事故的发展，消除事故的根源，并解除对人身和设备安全的威胁。
(2) 用一切可能的办法保持和恢复非故障设备继续运行，尽量保证用户的正常供电，必要时设法在未直接受到事故影响的机组上增加出力，使系统尽快恢复运行。
(3) 事故处理时，首先设法保证厂用电和重要负荷。

2. 电气事故处理的一般程序

(1) 事故处理时，值班人员必须坚守岗位，集中精力，保持设备的正常运行，正确迅速地执行各项操作。在紧急情况下，为了防止事故扩大，必须进行紧急处理时，值班人员可以先操作，后逐级上报。
(2) 记录断路器跳闸、继电保护动作情况，进行信号继电器的复归、直流系统的有关调节，根据信号表计指示，继电保护动作情况及现场的外部现象，正确判断事故的性质。
(3) 当事故对人身和设备造成严重威胁时，应迅速解除。当发生火灾事故时，应通知消防人员，并进行必要的现场配合。
(4) 迅速切除故障点（继电保护未动作时应手动执行）。
(5) 优先调整和处理厂用电源的正常供电，同时对未直接受到事故影响的系统和机组及时调节。

(6) 对继电保护的动作情况和其他信号进行详细检查和分析,并对事故现场进行检查,以便进一步判断事故的性质和确定处理程序。

(7) 进行针对性排查处理,迅速进行检查试验,判明故障的性质、地点及其范围。逐步恢复设备运行,但应优先考虑重要用户供电的恢复,对故障设备应进行隔离操作。

(8) 恢复正常运行方式和设备的正常运行工况。

(9) 进行善后处理,包括事故情况及处理过程,通知检修人员等。

3. 事故处理的有关规定

(1) 值长是事故处理的直接领导人,对事故的正常处理、协调、指挥负责,凡是不参加事故处理的人员,禁止进入主控制室和发生事故的地点。各级值班人员要服从值长指挥,发现异常首先要报告值长。

(2) 在处理厂内事故时,下级值班人员应迅速执行上级值班人员的命令,各级值班人员在本岗位上应主动、积极地进行处理,并将情况及时报告班(值)长,以便取得必要的指示。

(3) 在值班人员负责的设备上或在其管辖范围内发生事故时,值班人员务必遵照下列顺序消除事故:

1) 根据表计的指示和设备外部征象来判断事故。

2) 如果对人身和设备有威胁,应立即设法解除这种威胁,并在必要时停止设备的运行;如果对人身和设备没有这种威胁,则应尽快设法恢复设备的正常运行。

3) 迅速进行检查试验、判明故障的性质、地点及其范围。

4) 为防止事故扩大,必须主动将处理的每一阶段迅速而正确地报告直接的上级领导,在得到处理事故的命令后,必须向发令人复诵一次,若命令不清楚或对它不了解,应再次询问明白,方可执行。命令执行后,要立即报告发令人,发令人不允许只根据表计的指示来判断命令的执行情况。

5) 发生事故时,值班人员应注意表计和信号的指示、继电保护与自动装置的动作情况、各项操作的时间和与事故有关的现象,并录音。

(4) 如果发令人的命令直接威胁到人身和设备的安全,受令人应拒绝执行,并将不执行的理由报告上级有关领导,并做好记录。

(5) 事故处理过程中的倒闸操作可不使用操作票,但处理及操作应严格遵守有关规程规定。事后要在运行日志上作详细记录。

(6) 有下列情况者,不经上级许可,可自行操作后再汇报:

1) 将直接威胁人身和设备安全的设备停电。

2) 将已损坏的设备进行隔离。

3) 运行中的设备有受损坏的威胁,需立即进行隔离时。

4) 当厂用电全停或部分停电需尽快恢复其电源时。

5) 发电机发生剧烈振荡或失去同期时的调整。

(7) 电气值班人员必须熟知系统的运行方式及其变化情况,准确地掌握故障状态下的同期点和非同期点,防止非同期并列操作。

(8) 事故发生在交接班,在尚未履行签字手续之前,交班人员应留守岗位处理事故,接班人员应积极协助事故处理。

4. 事故处理步骤

(1) 记录事故现象，并复归音响、保护掉牌和光字牌指示。事故现象记录格式：

1) 音响：……
2) 光字牌：……
3) 断路器状态变化：……
4) 保护动作：……（记录后要及时复归）
5) 仪表变化：……

(2) 判断事故性质（如果事故威胁到厂用电的安全，应首先恢复厂用电的正常运行）。
(3) 事故性质：××故障、××保护动作。
(4) 隔离故障设备。
(5) 排查出非故障设备后，尽快恢复非故障设备运行。

5. 事故处理注意事项

事故处理应特别警惕重大事故或恶性事故发生。例如：

(1) 厂用电中断或全厂停电。
(2) 非同期并列损坏设备。
(3) 带负荷拉合隔离开关或带地线合闸，造成人身伤亡、设备损坏。
(4) 系统瓦解，机组损坏。
(5) 误入带电间隔。
(6) 严禁误强送电。

6. 事故处理的善后工作

(1) 对厂用电系统进行检查，恢复因低压引起跳闸的设备。
(2) 对故障设备有关继电保护、自动装置及断路器操作电源有二次回路的空气开关、二次熔断器的状态进行检查，按规定做好善后处理操作，避免留下威胁安全运行的各种隐患。必要时使用倒闸操作票将故障设备转入检修状态，通知检修班处理，设法消除故障。
(3) 对事故过程进行清理，对事故现象、信号反应、仪表、保护和自动装置动作情况及掉牌、事故判断、操作时间、操作步骤等项目记录情况翔实记入记录本。

7. 电气设备着火时的处理

(1) 立即断开电源，对发电机组则应解列停机。
(2) 设法隔离已着火设备，防止火势蔓延。
(3) 对可能带电的电气设备以及发电机、电动机等应使用干式灭火器，$CO_2$ 或 1211 灭火器；对已隔离电源的油断路器，变压器可使用干式灭火器、1211 灭火器灭火；不能扑灭时再使用泡沫灭火器灭火；不得已时可用干砂灭火；地面上绝缘油着火，应用干砂灭火。
(4) 及时汇报上级领导，通知消防部门。

## 4.2 项目　断路器故障的紧急处理

### 4.2.1 任务　水电站仿真系统 110kV 系统 107 断路器操作机构油压过低紧急处理

1. 记录事故现象

(1) 音响电气情况：电铃响。

(2) 光字牌情况："107断路器压力过低"光字牌亮。

(3) 断路器状态变化情况：无。

(4) 保护动作情况：107断路器操作电源指示灯灭。

(5) 电气仪表变化情况：无。（107开关机构油压表指示为零。）

2. 判断事故性质

107断路器操作机构油压过低。

3. 处理过程要求

要求记录故障现象和判断故障性质并进行处理；用190断路器代替107断路器运行；可靠等电位条件下（将190开关做成"死开关"）隔离107断路器。

4. 工具、材料设备场地

水电站仿真系统：3Y保护屏、190保护屏、110kV系统屏。

5. 参考步骤

(1) 退出107断路器的操作电源。

(2) 退出107断路器的重合闸。

(3) 检查107断路器失灵保护投入良好。

(4) 检查合上13TV、110kV旁路母线电压互感器1103隔离开关合上。

(5) 投入190断路器操作电源。

(6) 调整190距离保护Ⅰ、Ⅱ、Ⅲ定值与107同，并投入。

(7) 调整190零序保护Ⅰ、Ⅱ、Ⅲ定值与107同，并投入。

(8) 调整190接地距离保护Ⅰ、Ⅱ、Ⅲ定值与107同，并投入。

(9) 投入190断路器失灵保护。

(10) 检查190断路器确断。

(11) 合1901隔离开关。

(12) 合1905隔离开关。

(13) 合上190断路器。

(14) 检查110kV旁母电压正常。

(15) 断开190断路器。

(16) 检查190断路器确断。

(17) 合上1075隔离开关。

(18) 合上190断路器。

(19) 检查190断路器三相电流正常。

(20) 退出190断路器的操作电源。

(21) 断开1073隔离开关。

(22) 断开1071隔离开关。

(23) 投入190断路器的操作电源。

(24) 退出107断路器的失灵保护。

(25) 退出107断路器高频保护。

(26) 投入190断路器的高频保护。

(27) 投入190断路器无压检定重合闸。

6. 质量要求

(1) 正确记录和复归故障现象，无遗漏。

(2) 能迅速取下107操作电源熔断器，退出重合闸。

(3) 事故或故障处理不写操作票，但仍要严格按倒闸操作原则和规定的顺序进行操作。

(4) 不许走错位置，错误分、合断路器、隔离开关。

(5) 能准确进行保护的退、投操作。

(6) 不许造成扩大停电范围的操作。

7. 评分标准

(1) 正确记录和复归故障现象，5分。

(2) 正确判断事故性质，5分。

(3) 处理过程正确，30分。

(4) 要求到正确的位置记录现象，不到位的，扣2分。

(5) 漏消音，扣2分。

(6) 无法判明事故性质，不能进行处理，扣30分。

(7) 事故性质表达不够准确，扣2分。

(8) 未能及时取下107断路器操作电源，退出重合闸，扣5分。

(9) 漏查旁母电压互感器，扣1分。

(10) 190断路器向旁路母线充电前投保护和操作电源顺序不对，扣2分。

(11) 保护、自动装置投退错，漏一项，扣5分。

(12) 断107断路器两侧隔离开关时，不退190断路器操作电源，扣5分。

(13) 操作结束漏投190断路器操作电源，扣15分。

## 4.2.2 任务　220kV系统207断路器操作机构油压过低紧急处理

1. 记录事故现象

(1) 音响：电铃响。

(2) 光字牌："207断路器压力过低"光字牌亮。

(3) 断路器状态变化：无。

(4) 保护动作：207断路器操作电源指示灯灭。

(5) 仪表变化：电气表计无变化。（207开关机构油压表指示为零。）

2. 判断事故性质

207断路器操作机构油压过低。

3. 处理过程要求

要求记录故障现象和判断故障性质并进行处理；用290断路器代路207断路器运行；可靠等电位条件下（将290开关做成"死开关"）隔离207断路器。

4. 工具、材料设备场地

水电站仿真系统：4E保护屏、290保护屏、220kV母线保护屏、220kV系统屏。

5. 参考步骤

(1) 退出207断路器的重合闸。

(2) 退出 207 断路器的操作电源。
(3) 检查 207 断路器失灵保护投入良好。
(4) 检查合上 220kV 旁路母线电压互感器（23TV）2103 隔离开关。
(5) 投入 290 断路器操作电源。
(6) 调整 290 断路器相距离保护Ⅰ、Ⅱ、Ⅲ整定值与 207 同，并投入。
(7) 调整 290 断路器零序保护Ⅰ、Ⅱ、Ⅲ整定值与 207 同，并投入。
(8) 调整 290 断路器接地距离保护Ⅰ、Ⅱ、Ⅲ整定值与 207 同，并投入。
(9) 投入 220kVⅡ母保护跳 290 断路器控制压板。
(10) 投入 290 断路器失灵启动Ⅱ母保护压板。
(11) 检查 290 断路器确断。
(12) 合上 2902 隔离开关。
(13) 合上 2905 隔离开关。
(14) 合上 290 断路器。
(15) 检查 220 kV 旁母电压正常。
(16) 断开 290 断路器。
(17) 检查 290 断路器确断。
(18) 合上 2075 隔离开关。
(19) 合上 290 断路器。
(20) 检查 290 断路器三相电流平衡。
(21) 退出 290 断路器操作电源。
(22) 断开 2073 隔离开关。
(23) 断开 2072 隔离开关。
(24) 投入 290 断路器操作电源。
(25) 退出 207 断路器高频保护。
(26) 退出 207 断路器失灵启动 220kVⅡ母线保护压板。
(27) 退出 220kVⅡ母线保护跳 207 断路器控制压板。
(28) 投入 290 断路器高频保护。
(29) 投入 290 断路器同期检定重合闸。

**6．质量要求**

(1) 正确记录和复归故障现象，无遗漏。
(2) 能迅速取下 207 操作电源熔断器，退出重合闸。
(3) 事故或故障处理不写操作票，但仍要严格按倒闸操作原则和规定的顺序进行操作。
(4) 不许走错位置，错误分、合断路器、隔离开关。
(5) 能准确进行保护的退、投操作。
(6) 不许造成扩大停电范围的操作。

**7．评分标准**

(1) 正确记录和复归故障现象，5 分。
(2) 正确判断事故性质，5 分。

(3) 处理过程正确，30 分。
(4) 要求到正确的位置记录现象，不到位的扣 2 分。
(5) 漏消音，扣 2 分。
(6) 无法判明事故性质，不能进行处理，扣 30 分。
(7) 事故性质表达不够准确，扣 2 分。
(8) 漏查旁母电压互感器，扣 1 分。
(9) 未能及时取下 207 断路器操作电源，退出重合闸，扣 5 分。
(10) 290 断路器向旁路母线充电前未能正确按顺序投好保护和操作电源，扣 2 分。
(11) 保护、自动装置投退错，漏一项扣 5 分。
(12) 断 207 断路器两侧隔离开关时，不退 290 断路器操作电源，扣 5 分。
(13) 操作结束漏投 290 断路器操作电源，扣 15 分。

## 4.3 项目　母线故障事故处理

### 4.3.1 任务　水电站仿真系统 220kV Ⅰ 母线故障事故处理

1. 记录事故现象
(1) 音响：电铃响、电喇叭响。
(2) 光字牌：220kV "Ⅰ段母线差动保护动作"、"掉牌未复归"光字牌亮。
(3) 断路器状态变化：204 断路器、206 断路器、200 断路器、201 断路器跳闸。
(4) 保护动作：220kV Ⅰ 母线差动保护动作。
(5) 仪表变化：1E 线路 204 断路器、3E 线路 206 断路器有功、无功、电流指示为零，220kV Ⅰ 母线电压指示为零，1T 主变高压侧有功、电流指示为零。

2. 判断事故性质
220kV Ⅰ 母线故障、220kV Ⅰ 母线差动保护动作。

3. 处理过程要求
首先隔离 220kV Ⅰ 母线；然后恢复（1E）204 断路器、（3E）206 断路器和 201 断路器的运行，做好保护切换。

4. 工具、材料设备场地
水电站仿真系统：电气主接线、220kV 母线保护屏、线路保护屏。

5. 参考步骤
参考步骤分三种情况。
(1) 在故障点暂时难以查明的情况下：
1) 记录复归事故现象，判断事故性质。
2) 确认 201 断路器已断开；断开 2013 隔离开关、2011 隔离开关。
3) 确认 200 断路器已断开；断开 2001 隔离开关、2002 隔离开关。
4) 确认 204 断路器已断开；断开 2043 隔离开关、2041 隔离开关。
5) 确认 206 断路器已断开；断开 2063 隔离开关、2061 隔离开关。
6) 断开 220kV Ⅰ 母线（TV）2101 隔离开关。

7) 检查201断路器、204断路器、206断路器确无故障（线路对侧也无保护动作）（查故障录波短路电流大时应对断路器作空载合、跳检验）。

8) 退出204断路器失灵，启动220kV Ⅰ母线保护压板。

9) 投入204断路器失灵，启动220kV Ⅱ母线保护压板。

10) 退出206断路器失灵，启动220kV Ⅰ母线保护压板。

11) 投入206断路器失灵，启动220kV Ⅱ母线保护压板。

12) 退出200断路器失灵，启动220kV Ⅰ母线保护压板。

13) 退出200断路器失灵，启动220kV Ⅱ母线保护压板。

14) 退出220kV Ⅰ母线保护，跳200、201、204、206断路器控制压板。

15) 退出220kV Ⅱ母线保护，跳200断路器控制压板。

16) 投入220kV Ⅱ母线保护，跳201、204、206断路器控制压板。

17) 确认201断路器断开，合上2012隔离开关、2013隔离开关。

18) 合上201断路器。

19) 确认204断路器断开，合上2042隔离开关、2043隔离开关。

20) 合上204断路器（同期检查）。

21) 确认206断路器断开，合上2062隔离开关、2063隔离开关。

22) 合上206断路器（同期检查）。

(2) 确定为2041隔离开关断路器侧（或204断路器）故障时：

1) 确认204断路器已断开；断开2043隔离开关、2041隔离开关。

2) 合上200断路器（或合上206断路器）。

3) 检查Ⅰ母线电压正常。

4) 合上206断路器（或同期合上200断路器）。

5) 合上201断路器。

6) 退出204断路器失灵，启动220kV Ⅰ母线保护的控制压板。

7) 退出220kV Ⅰ母线保护，跳204断路器的控制压板。

8) 退出（1E）204断路器高频保护。

9) 完成用290断路器对1E线路的代路送电操作。

(3) 故障点确定为220kV Ⅰ母线电压互感器时：

1) 处理过程1：与（在故障点暂时难以查明的情况下）相同。

2) 处理过程2：学生自主设计。处理思路提示：现在设备的保护装置可以切换母线TV二次电压量，也就是直接通过切换装置的开关取另一母线的测量电压。只要隔离了故障电压互感器，就可以不用停母线，但两条母线必须构成死连接，母差保护动作于两条母线一起跳。

6. 质量要求

(1) 正确记录和复归故障现象，无遗漏。

(2) 严格按倒闸操作原则和规定的顺序进行操作。

(3) 不许走错位置，错误分、合断路器、隔离开关。

(4) 能准确进行保护的退、投操作。

(5) 不许造成扩大停电范围的操作。
(6) 掌握对非故障设备恢复送电前要做的检查工作。
(7) 掌握绝缘检查方法。

7. 评分标准

(1) 正确记录和复归故障现象，5分。
(2) 正确判断事故性质，5分。
(3) 处理过程正确，30分。
(4) 要求到正确的位置记录现象，不到位的扣2分。
(5) 漏消音，扣2分。
(6) 没有复归的若经提示能完成，扣2分，经提示仍不能完成处理的，扣30分。
(7) 无法判明事故性质，不能进行处理，扣30分。
(8) 事故性质表达不够准确，扣2分。
(9) 在处理过程中造成向故障设备送电，扣30分。
(10) 断路器跳闸后，须确认断路器断开，漏一个扣2分。
(11) 母线电压互感器不退出，扣5分。
(12) 母联隔离开关不退出，扣5分。
(13) 处理过程中保护压板投、退顺序不当或漏投漏退，可扣1～15分。

### 4.3.2 任务　水电站仿真系统220kV Ⅱ母线故障事故处理

1. 记录事故现象

(1) 音响：电铃响、电喇叭响。
(2) 光字牌：220kV"Ⅱ段母线差动保护动作"、"掉牌未复归"光字牌亮。
(3) 保护动作：220kV Ⅱ母线差动保护动作。
(4) 断路器状态变化：205断路器、207断路器、200断路器、202断路器跳闸。
(5) 仪表变化：2E线路205断路器、4E线路207断路器有功功率、无功功率、电流指示为零，220kV Ⅱ母线电压指示为零，2T主变高压侧有功、电流指示为零。

2. 判断事故性质

220kV Ⅱ母线故障、220kV Ⅱ母线差动保护动作。

3. 处理过程要求

首先隔离220kV Ⅱ母线；然后恢复（2E）205断路器、（43E）207断路器和202断路器的运行，做好保护切换。

4. 工具、材料设备场地

水电站仿真系统：电气主接线、220kV母线保护屏、线路保护屏。

5. 参考步骤

记录事故现象（并复归）。分三种情况处理：

(1) 确定为220kV Ⅱ母线上绝缘瓷瓶故障时：
1) 确认202断路器已断开；断开2023隔离开关、2022隔离开关。
2) 确认200断路器已断开；断开2002隔离开关、2001隔离开关。
3) 确认205断路器已断开；断开2053隔离开关、2052隔离开关。

4) 确认 207 断路器已断开;断开 2073 隔离开关、2072 隔离开关。

5) 断开 220kV Ⅱ 母线 (TV) 2102 隔离开关。

6) 检查 202 断路器、205 断路器、207 断路器确无故障。

7) 查故障录波短路电流大时应对断路器作空载合、跳检验。

8) 退出 205 断路器失灵,启动 220kV Ⅱ 母线保护压板。

9) 投入 205 断路器失灵,启动 220kV Ⅰ 母线保护压板。

10) 退出 207 断路器失灵,启动 220kV Ⅱ 母线保护压板。

11) 投入 207 断路器失灵,启动 220kV Ⅰ 母线保护压板。

12) 退出 200 断路器失灵,启动 220kV Ⅰ 母线保护压板。

13) 退出 200 断路器失灵,启动 220kV Ⅱ 母线保护压板。

14) 退出 220kV Ⅱ 母线保护,跳 200、202、205、207 断路器控制压板。

15) 退出 220kV Ⅱ 母线保护,跳 200 断路器控制压板。

16) 投入 220kV Ⅰ 母线保护,跳 202、205、207 断路器控制压板。

17) 确认 202 断路器断开,合上 2021 隔离开关、2023 隔离开关。

18) 合上 202 断路器。

19) 确认 205 断路器断开,合上 2051 隔离开关、2053 隔离开关。

20) 合上 (同期检查) 205 断路器 (线路对侧先送电)。

21) 确认 207 断路器断开,合上 2071 隔离开关、2073 隔离开关。

22) 合上 (同期检查) 207 断路器 (线路对侧先送电)。

(2) 确定为母线保护误动作时:

1) 断开 2023、2022 隔离开关;断开 2053、2052 隔离开关;断开 2073、2072 隔离开关。

2) 断开 2002 隔离开关;断开 2001 隔离开关;断开 2102 隔离开关。

3) 退出 205 断路器失灵,启动 220kV Ⅱ 母线保护压板。

4) 投入 205 断路器失灵,启动 220kV Ⅰ 母线保护压板。

5) 退出 207 断路器失灵,启动 220kV Ⅱ 母线保护压板。

6) 投入 207 断路器失灵,启动 220kV Ⅰ 母线保护压板。

7) 退出 200 断路器失灵,启动 220kV Ⅰ 母线保护压板。

8) 退出 200 断路器失灵,启动 220kV Ⅱ 母线保护压板。

9) 退出 220kV Ⅱ 母线保护,跳 200、202、205、207 断路器控制压板。

10) 退出 220kV Ⅰ 母线保护,跳 200 断路器控制压板。

11) 投入 220kV Ⅰ 母线保护,跳 202、205、207 断路器控制压板。

12) 合上 2021、2023 隔离开关;合上 2051、2053 隔离开关;合上 2071、2073 隔离开关。

13) 合上 202 断路器;合上 205 断路器;合上 207 断路器。

(3) 确定为 2052 隔离开关断路器侧 (或 205 开关) 故障时:

1) 确认 205 断路器已断开;断开 2053 隔离开关、2052 隔离开关。

2) 合上 200 断路器 (或合上 207 断路器)。

3) 检查 220kV Ⅱ 母线电压正常。
4) 合上 207 断路器（或准同期合上 200 断路器）。
5) 合上 202 断路器。
6) 退出 205 断路器失灵启动 220kV Ⅱ 母线保护的控制压板。
7) 退出 220kV Ⅱ 母线保护，跳 205 断路器的控制压板。
8) 退出 (2E) 205 断路器高频保护。
9) 完成用 290 断路器对 2E 线路的代路送电操作。

6. 质量要求

(1) 正确记录和复归故障现象，无遗漏。
(2) 严格按倒闸操作原则和规定的顺序进行操作。
(3) 不许走错位置，错误分、合断路器、隔离开关。
(4) 能准确进行保护的退投操作。
(5) 不许造成扩大停电范围的操作。
(6) 掌握对非故障设备恢复送电前要做的检查工作。
(7) 掌握绝缘检查方法。

7. 评分标准

(1) 正确记录和复归故障现象，5 分。
(2) 正确判断事故性质，5 分。
(3) 处理过程正确，30 分。
(4) 要求到正确的位置记录现象，不到位的扣 2 分。
(5) 漏消音，扣 2 分。
(6) 没有复归的若经提示能完成，扣 2 分，经提示仍不能完成处理的，扣 30 分。
(7) 无法判明事故性质不能进行处理，扣 30 分。
(8) 事故性质表达不够准确，扣 2 分。
(9) 在处理过程中造成向故障设备送电，扣 30 分。
(10) 断路器跳闸后，须确认断路器断开，漏一个扣 2 分。
(11) 母线电压互感器不退出，扣 5 分。
(12) 母联隔离开关不退，扣 5 分。
(13) 处理过程中保护压板投、退顺序不当或漏投漏退，可扣 1～15 分。

## 4.4 项目　110kV 母线故障事故处理

### 任务　110kV Ⅰ 母线故障事故处理

1. 记录现象

注：事故前 3G 和 4G 在停机状态。

(1) 音响：电铃，电笛响。
(2) 光字牌：110kV "Ⅰ段母线差动保护动作" 光字牌亮；"掉牌未复归" 光字牌亮（消音）。

(3) 断路器状态变化:"110kV Ⅰ 母线差动保护"指示灯亮(复归)。

(4) 保护动作:100、101、105、106 断路器由红变绿自动跳闸。

(5) 仪表变化:1Y、2Y 线路有功表,无功表,三相电流表指示为零;110kV Ⅰ 母线电压表指示为零;1T 主变中压侧有功表,电流表指示为零。

2. 判断事故性质

110kV Ⅰ 母线故障。

3. 处理过程要求

首先隔离 110kV Ⅰ 母线;用 190 断路器带路 106 断路器向 2Y 恢复送电,做好保护切换。

4. 工具、材料设备场地

水电站仿真系统:电气主接线、220kV 母线保护屏、线路保护屏。

5. 参考步骤

(1) 确认 100 断路器已断开;断开 1001 隔离开关、1002 隔离开关。

(2) 确认 101 断路器已断开;断开 1012 隔离开关、1011 隔离开关。

(3) 确认 105 断路器已断开;断开 1053 隔离开关、1051 隔离开关。

(4) 确认 106 断路器已断开;断开 1063 隔离开关、1061 隔离开关。

(5) 断开 110kV Ⅰ 母线 (11TV) 1101 隔离开关。

(6) 投入 190 断路器操作电源。

(7) 调整 190 断路器相间距离保护Ⅰ、Ⅱ、Ⅲ段整定值与 106 断路器相同,并投入。

(8) 调整 190 断路器接距离保护Ⅰ、Ⅱ、Ⅲ段整定值与 106 断路器相同,并投入。

(9) 调整 190 断路器零序距离保护Ⅰ、Ⅱ、Ⅲ段整定值与 106 断路器相同,并投入。

(10) 投入 190 断路器失灵启动Ⅱ母线保护。

(11) 检查合上 (13TV) 1103 隔离开关。

(12) 检查 190 断路器确断。

(13) 合上 1901 隔离开关。

(14) 合上 1905 隔离开关。

(15) 合上 190 断路器。

(16) 检查 110kV 旁路母线电压正常。

(17) 断开 190 断路器。

(18) 检查 190 断路器确断。

(19) 合上 1065 隔离开关。

(20) 检查旁路母线电压为零。

(21) 合上 190 断路器。

(22) 退出 106 断路器重合闸。

(23) 退出 106 断路器高频保护。

(24) 投入 190 断路器高频保护。

(25) 投入 190 断路器无压重合闸。

完成整理以上处理操作过程后,要求形成处理方案。

**6. 事故处理方案作业**

形成事故处理方案作业举例如下。

(1) 记录事故现象。

1) 音响：电铃，电笛响。

2) 光字牌：110kV"Ⅰ段母线差动保护动作"光字牌亮；"掉牌未复归"光字牌亮（消音）。

3) 断路器状态变化："110kV Ⅰ母线差动保护"指示灯亮（复归）。

4) 保护动作：100，101，105，106 断路器由红变绿自动跳闸。

5) 仪表变化：1Y、2Y 线路有功表，无功表，三相电流表指示为零；110kV Ⅰ母线电压表指示为零；1T 主变中压侧有功表，电流表指示为零。

(2) 判断事故性质。110kV Ⅰ母线故障。

(3) 处理方案。

1) 第一步：隔离故障的 110kV Ⅰ母线。

a. 确认 100 断路器已断开；断开 1001、1002 隔离开关。

b. 确认 101 断路器已断开；断开 1012、1011 隔离开关。

c. 确认 105 断路器已断开；断开 1053、1051 隔离开关。

d. 确认 106 断路器已断开；断开 1063、1061 隔离开关。

e. 断开 110kV Ⅰ母线（11TV）1101 隔离开关。

2) 第二步：用 190 断路器对 2Y 线路代路送电。

a. 投 190 断路器操作电源；调整 190 断路器各保护Ⅰ、Ⅱ、Ⅲ段整定值与 106 相同，并投入；投入 190 断路器失灵保护。

b. 检查（13TV）1103 隔离开关合上。

c. 检查 190 断路器确断，合上 1901，1905 隔离开关，合上 190 断路器；检查 110kV 旁路母线电压正常，断开 190 断路器。

d. 查 190 断路器确断；合上 1065 隔离开关。

e. 检查旁路母线电压为零，启动Ⅱ母线用无压检定合上 190 断路器（若旁路母线电压不为零，则用同期检定合上 190 断路器）。

f. 退出 106 断路器重合闸，退出 106 断路器高频保护；投入 190 断路器高频保护，投入 190 断路器无压重合闸。

(4) 善后工作。105 断路器、101 断路器、100 断路器的失灵保护和 1Y 线路 105 断路器高频保护，操作电源等应善后写操作票，操作退出。

# 4.5 项目　6kV 母线故障处理

## 4.5.1 任务　掌握 6kV 厂用电系统单相接地的处理要求

**1. 典型象征**

警铃响，"接地"光字牌亮；绝缘监视电压三相指示值不同，接地相电压降低或等于零，其他两相电压升高或为线电压，此时为稳定接地；若绝缘监视电压不停地摆动，则为间歇性接地；可能有电话来，报告发现的异常现象。

2. 一般处理要求

（1）切换绝缘监视电压表，判别该段单相接地的性质和相别；询问有无 6kV 厂用设备启动或停下，有无设备跳闸及其他异常情况，尽快停用有可疑现象的用电设备。

（2）利用高压备用厂变倒换厂用电，判别是哪个半段接地，并可判别工作高压厂变是否接地，当判断为工作高压厂变低压侧接地时，应将工作高压厂变停电，由备用高压厂变供电。

（3）将接地段低压厂变倒至备用电源运行；派人检查故障段 6kV 一次系统，寻找故障点。

（4）联系倒换备用设备或选择逐一瞬停寻找接地点。

（5）所有负荷及电源均未接地时，则认为是母线或电压互感器接地。

（6）按停电操作程序将接地母线和电压互感器停电，在做好必要的安全措施后，对母线和电压互感器进行测绝缘检查。

3. 寻找接地点的注意事项

（1）以上寻找接地点的时间不得超过 2h。

（2）在进行寻找接地点的倒闸操作中或巡视配电装置时，必须严格执行电业安全工作中的规定，值班人员应穿上绝缘靴，戴上绝缘手套，不得触及设备外壳和接地金属物。

（3）在进行寻找接地点的每一操作项目后，必须注意绝缘监视信号及表计的变化和转移情况。

（4）在进行寻找接地点的倒闸操作时，应严格遵守倒闸操作的原则，严防非同期并列事故的发生。

（5）接地段上的设备跳闸后，禁止强送，尽可能避免接地段设备启动。

### 4.5.2 任务　6kV 系统发生单相接地故障处理

1. 记录事故现象

（1）音响：电铃响。

（2）光字牌：6kV"Ⅱ段单相接地保护动作"光字牌。（消音）

（3）保护动作："6kV Ⅱ母线单相接地"指示灯亮。（复归）

（4）断路器状态变化：无。

（5）仪表变化：6kV Ⅱ母线 a 相对地绝缘检查表指示为 0kV，b、c 两相指示为 6.3kV。

2. 判断事故性质

6kV Ⅱ母线系统发生 a 相接地故障。

3. 处理过程要求

采用瞬间停电法查找故障点，处理结束后，明确事故性质，处理过程中要确保厂用电不失。

4. 工具、材料设备场地

6kV、400V 主接线、ABP 保护屏。

5. 参考处理过程

（1）对 613、611、612 断路器瞬时停电排查接地故障：断、合 613 断路器，断、合

611断路器，断、合612断路器，注意观察6kV Ⅱ母线对地绝缘检查表的变化情况，若无变化，则进行第（2）步操作。

（2）先切换400V厂用电，而后对608、609断路器瞬时停电排查接地故障：断开5A断路器，检查13ABP动作，6A断路器自投后，退出并复归13ABP；断开2A断路器，检查12ABP动作，3A断路器自投后，退出并复归12ABP；断、合608断路器，断、合609断路器，注意观察6kV Ⅱ母线对地绝缘检查表的变化情况，若绝缘检查表仍无变化，则进行第（3）步操作。

（3）断开610断路器，检查11ABP动作，607断路器自投。若此时故障扩大到6kV Ⅰ母线，则立即对6kV Ⅱ母进行停电隔离。

（4）断607断路器，检查6kV Ⅰ母线三相绝缘检查表恢复正常，复归"6kV Ⅰ母线单相接地保护"，退出并复归11ABP；断608断路器，断609断路器，断611断路器，断612断路器，断613断路器；断6072隔离开关，断6071隔离开关，断6082隔离开关，断6092隔离开关，断6112隔离开关，断6122隔离开关，断6132隔离开关，断6102隔离开关，断（62YH）隔离开关。

6. 质量要求

（1）明确每一项操作的操作目的。

（2）若在处理过程中，绝缘检查表恢复正常，应会判断接地故障点，并对相应的设备停电。

（3）不能在母线带电的情况下，采用断开电压互感器隔离开关来排查接地故障。

（4）排查故障时，应知道做好相应的安全防护措施。

# 4.6 项目　变压器故障事故处理

## 4.6.1 任务　水电站仿真系统2T主变差动保护动作事故处理

1. 记录事故现象

（1）音响：电铃响、电喇叭响。

（2）光字牌："11ABP装置保护动作"、2T变压器"主变压器纵联差动保护"，2G发电机"主变压器事故"、"发电机过电压保护"、"电气事故"、"掉牌未复归"光字牌亮。

（3）断路器状态变化：2T主变202断路器、102断路器自动跳闸，2G发电机02断路器、2FMK断路器自动跳闸，6T厂用变802断路器、610断路器自动跳闸、607断路器自动合闸。

（4）保护动作：2T变压器纵联差动保护动作、2G发电机过电压保护动作、2T主变压器事故保护动作、11ABP装置动作，掉牌指示灯亮。

（5）仪表变化：2T主变高压侧、中压侧电流指示为零，2G发电机有功、无功、电流、电压、$U_f$、$I_f$指示为零、2G发电机转速降为零，6T厂用变功率、各侧电流指示为零。

2. 判断事故性质

2T主变差动保护范围故障，6T厂用变停电，2G发电机事故停机。

### 3. 处理过程要求

记录复归事故现象和事故性质的判断并进行事故处理。首先检查厂用电备用装置自投情况正常，然后隔离 2T、2G、6T。

注意：若 607 断路器自投不成功，判断为 607 断路器故障，排除 607 故障后用 607 送 6kV Ⅱ 母线，恢复厂用 400V 系统正常运行方式，然后隔离 2T、2G、6T。

### 4. 工具、材料设备场地

水电站仿真系统：6kV 厂用电系统、电气主接线、ABP 装置屏、2T 保护屏、2G 保护屏。

### 5. 参考步骤

根据 607 自投情况分两种情况处理：

（1）2T 故障，607 自投成功情况下的处理。

1）检查厂用电系统自投情况正常。

2）检查 607 断路器合上。

3）检查 6kV 各母线电压正常。

4）检查 400V 各母线电压正常。

5）检查 11ABP 动作，正常退出 11ABP，复归 11ABP。

6）确认 610 断路器断开、断开 6102 隔离开关。

7）确认 802 断路器断开、断开 8021 隔离开关。

8）确认 02 断路器断开，断开 22 隔离开关、21 隔离开关。

9）断开 82TV—2 隔离开关、21TV—2 隔离开关、1TV—2 隔离开关。

10）确认 102 断路器断开，断开 1022 隔离开关、1021 隔离开关。

11）确认 202 断路器断开，断开 2023 隔离开关、2022 隔离开关。

12）确认 2FMK 开关断开。

13）断开 1SP 开关、2SP 开关、3SP 开关。

14）断开 1QK 隔离开关、2QK 隔离开关、3QK 隔离开关。

15）断开 ZBG—2 隔离开关。

16）合上 4T 中性点 1040 接地隔离开关。

17）退出 2T 主变 102 断路器失灵保护。

18）退出 2T 主变各保护出口跳 200 断路器的出口压板。

19）退出 2T 主变各保护出口跳 100 断路器的出口压板。

20）退出 2T 主变各保护出口跳 802 断路器的出口压板。

21）退出 1T 主变各保护出口跳 02 断路器的出口压板。

（2）2T 故障 607 断路器自投不成功情况下的处理。6kV Ⅱ 母线失压，12ABP、13ABP 动作，400V 系统 3A、6A 断路器自投成功，则判断 607 断路器也同时有故障，需进行以下处理：

1）检查 400V 各母线电压正常（若 2A、5A 断路器未见跳闸，判断为假象合闸，要排除 2A、5A 断路器合闸假象）。

2）检查 11ABP、12ABP、13ABP 动作指示正常，退出 11ABP、12ABP、13ABP。

3）复归 11ABP、12ABP、13ABP。

4）加快排除 607 断路器故障。

5）合上 607 断路器。

6）检查 6kV Ⅱ 母线电压正常。

7）断开 3A 断路器、合上 2A 断路器。

8）断开 6A 断路器、合上 5A 断路器。

9）检查 400V 各母线电压正常。

10）投入备用电源自投装置 12ABP、13ABP。

11）隔离 2T、2G、6T（处理步骤同第一种情况）。

6．质量要求

(1) 正确记录和复归故障现象，无遗漏。

(2) 严格按倒闸操作原则和规定的顺序进行操作。

(3) 操作要准确到达指定的设备，不许走错位置和错误拉合断路器、隔离开关。

(4) 能判断备用电源自投装置动作不良现象。

(5) 能准确进行备用电源自投装置的退投操作。

(6) 不许造成扩大停电范围的操作。准确记录和复归故障现象，无遗漏。

(7) 掌握绝缘检查方法

7．评分标准

(1) 正确记录和复归故障现象，5 分。

(2) 正确判断事故性质，5 分。

(3) 处理过程正确，30 分。

(4) 要求到正确的位置记录现象，不到位的扣 2 分。

(5) 漏消音，扣 2 分。

(6) 没有复归的，若经提示能完成，扣 2 分；经提示仍不能完成处理，扣 30 分。

(7) 无法判明事故性质，不能进行处理，扣 30 分。

(8) 事故性质表达不够准确，扣 2 分。

(9) 备用电源自投装置动作后在进行相应的检查和操作中：漏一项检查，扣 1 分；漏一项操作，扣 2 分。

(10) 隔离过程中漏拉隔离开关，一个扣 1 分，重要的隔离开关可扣 10 分。

## 4.6.2 任务　2T 主变重瓦斯保护、差动保护动作，伴 11ABP 动作不良事故处理

此事故发生前，4 台发电机组全停，水电站作为变电站运行。

1．记录事故现象

(1) 音响：电铃、电笛响。

(2) 光字牌：2T "主变纵联差动保护"、2T "重瓦斯保护"、"掉牌未复归"、"11ABP 装置动作"、"12ABP 装置动作"、"13ABP 装置动作" 光字牌亮。（消音）

(3) 断路器状态变化：对于 2T 主变，202 断路器、102 断路器自动跳闸；对于 2 号厂用分支 (6T)，802 断路器、610 断路器自动跳闸；对于 400V Ⅰ 段和 Ⅱ 段，2A 跳闸、3A 自动合闸；对于 400V Ⅲ 段和 Ⅳ 段，5A 跳闸、6A 自动合闸。

(4) 保护动作：2T 纵联差动保护动作掉牌、2T 重瓦斯保护动作掉牌指示灯亮。（复归）

(5) 仪表变化：对于2T主变，220kV侧、110kV侧电流指示为零；6T、9T、10T厂变，功率、各侧电流指示为零；6kVⅡ段母线电压指示为零；400VⅡ段和Ⅳ段电压恢复正常。

2. 判断事故性质

2T主变油箱体内发生短路故障，伴11ABP动作不良。

3. 处理过程要求

恢复6kVⅡ母线送电；恢复400V系统正常运行方式（暗备用运行方式）；隔离2T主变和2号厂（站）用分支。

4. 工具、材料设备场地

6kV、400V主接线，ABP保护屏。

5. 参考处理方案及步骤

(1) 恢复6kVⅡ母线送电。排除607断路器故障，合上607断路器，检查6kVⅡ母线电压正常。

(2) 恢复400V系统正常运行方式（暗备用运行方式）。断开3A断路器，合上2A断路器，检查400VⅡ段母线电压正常。断开6A断路器，合上5A断路器，检查400VⅣ段母线电压正常。投入12ABP、13ABP。

(3) 检查6kVⅡ母线以及400VⅡ段和400VⅣ段母线有无需恢复投运的设备。

(4) 隔离2T主变和2号厂（站）用分支。检查610断路器确断，断开6102隔离开关；检查802断路器确断，断开8021隔离开关，断开22隔离开关。检查102断路器确断，断开1022隔离开关，断开1021隔离开关。检查202断路器确断，断开2023隔离开关，断开2022隔离开关。

(5) 善后工作。要密切注意1T主变可能出现的过负荷现象；应知道2T主变事故处理后的善后工作（如2T主变保护应退出哪些出口压板等）；应知道稍后（几分钟后）退出2T主变冷却系统电源，对2T主变做抢修安全措施。

6. 质量要求

同4.6.1中"5. 质量要求"。

7. 评分要求

(1) 操作过程中出现原则性错误（如带负荷分、合隔离开关，带地线送电，设备无保护运行，发电机非同期并列、甩负荷，误拉断路器造成停电，发生事故等）一律记0分。

(2) 断路器送电前，不查断路器确断即合隔离开关，扣5分；合隔离开关顺序不对，扣5分。

(3) 断路器停电后，不查断路器确断即断隔离开关，扣5分；断隔离开关不按顺序，扣5分。

## 4.7 项目  发电机异常运行、故障和事故处理

### 4.7.1 任务  发电机定子绕组过热和转子绕组过热的处理

1. 现象

(1) 转子绕组温度超过额定值。

(2) 定子绕组铁芯温度超过额定值。
(3) 转子电流高于正常值。

2．处理

(1) 查看三相电流是否平衡，若超过规定应调整查明原因。
(2) 检查空气冷却器进出口水温是否正常。
(3) 降低转子电流至正常值。
(4) 必要时降低有功出力。

3．注意事项

(1) 发电机定子绕组温度不超过115℃，定子铁芯温度不超过105℃，转子绕组温度不超过130℃。
(2) 发电机静子各项电流之差不超过5%。

### 4.7.2 任务　发电机的 10 种异常运行和故障处理

(1) 在事故情况下，允许发电机的定子绕组和转子绕组在短时间内过负荷运行，事故过负荷的容许电流和容许时间应遵守现场运行规程（或制造厂）的规定，应严密监视发电机进出风、定子、转子绕组温度和定子、转子线圈出水温度以及电刷运行情况，不得超过最大值。当发电机的定子电流超过容许值时，电气值班人员应首先检查发电机的功率因数和电压，并注意核算电流超过额定值的倍数和持续时间，减少转子电流、降低定子电流到最大容许值，但不得使功率因数过高和电压过低。如减少转子电流不能使定子电流低到许可值时，应与调度员联系，降低发电机的有功负荷。

(2) 当运行中的发电机发生转子一点接地时，应对励磁系统进行清理和检查，如果是稳定性的金属接地，应立即停机处理。未查出原因应加强监视，待停机处理。在发电机励磁系统在一点接地的情况下，严防人为造成两点接地故障。

(3) 当发电机定子绕组或空气冷却器上出现凝结水珠（即结露时）时，应提高发电机的进风温度，排除结露现象。

(4) 当空气冷却器发生漏水时，应停用一组漏水冷却器，并排除地面积水，此时发电机的两端进风温差不超过3℃。

(5) 当发电机的滑环或励磁机的整流子表面发生强烈的环行火花，滑环变色，整流子表面烧伤发黑时，应立即清除和查明原因，迅速消除火花和过热现象，若无效，则立即降低励磁电流，甚至降低有功负荷等方法，使火花过热减小到规定允许值为止，仍然无效时停机处理。

(6) 当发电机发出差动保护断线信号时，应立即停用该机差动保护，尽量降低定子电流，对该机差动变流器二次回路进行检查，检查不出原因，则停机检查。

(7) 自动柜发生故障时，应及时修复并投入运行，不允许发电机在手动柜调节下长期运行，在手动柜运行时，在调节发电机有功功率的同时必须先适当调节无功功率，以防止发电机失去静态稳定性。

(8) 当发电机 13.8kV 侧出口直接发生短路后，应对定子线圈进行仔细的检查，若发现定子线圈变形、绑线松脱、垫块脱落、泄漏水和其他异常现象时，应停用检查。

(9) 当发电机发生冒烟、失火故障时，除按发电机失火处理规定外，其冷却水系统应继续运行，不得停止供水，直到火全部扑灭为止。

（10）在发变组220kV断路器以外发生长时间的短路，且定子电流表的指针指向最大而电压剧烈降低时，如果保护装置拒绝动作，应立即手动将发变组解列。

### 4.7.3 任务　发电机启动时升不起电压处理

**1. 发电机启动时升不起电压现象**

发电机合上励磁断路器，用置位按钮或增励磁按钮升压时，励磁电流、电压和交流电压表无指示或励磁电流、电压有指示，交流电压无指示。

**2. 处理方法**

（1）检查励磁断路器是否合好，在励磁机的正、负两级电刷上测量有无电压，若有电压，则应对励磁回路进行检查。

（2）检查发电机电压互感器一、二次熔断器及辅助接点是否良好，表计是否正常。

（3）通知检修人员检查处理。

### 4.7.4 任务　发电机失磁事故处理

水轮发电机不允许失磁运行。

**1. 现象**

（1）"发变组异常"光字牌亮，显示发电机"失磁（$t_0$）"或"失磁（$t_1$）"信号。

（2）发电机有功功率表指示降低、无功功率表过零位指示为负值。发电机母线电压通常降低，定子电流表指示升高，功率因数表指示进相，即发电机由系统吸收无功功率，定子电流和转子电压有周期性摆动。

（3）转子电压升高，电流到零（励磁系统开路）或转子电流升高、电压降低（线圈短路）。

**2. 处理**

（1）发电机"失磁（$t_0$）"保护动作时，检查发电机负荷情况，降有功负荷，迅速增加励磁电流，一旦无效出现，表计出现周期性摆动、振荡应按发电机振荡处理，紧急解列、停机。

（2）发电机"失磁（$t_1$）"保护动作时，发变组断路器跳闸。发电机失去励磁时，如失磁保护未动作停机，应立即手动将发电机解列。应迅速查其失磁原因，设法恢复并网。

### 4.7.5 任务　励磁系统的故障现象及处理

励磁系统在下列故障情况下应退出运行：

（1）励磁装置或设备的温度明显升高，采取措施后仍超过容许值。

（2）励磁系统绝缘下降，不能维持正常运行。

（3）灭磁开关、磁场断路器或其他交直流断路器触头发热。

（4）整流功率柜故障。

（5）冷却系统故障，短时不能恢复。

（6）励磁调节器自动单元故障，手动单元不能投入。

### 4.7.6 任务　励磁系统不正常运行或出现故障时的处理

（1）发电机励磁电流、无功功率异常，机组尚未失步，立即降低有功负荷，同时增加励磁电流。

(2) 起励失败，检查起励回路设备电源，未查清原因前，不得再次启动。

(3) 机组运行中，由于滑环、电刷或整流子表面不清洁造成电刷冒火时，可用擦拭方法或按现场运行规程明确规定的处理方法与注意事项进行处理，同时应减少发电机的有功及无功负荷，至消除不正常现象为止；如果所采取的措施无效，应将发电机从电网解列。当励磁机着火冒烟时，值班人员应立即紧急停机灭磁，并按消防规程规定进行灭火。

(4) 运行中发现励磁回路的绝缘电阻突然降低时，应用压缩空气吹净整流子或滑环，以恢复绝缘电阻。如果绝缘电阻不能恢复，则应对发电机严密监视，一有机会就将该发电机停下，查明绝缘电阻降低的原因，并采取措施恢复绝缘。

(5) 励磁调节器发生故障时，在强行励磁、强行减磁装置均正常的情况下，允许短时间将励磁切换至手动状态运行。自动灭磁装置故障退出运行时，不得将发电机投入运行。

### 4.7.7 任务 仿真发电机组突然甩负荷的处理

**1. 水轮发电机甩负荷**

水轮发电机组发生甩负荷后，巨大的剩余能量使机组转速快速升高，机组振动增大，调速器迅速关闭导叶，并经过一段时间的调整，重新稳定在空载工况下运行。若水头较高、甩负荷量过大，巨大的能量冲击可能对水力机械及各电气设备造成破坏性影响，严重的可能导致爆炸或水淹厂房事故。若产生飞逸过速可能损坏转动部件，过电压可能损坏电气设备，快速关闭导叶可能产生水锤造成承受水压部件失事，产生巨大噪声。

甩负荷分为两种：

(1) 主动甩负荷。当电网提供的有功功率大大小于系统需要的有功功率时，主动甩掉部分不重要的负荷，提高电网供电质量。

(2) 故障甩负荷。发生这种事故的原因主要是电网有故障。正在并网发电的机组突然解列甩去负荷后，发电机输出功率为零，水轮机之前作用于转换电能的冲转机械能全部用于转速的增加。一般的大型水轮发电机组由于调速系统的作用，机组转速会上升至50~70Hz范围内，功角变大（引起震荡）。之后由于调速器等作用，减少了原动机出力，转速又回到了正常的50Hz。带负荷比较低的机组突然解列，可能由于所甩负荷没达到能使转子产生过速的电气功率，所以只跳了相应断路器，机组空载，不过有些电站程序里会跳励磁的灭磁断路器，所以空转情况比较多。但如果水轮机调速机构失灵或其他原因使导水机构不能关闭，则水轮机转速迅速升高，这种情况称为"飞逸"（俗称"飞车"）。发电机设计上是能够承受水轮机的飞逸转速的。

**2. 故障甩负荷的类型**

水轮发电机组甩负荷主要有以下几种类型：

(1) 因供电输变线路突然跳闸，使机组负荷无法正常输出。

(2) 发电机保护动作，跳开发电机出口断路器。

(3) 水轮机保护动作，导水机构关闭。

**3. 甩负荷的判断**

机组发生甩负荷时，运行值班人员要迅速判明甩负荷的原因，然后才能采取对应的措施进行处理，判断的方法主要有以下几种：

(1) 当因电气原因〔上述 (1)、(2) 种类型〕造成机组甩负荷时，则发电机甩去全部或大部分负荷（仅剩下厂用电负荷），这时机组最显著的特征是转速升高，若水轮机调速系统的动态特性不理想，就会造成水轮机超速保护动作而停机。

（2）当由水轮机保护动作［上述第（3）种类型］造成机组甩负荷时，则发电机组会甩去全部负荷，此时机组转速与甩负荷前相比基本不变。水轮发电机甩负荷发生飞逸事故后，水轮发电机组要经过检查后，才能重新投入运行。

（3）当发电机的断路器自动开断时，值班人员应立即检查以下项目：

1）检查自动灭磁开关是否跳开，如果未跳开，就立刻用远方操作按钮将其切断；如果在发电机与断路器之间有支线，则只有当支线断路器也同时自动切断时，才可将自动灭磁开关切断。

2）检查发电机是否停机，监视停机过程。

3）检查保护装置动作使发电机被切断的原因。

4）如果确定断路器开断是由于人员过失或保护误动作引起的，则应立即将发电机并网或恢复备用。

如果由于发电机外部短路引起发电机保护装置动作而被切断，同时内部故障的保护装置未动作，经外部检查发电机亦未发现明显的不正常现象，则发电机即可并入电网。

当发电机由于内部故障的保护装置动作而跳闸时，还应测量定子绕组的绝缘电阻，并对发电机及其有关的设备和所有在保护区域内的一切电气回路（包括电缆在内）的状况作详细的外部检查，查明有无外部征象（如烟、火、响声、绝缘烧焦味、放电或烧伤痕迹等），以判明发电机有无损坏。此外，应同时对动作的保护装置进行检查，并查问电网上有无故障。

如果检查发电机及其回路并未发现故障，则发电机可从零起升压。如升压时发现不正常情况，应立即停机，以便详细检查并消除故障；如升压时并未发现不正常现象，则发电机可并入电网运行。

在中性点经消弧线圈、接地变压器接地的系统中运行的发电机，当发现系统中有一点接地时，无论接地点在发电机内部或发电机外部，都应立即转移负荷停机。

如果发电机由于甩负荷后转速升高使过电压保护装置动作而与电网解列时，经判断正确后，立即将发电机并入电网带负荷。

## 4.8 项目　仿真直流供电系统故障紧急处理

仿真直流供电系统故障紧急处理时，查找直流接地的一般步骤：

（1）分清接地故障的极性，粗略分析一下故障发生的原因。

1）分析故障与气候变化是否有关。长时阴雨天气会使直流系统绝缘受潮，室外端子箱、机构箱、接线盒等可能因密封不良进水。

2）检查二次回路上有无工作人员，分析故障与设备操作是否有关。

（2）若二次回路上有人工作，或有设备检修试验工作，应立即停止。拉开直流试验电源，看接地信号是否消失。

（3）将直流系统分成几个没有联系的部分，即用分网法缩小查找范围。注意不能使保护失去电源,操作电源尽量用蓄电池带。

(4) 对于不太重要的直流负荷及不能转移的分路,利用"瞬停法",检查该分路所带回路中有无接地。

(5) 对于较重要的直流负荷,用转移负荷法,检查该分路所带回路中有无接地故障。

(6) 进一步查出故障回路,用瞬拔直流操作熔断器、信号熔断器的方法,查明故障所在回路。

(7) 查出故障元件。

**任务 直流接地(或绝缘不良)处理预案演习**

1. 原则

(1) 直流接地应视为事故处理。

(2) 发生直流接地时,禁止在二次回路上工作。

(3) 查找和处理时,不得造成直流短路和另一点接地。

(4) 查找和处理必须至少两人进行。

(5) 拉开直流回路前应采取必要措施防止直流失压可能引起的保护、自动装置误动。

(6) 禁止使用灯泡查找,所用仪表的内阻不低于2000Ω。

2. 现象

警铃响,直流屏绝缘监察光字牌亮,直流母线绝缘监测表计电压指示"+"对地为(或接近)220V或0V;"-"对地为(或接近)0V或220V。报警信号不能复归。自动巡检系统开始检查各支路的绝缘情况,并弹出某支路绝缘下降的信号,同时给出系统的绝缘电阻值。

3. 处理

(1) 根据发出的信号,迅速检查母线的接地级别和接地程度。停止站内的二次回路工作。汇报调度,并根据当时的运行方式、二次回路有无工作和操作、天气湿度和监测仪巡检情况等因素判断可能接地的地方。经调度许可采用拉开直流回路分段寻找的方法进行查找。

(2) 以先信号和照明部分后操作回路部分,先室外后室内的原则进行。在切断各专用直流回路时,切断时间不得超过3s,不论接地现象是否消除都应合上,当发现某一专用直流回路有接地时,应及时找出接地点,尽快消除。

(3) 查找直流接地的顺序:

1) 事故照明,各电压等级系统的配电装置电源。

2) 信号总电源和各一次设备的信号电源;公共回路的信号电源。

3) 各一次设备的控制电源;公共回路的控制电源。拉开前应向值长或调度申请,并不得造成保护及自动装置故障和断路器跳闸。

4) 直流供电系统和蓄电池。

(4) 经过上述方法若能找出接地点,应及时消除,复归接地信号,恢复正常运行。如只能判断出接地点在某一支路,而找不到具体的接地点,应暂时将该支路退出运行,恢复直流系统的正常运行后,再查找。

(5) 若找不到接地点,应汇报调度,由专业人员查找处理。拉开直流回路查找直流接地时找不到接地点的原因:

1) 充电设备、蓄电池、直流母线上接地。
2) 直流串电（存在寄生回路）。
3) 同级两点接地。
4) 直流系统整体绝缘水平低。
5) 多处出现虚接地点。
6) 环网供电网络的另一回路未拉开。

## 附件 4.1　班组反事故演习记录样例

参加演习人员姓名：

演习题目（事故性质）：110kV 3Y 故障，107 断路器失灵

1. 记录故障或事故信息
(1) 音响：电铃电笛响。
(2) 光字牌：3Y 线路零序保护动作，107 断路器失灵保护动作，110kV Ⅱ段母线保护动作，掉牌未复归等光字牌亮。
(3) 断路器跳闸情况：108、100、102、104、109 断路器由红变绿，4G 灭磁。
(4) 保护装置动作掉牌情况：3Y 零序保护 Ⅰ 段动作，110kV Ⅰ 母线保护动作等掉牌指示灯亮。
(5) 表计变化情况：110kV Ⅱ 母电压为零，4G 电压、电流、功率为零，4G 转速和导叶开度降为零。
2. 演习步骤记录
09：20 调度下令隔离 107 断路器和 3Y 线路，完成后汇报调度。
09：23 调度下令恢复 110kV Ⅱ 段运行，完成后汇报调度。
09：30 调度下令用 190 送 3Y，完成后汇报调度。
09：33 值班长下令恢复 4G 开机、并网发电、带满负荷运行。
09：40 值班长向调度汇报结果

演习过程评价：
(1) 能在演习中自行检查系统发现的问题。
(2) 整个演习过程中演习人员配合默契，组织分工明确，能正确使用仪表及判断事故性质，能按事故处理流程进行事故处理，总体表现好。
(3) 细节问题：在记录方面显不足，第一，没有根据记录的信号汇报调度；第二，汇报调度没有记录时间、调度人员姓名，记录内容不够详细；无善后工作记录

评价意见：
审阅人：　　　　　　　　　　　　　　　　　　　　　　　　　　月　　日

## 附件 4.2　一例无人值守变电站的设备异常及事故处理规程（供参考）

1. 事故处理总则
(1) 事故处理的主要任务。
1) 尽速限制事故发展，消除事故根源，并解除对人身和设备的威胁。
2) 用一切可能的方法保持设备继续运行，以保证对用户正常供电。
3) 尽快对停电设备恢复供电。
4) 调整电力系统的运行方式，使其恢复正常。
(2) 事故处理的一般原则。

附件4.2 一例无人值守变电站的设备异常及事故处理规程（供参考）

1) 无人值守变电站发生事故或异常情况，巡检值班人员应尽快赶往现场。处理事故时，对系统运行有重大影响的操作，必须依照值班调度员的命令或经其同意后进行。

2) 如果值班调度员的命令直接威胁人身或设备的安全，则无论在任何情况下均不得执行。当值班长接到此类命令时，应该把拒绝的理由报告值班调度员和本单位的总工程师，并记载在操作记录本上，然后按本单位的总工程师的指示行动。

3) 事故时值班人员应向值班调度员报告如下内容：①继电保护、重合闸及其他安全自动装置动作情况；②断路器跳闸次数及跳闸状态；③重合闸动作后的高压断路器的外观情况；④出力、潮流、频率、电压的变化。

（3）消除事故顺序。

1) 根据表计的指示和设备的外部征象，判断事故的全面情况。

2) 如果对人身和设备有威胁，应尽力设法解除这种威胁，并在必要时停止设备的运行。如果对人身和设备没有威胁，则应尽力设法保持或恢复设备的正常运行。应该特别注意对未直接受到损害的设备进行隔离，保证完好设备的正常运行。

3) 对于无人值守变电站，巡检人员应迅速进行检查和试验，在判明故障的性质后，进行必要的处理。如果巡检人员自己的力量不能处理损坏的设备时，应立即通知检修人员前来修理。在检修人员到达之前，应把工作现场的准备工作做好，如切断电源、安装接地线、悬挂警告牌等。

4) 为了防止事故扩大，必须主动将事故处理的每一阶段迅速地报告调度及直接的上级领导。

5) 事故发生时，值班调度员是处理事故的指挥人。处理事故时，必须迅速正确，不应慌乱。在接到处理事故的命令时，必须向发令人重复一次；若命令不清楚或对它不了解，应再问明白。命令执行以后，要立即报告发令人。

6) 发生事故时，应仔细注视表计和信号的指示，在主控室的值班人员中，务必有人记录各项操作的执行时间（特别是先后顺序）和与事故有关的现象。

（4）操作。事故处理期间，值班人员（或巡检人员）应服从值班调度员的指挥。凡涉及系统的操作，均应得到值班调度员的指令或许可。但下列操作无须等待调度员的指令，可以执行后再详细报告：

1) 将直接对人身安全有威胁的设备停电。

2) 将已损坏的故障设备隔离。

3) 双电源的线路断路器跳闸后，断路器两侧有电压时恢复同期并列。

4) 电压互感器熔断器熔丝熔断时将有关保护停用。

5) 已知线路故障而断路器拒动时，可将断路器断开。

6) 自用电消失，恢复自用电的操作。

7) 事故处理过程中，不得进行交接班，只有到事故处理告一段落后，接班人员能够工作时，才允许交接班。

2. 主要设备的典型事故处理

（1）母线事故处理。

1) 母线故障。处理原则如下：

a. 母线故障后，值班人员（或现场巡检人员）应对停电母线和故障母线上的各组件设备进行外观检查，查明情况后立即报告值班调度员。

b. 经检查找到故障点并尽快隔离，对停电母线恢复送电。

c. 经检查找不到故障时，若要试送电，应尽可能用外来电源。当使用本站电源试送电时，应首先使用带充电保护的母联，也可使用主变断路器，但应改变主变定值，提高灵敏度及缩短动作时限。

2）母线失压和母线电源消失事故处理。处理原则如下：

a. 母线失压时，值班人员（或巡检人员）应根据继电保护的动作情况，断路器的跳闸情况，现场发现故障的声、光等信号，判断是否母线故障。并将情况立即报告值班调度员。

b. 母线电源消失是指母线本身无故障而失去电源，一般是由于系统故障或组件开关拒动，引起越级跳闸所致。判断的依据是：该母线电压表指示消失；该母线各组件负荷、电流指示为零；由该母线供电的站用电消失。

c. 多电源变电站母线电压消失的处理原则是在确定非本母线故障时，为防止各电源突然来电引起的非同期并列，现场值班人员应按下述方法区别处理：

（a）拉开查明是拒动的断路器。

（b）单母线仅保留一路电源开关，拉开所有其他电源开关。

（c）双母线应先拉开母联断路器，每一组母线保留一路断路器，拉开所有其他电源开关（包括主变断路器）。

（2）单相接地故障处理。无人值守变电站发生单相接地时，巡检人员接调度通知后，应立即赶赴发生故障的变电站进行处理。带接地故障的线路运行时间不得超过2h。

寻找接地故障的一般方法：若线路装有接地信号装置，应检查信号继电器是否掉牌；若无接地信号装置，应按以下方法查找：

1）检查本站内母线系统及设备是否接地，TV熔丝是否熔断。

2）确定接地馈线后，应立即报告调度员，由调度员组织有关人员处理。

（3）通信中断时的事故处理。变电站的通信完全与调度失去联系后，值班人员（或巡检人员）应主动采取措施，尽快恢复通信联系。若此时发生事故，值班人员（或巡检人员）应按事故处理原则和现场运行规程进行事故处理。

（4）变压器的不正常运行和事故处理。

1）变压器不正常运行处理。

a. 现象。

（a）值班人员（或巡检人员）在变压器运行中发现不正常现象时，应设法尽快消除，并报告上级和做好记录。

（b）变压器有下列情况之一者，应立即停运，若有运用中的备用变压器，应尽可能先将其投入运行：

a）变压器声响明显增大，很不正常，内部有爆裂声。

b）严重漏油或喷油，使油面下降到低于油位计的指示限度。

c）套管有严重的破损和放电现象。

d）变压器冒烟着火。

附件4.2 一例无人值守变电站的设备异常及事故处理规程（供参考）

b. 处理原则。

（a）当发生危及变压器安全的故障，而变压器的有关保护装置拒动时，值班人员应立即将变压器停运。

（b）当变压器附近的设备着火、爆炸或发生其他情况，对变压器构成严重威胁时，巡检人员应立即将变压器停运。

（c）变压器油温升高超过制造厂规定值时，值班人员（或巡检人员）应按以下步骤检查处理：

a）检查变压器的负载和冷却介质的温度，并与在同一负载的冷却介质温度下正常的温度核对。

b）核对温度测量装置。

c）检查变压器冷却装置或变压器的通风情况。

d）若温度升高的原因是由于冷却系统的故障，且在运行中无法修理时，应将变压器停运修理；若不能立即停运修理，则值班员应按现场运行规程的规定调整变压器的负载至允许运行温度下的相应容量。

e）在正常负载的冷却条件下，变压器温度不正常并不断上升，且经检查证明温度指示正确，则认为变压器已发生内部故障，应立即将变压器停运。

f）变压器在各种超额定电流方式下运行，若顶层油温超过105℃时应立即降低负载。

g）当发现变压器的油面较当时油温所应有的油位显著降低时，应查明原因。

h）变压器油位因温度上升有可能高出油位指示极限，经查明不是假油位所致时，则应放油，使油位降至与当时油温相对应的高度，以免溢油。

2）瓦斯保护装置动作的处理。瓦斯保护信号动作时，应立即对变压器进行检查，查明动作的原因，是否是因积聚空气、油位降低、二次回路故障或是变压器内部故障造成的。如气体继电器内有气体，则应记录气量，观察气体的颜色及试验是否可燃，并取气样及油样做色谱分析，可根据有关规程和导则判断变压器的故障性质。若气体继电器内的气体为无色、无臭且不可燃，色谱分析判断为空气，则变压器可继续运行，并及时消除进气缺陷。若气体是可燃的或油中溶解气体分析结果异常，应综合判断确定变压器是否停运。

瓦斯保护动作跳闸时，在查明原因消除故障前，不得将变压器投入运行。为查明原因应重点考虑以下因素，作出综合判断：

a. 是否呼吸不畅或排气未尽。

b. 保护及直流等二次回路是否正常。

c. 变压器外观有无明显反映故障性质的异常现象。

d. 气体继电器中积聚气体量，是否可燃。

e. 气体继电器中的气体和油中溶解气体的色谱分析结果。

f. 必要的电气试验结果。

g. 变压器其他继电器保护装置动作情况。

3）变压器跳闸和灭火。变压器跳闸后，应立即查明原因。如综合判断证明变压器跳闸不是由于内部故障所引起，可重新投入运行。若变压器有内部故障的征象时，应作进一步检查。变压器跳闸后，应立即停油泵。变压器着火时，应立即断开电源，停运冷却器，

并迅速采取灭火措施，防止火势蔓延。

（5）断路器不正常运行处理。巡值班人员（或巡检人员）在断路器运行中发现任何不正常现象（如 $SF_6$ 气压降低、真空泡漏气、分合闸指示不正确等），应及时予以消除，不能消除时应及时汇报地调及检修部门。

断路器有下列情况者，应立即申请停电处理：套管严重破裂和放电现象；$SF_6$ 气压降低发闭锁信号；液压突然失压到零；真空泡漏气。

断路器的事故处理：

1）断路器事故跳闸后，值班人员或巡检人员（巡检人员应尽快赶往现场），检查保护动作情况并对断路器进行全面检查，还应做好记录并向调度汇报。

2）断路器事故跳闸后强送，不论成功与否，均应对断路器外观进行仔细检查。

3）断路器拒跳，在未查明原因、消除缺陷前，不能投入运行。

4）$SF_6$ 断路器爆炸或严重漏气等事故，值班人员（或巡检人员）接近设备应谨慎，尽量选择从"上风"处接近设备，必要时要戴防毒面具、穿防护服。

（6）隔离开关异常和事故处理。隔离开关无法分合闸操作时，应检查操作顺序是否正确、闭锁装置是否正常、操作机构是否故障。运行中支持瓷瓶破裂、放电严重或操作隔离开关时，若发生隔离开关错位或支持瓷瓶破裂等，则立即汇报调度和检修部门处理。

发生带负荷分合隔离开关时，应遵守如下规定：

1）带负荷误合隔离开关或将隔离开关误合至故障回路，无论是否造成事故，均只能用断路器切断该回路，再分开该隔离开关，并将情况报告有关部门或领导。

2）带负荷误分隔离开关，一发现刀口出现电弧应立即合上，若已拉开，应迅速果断操作完毕，不可停顿，更不能把已误拉的隔离开关再合上，并将情况报告有关部门或领导。

3）发现隔离开关发热，应及时汇报调度，设法减轻负载或改变运行方式将其退出运行，同时汇报检修部门处理。

（7）电力电容器事故处理。

1）现象。出现下列情况，应立即停用电容器并及时汇报地调度：

a. 电容器爆炸。

b. 本体防爆膜破裂。

c. 套管严重放电闪络。

d. 接头发热严重。

e. 电容器喷油或起火。

f. 系统单相失地。

2）处理原则。

a. 电容器事故跳闸，不得强送。

b. 过压保护动作，值班人员（或巡检人员）应检查电容器本体及所连接母线的 TV 回路有无故障征象。地调调度员可根据远动系统采集的母线电压、无功功率、主变压器分接头位置或系统是否电压波动等因素，综合判断电容器可否再次投入。

c. 过流保护、差压保护动作，巡检人员应检查电容器本体、放电 TV 及单元内的其他组件有无故障，并将结果汇报调度及检修部门。

d. 失压保护动作,检查母线电压是否正常,放电 TV 是否异常,本体是否存在故障。

e. 电容器着火,禁止使用水、酸碱泡沫灭火器,应使用 1211、干粉等灭火器灭火。

## 附件 4.3　学生事故处理记录卡

学生事故处理记录卡如下。

班级:

| 操作人姓名:<br>学号: | | 记录人姓名:<br>学号: | |
|---|---|---|---|
| 事故处理题目 | | | |
| 事故发生前<br>系统运行方式 | | | |
| 事故现象 | 判断事故范围、原因 | 时间 | 事故处理过程记录 |
| | | | |
| | | | |
| | | | |
| | | | |
| | | | |
| | | | |
| | | | |
| | | | |
| | 最后判断事故设备 | | |
| | | | |
| | | | |
| | | | |
| | | | |
| | | | |
| | | | |
| | | | |
| | | | |
| | | | |

善后工作情况:

# 模块 5  水电站机电一体运行岗位仿真实训

## 5.1 项目  机组自动开机启动前的检查操作

### 5.1.1 任务  机组油系统的检查操作

注：以下用 * 表示机组号数，分别为 1、2、3、4。

1. 透平油系统检查

透平油系统参考图如图 5.1 所示。

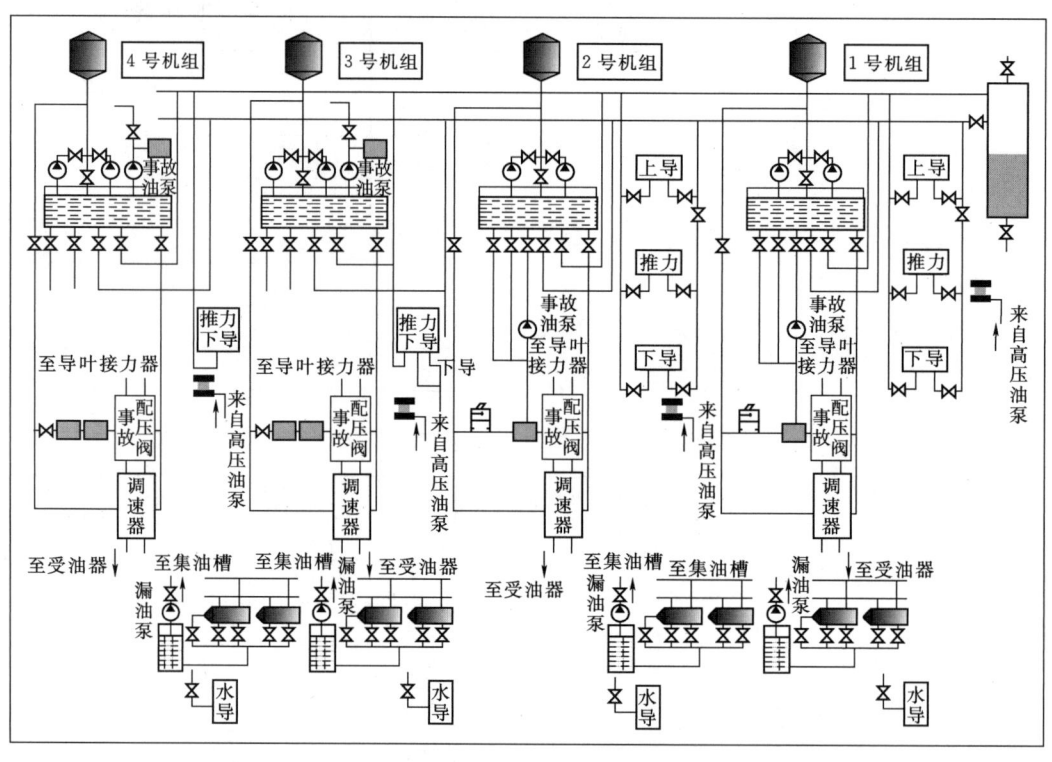

图 5.1  透平油系统参考图例

(1) 上导轴承、推力轴承、下导轴承、水导轴承油质合格，油面在标志线在±5mm 之间。

(2) 全关上导轴承、推力轴承、下导轴承、水导轴承给、排油阀 *103 阀、*104 阀、*105 阀、*106 阀、*107 阀、*108 阀、*109 阀、*110 阀。

全关集油槽给、排油阀 *111 阀、*112 阀。

2. 油压系统检查

(1) 压油泵一台自动，一台备用。漏油泵置自动位置，事故油泵置自动位置。

(2) 压油槽油面在槽内容积的 35%～39% 之间，即油面指示在 1400～1550mm 之间（压力为 2.5MPa 时）。

(3) 压油槽压力表指示在 2.2～2.5MPa 之间。

(4) 集油槽油面在＋100～－50mm 之间。

3. 阀门位置检查

(1) 全开阀门：＊117 阀、＊118 阀、＊114 阀、＊113 阀、＊120 阀、＊1201 阀、＊127 阀、＊128 阀、＊1141 阀、＊123 阀、＊131 阀（接＊123 阀）、＊126 阀（接力器溢油阀）。

(2) 全关阀门：＊111 阀、＊112 阀、＊119 阀、＊132 阀、＊125 阀（接力器排油阀）、＊124 阀（接力器排油阀）、＊121 阀（接力器排油阀）、＊122 阀（接力器排油阀）、＊129 阀、＊134 阀、＊135 阀。

4. 压油槽油压的建立

(1) 压油泵放"手动"控制，启动压油泵给压油槽充油至正常油位（1400～1550mm），关闭压油泵。

(2) 打开＊301 阀、＊303 阀给压油槽充气至额定压力（2.5MPa），关闭＊301 阀、＊303 阀。

(3) 压油泵置"自动"位置。

### 5.1.2 任务　机组气系统检查

1. 压缩空气系统

(1) 空压机的运行方式：高压空气压缩机，一台置"自动"，一台置"备用"；低压空气压缩机，一台放自动，一台放备用。

(2) 正常工作压力：高、低压气槽压力正常，高压气槽的正常工作压力为 2.6～3.0MPa，低压气槽的正常工作压力为 0.6～0.7MPa。

2. 高压气系统阀门位置

(1) 全开阀门：0301 阀、0302 阀、0303 阀、0304 阀、0305 阀、0306 阀、0323 阀（联通阀）、3312 阀、4312 阀。

(2) 全关阀门：0307 阀、0308 阀、0320 阀（排污阀）、＊303 阀、＊303′阀。

3. 低压气系统阀门位置

(1) 全开阀门：0309 阀、0310 阀、0311 阀、0312 阀、0315 阀、0317 阀、3311 阀、3319 阀、4311 阀、4319 阀、1311 阀。

(2) 全关阀门：0313 阀、0314 阀、0316 阀、3320 阀、0324 阀、0325 阀、1309 阀、2310 阀、3315 阀、3313 阀、3318 阀、3317 阀、3321 阀、3320 阀、4313 阀、4315 阀、4317 阀、4318 阀、0321 阀、0322 阀、0337 阀、0328 阀、0326 阀、0327 阀、0329 阀、0330 阀。

4. 高压气压的建立

高压空压机，一台置"自动"，一台置"备用"，高压空压机自动启动给高压储气罐充气，至额定压力（2.5MPa）时，高压空压机自动关闭。

**5. 低压气压的建立**

低压空压机，一台置"自动"，一台置"备用"，低压空压机自动启动给低压储气罐充气，至额定压力（0.7MPa）时，低压空压机自动关闭。

### 5.1.3 任务　机组水系统检查

**1. 冷却水系统检查**

水电厂冷却水系统参考图如图 5.2 所示。

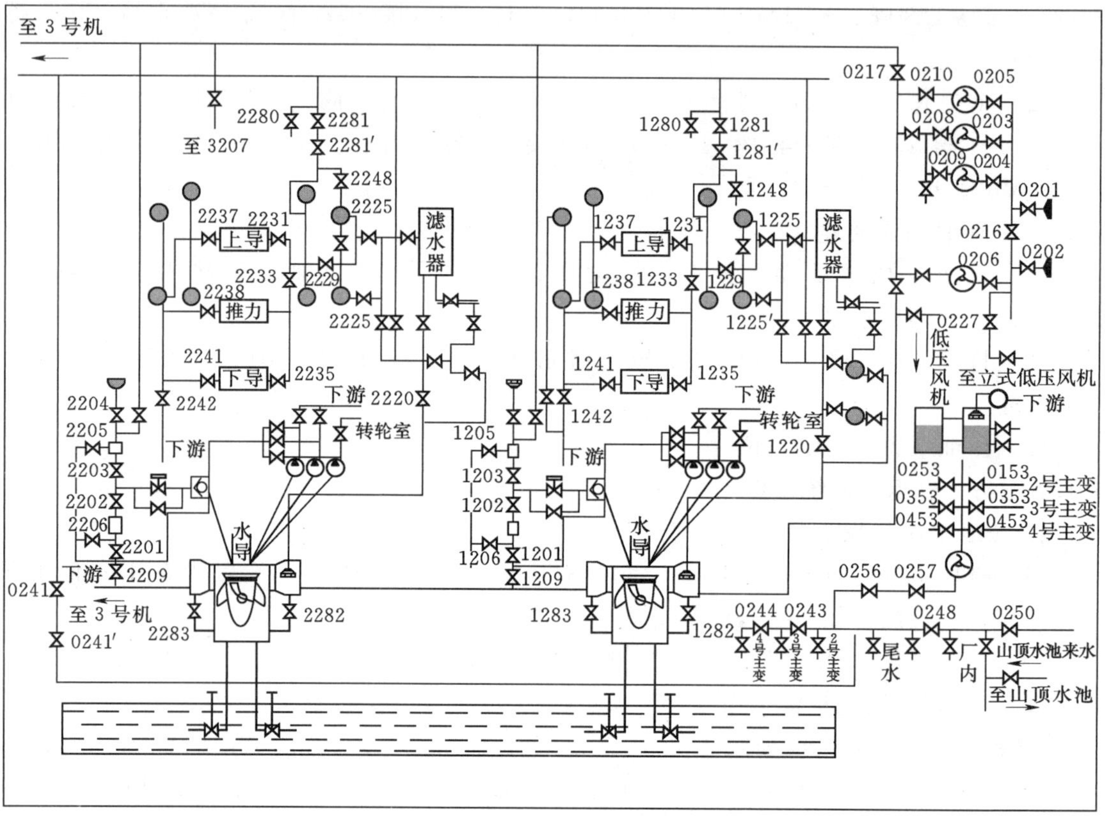

图 5.2　冷却水系统参考图例

（1）冷却水投入和退出方式。

1）机组自动启动时，自动打开冷却水阀 *225 阀（或 *225′阀）、*229 阀，自动启动冷却水泵。

2）机组手动启动时，手动打开冷却水阀 *225 阀（或 *225′阀）、*229 阀，手动启动冷却水泵。

（2）水泵运行方式。

1）1 号机组备用状态时，冷却水泵一台置"自动"，一台置"切"，机组启动运行时，自动泵自动启动。

2）2 号机组、3 号机组、4 号机组备用状态时，冷却水泵置"自动"，机组启动时自动启动。

## 5.1 项目 机组自动开机启动前的检查操作

3）取水和供水方式：上游取水为主水源，下游取水为备用水源。

四台机组冷却水采用水泵供水为基本方式，当上游水位在 60.00m 高程以上、气温低的情况下，四台机组冷却水可采用自流供水，并每月定期用水泵反向供水连续运行四天。

（3）阀门位置。

1）全开阀门：*216 阀、*217 阀、*218 阀、*219 阀、*221 阀、*224 阀、*231 阀、*237 阀、*238 阀、*233 阀、*235 阀、*241 阀、*244 阀、*242 阀（打开 70%～80% 开度）、*243 阀、0252 阀、0253 阀、0254 阀、0255 阀。

2）全关阀门：*220 阀、*226 阀、*227 阀、*228 阀、*242′阀、*225 阀、*225′阀、*229 阀。

2. 润滑水和生活水系统

（1）润滑水泵运行方式。1 号机组或 2 号机组启动正常运行时，润滑水泵一台置"自动"运行，一台置"备用"。1 号机组或 2 号机组启动时润滑水泵自动启动。只有 3 号机组、4 号机组运行时，润滑水泵放切。

（2）生活水泵运行方式。1 号机组或 2 号机组起动正常运行时，生活水泵一台置"自动"，一台置"手动"。只有 3 号机组、4 号机组运行时，生活水泵一台置"自动"，一台置"备用"。

（3）阀门位置。

1）全开阀门：0201 阀或 0202 阀、0203 阀、0204 阀、0205 阀、0206 阀、0207 阀、0208 阀、0209 阀、0210 阀、0211 阀、0217 阀、0218 阀、0212 阀、0242 阀、0249 阀、0251 阀、0252 阀、0253 阀、*201 阀、*207 阀、*209 阀、*210 阀、*211 阀、*212 阀、*202 阀和*203 阀（开在适当位置）。若使用 2 号或 3 号滤水器，则关*203 阀或*202 阀。

2）全关阀门：0202 阀或 0201 阀、0250 阀、*204 阀、*205 阀、*206 阀。

（4）润滑水投入和退出方式。

1）机组自动启动时，自动打开润滑水阀*208（或*208′），自动启动润滑水泵。

2）机组手动启动时，手动打开冷却水阀*208（或*208′），手动启动润滑水泵。

（5）取水和供水方式。

1）上游取水为主水源，下游取水为备用水源。

2）润滑水采用水泵供水为基本方式，当上游水位在高程 57.70m 以上时，可采用自流供水。

3. 顶盖排水系统

（1）顶盖水泵的运行方式。顶盖水泵一台置"自动"，一台置"备用"，一台置"切换"。

（2）阀门位置。全开阀门：*213 阀、*214 阀、*215 阀。

确保真空破坏阀、机械传动补气阀不漏水。

4. 渗漏排水和检修排水系统

（1）水泵的运行方式。集水井（渗漏）排水泵一台置"自动"，一台置"备用"；廊道

（检修）排水泵在备用状态，水泵吸水管充满水，电源正常。

(2) 阀门位置。

1) 全开阀门：0221 阀、0222 阀、0223 阀、0224 阀、0226 阀、0227 阀、0228 阀、0229 阀、0232 阀、0230 阀、0233 阀、0235 阀、0236 阀、0237 阀、0240 阀。

2) 全关阀门：0225 阀、0231 阀、0234 阀、0238 阀、0239 阀。

### 5.1.4 任务　发电机灭火系统检查

1. 各灭火水源检查

检查冷却水泵供水、廊道排水泵供水、山顶水池供水。各台机灭火水源从消防总管取得。

2. 发电机灭火阀门的位置检查

(1) 全关阀门：∗281 阀、∗281′阀。

(2) 全开阀门：全开∗248 阀。

确保发电机灭火环管无漏水。

### 5.1.5 任务　水机保护、动力和调速控制系统检查

1. 保护压板正确位置

电气事故压板、轴承过热压板、低油压事故压板、事故油泵启动压板、110％过速停机压板、一级过速压板、二级过速压板、事故配压阀失灵压板、刹车引出压板、水车事故跳发电机出口断路器压板、水车事故跳灭磁开关压板都在投入位置。

要求继电器无掉牌信号，盘面无光字牌。

2. 动力电源盘

动力盘电源和负荷开关投入，电压正常。

3. 水车电源盘

(1) 水车微机不间断电源 UPS 开关投入。

(2) 各指示灯燃、灭正确。

(3) 盘面无光字牌显示。

(4) 温度、压力显示正确。

(5) 水车盘交、直流操作电源开关投入，电压正常。

4. 调速控制系统

(1) 电调控制开关。自动/手动控制开关置"自动"；微机不间断电源 UPS 开关投入；微机 A、B 指示灯燃、灭正确；各表计指示正确。

(2) 各参数正确整定。

1) 空载状态：$b_t=30\%$，$b_p=0.5\%$，$T_d=10s$，$T_n=0.2s$，$E=0$。

2) 并入大电网后：$b_t=30\%$，$b_p=4\%$，$T_d=10s$，$T_n=0.2s$，$E=0$。

3) 并入地区网：$b_t=40\%$，$b_p=4\%$，$T_d=12s$，$T_n=0.3s$，$E=0$。

4) 水头（$H$）应根据每日的水头值从键盘敲入（停电后重新上电正常后，水头数值也要重新敲入）。

(3) 机械液压柜。

1) 导叶、轮叶"手/自动"切换电磁阀置"自动"位置。

2) 导叶、轮叶限制开度开到最大位置。
3) 机械液压柜面上导叶、轮叶开限表指示 100%。
4) 机械液压柜面上导叶"自动"运行灯亮。
5) 机械液压柜面上轮叶"自动"运行灯亮。
6) 接力器锁锭拔出灯亮。
7) 导叶平衡表有关机电流指示，导叶开度为 0。
8) 轮叶平衡表指示为 0；轮叶开度限制在 +10°。
9) 停机令已复归。
10) 导叶、轮叶电液转换器喷油正常。

### 5.1.6 任务　顶转子

**1. 顶转子的注意事项**

机组运行一年以后，停机超过 240h，或推力轴承检修后，在机组启动前必须顶转子一次。

**2. 顶转子操作**

(1) 关闭压油槽出口阀（*120 阀）。
(2) 调速器改为手动控制方式。
(3) 开度限制全关。
(4) 接力器锁锭下落。
(5) 切水车交、直流电源，切 UPS 电源开关。
(6) 在低压风系统，关闭 *305 阀、*306 阀、*307 阀、*308 阀。
(7) 切换三通阀接通高压油泵。
(8) 启动高压油泵打油到制动闸，油压不超过 10MPa，使发电机转子抬起 10~20mm。
(9) 打开排油阀，排出制动闸中的油。
(10) 切换三通阀接通低压气系统。
(11) 打开 *306 阀、*307、*308 阀、*3001 阀、电磁空气阀吹扫制动闸和环管中的残油。
(12) 检查风闸下落情况，恢复制动系统：关 *306 阀、关 *3001 阀、关电磁空气阀、关排油阀；开 *307 阀、开 *308 阀。
(13) 开压油槽出口 *120 阀。
(14) 调速器改回自动状态。
(15) 投入水车交、直流操作电源，投入 UPS 电源开关。

## 5.2 项目　机组系统检修后启动前的检查和试验

### 5.2.1 任务　接力器检修或排油后在机组启动前应进行的充油操作

**1. 充油前的注意事项**

(1) 进水口闸门全关，蜗壳内无水。

(2) 压油装置工作正常。

(3) 开度限制全关。

(4) 接力器排油阀全关，溢油阀开启。

(5) 集油槽回油阀全开。

(6) 切水车操作交、直流电源，切 UPS 电源开关。

2．接力器充油操作

(1) 漏油泵放自动，启动试验运行正常。

(2) 压油泵一台置"自动"，一台置"备用"。

(3) 调速器开度限制全关。

(4) 稍开压油槽出口阀（＊120 阀），待调速器油压正常后再全开。

(5) 调速器改为手动状态，接力器锁锭拔出。

(6) 逐渐打开开度限制至全开，并注意监视压油槽油面、油压情况。

(7) 调速系统充满油后将开度限制全关。

(8) 手动投入接力器锁锭。

(9) 根据工作需要可将调速器改为自动状态。

### 5.2.2 任务  冷却水系统检修后机组启动前应做通水试验

1．冷却水系统试验

(1) 原则上用冷却水泵供水或廊道水泵供水做通水试验。

(2) 可用山顶水池水做试验。

(3) 检查冷却水系统进、排水阀位置正确。

(4) 通水试验水压为 0.2MPa，要求 30min 内不漏水。

(5) 检查试验系统完好后恢复正常系统。

2．润滑水系统试验

(1) 检查各部进、排水阀位置正确。

(2) 启动润滑水泵。

(3) 检查各部无漏水、并调整水导轴承水压为 0.1～0.2MPa（调整 ＊202 阀或 ＊203 阀），水封漏水不很大。

(4) 停止润滑泵，恢复正常系统。

3．水泵启动或备用时的检查

(1) 动力电源投入，操作熔断器完好，自动保护装置完整可靠。

(2) 水泵进口阀及出口阀全开。

(3) 水泵吸水管充满水。

(4) 管路系统阀门位置正确，无漏水。

(5) 水泵和电机附近无妨碍运转的杂物。

### 5.2.3 任务  制动系统检修后机组启动前应进行试验

制动系统检修后机组启动前应做风闸自动、手动投入试验，检查是否有漏气现象，风闸起落是否灵活。

### 5.2.4 任务　水泵和电机检修后检查

（1）靠背轮已连接好，安全罩牢固，附近无妨碍机器运行的杂物。
（2）水泵、电动机地脚螺丝不松动，接地线完好。
（3）止水盘根压紧程度适宜，用手扳转靠背轮灵活。
（4）水泵进口阀，出口阀全开，系统有关阀门位置正确。
（5）自动装置、保护装置完好，启动器操作把手置"切"。
（6）测电机绝缘在 0.4MΩ 以上（廊道电动机在 0.2MΩ 以上）。
（7）操作机构良好，水泵操作熔丝投入。
（8）电动机如设有风门，风门的进口阀板置"全开"。

### 5.2.5 任务　空压机检修后启动前的检查操作

（1）靠背轮连接良好，安全罩牢固，附近无妨碍运转的杂物。
（2）风扇皮带良好，转动灵活。
（3）空压机、电动机地脚螺丝不松动，接地线良好。
（4）曲轴油箱油质、油量合格。
（5）空压机出口阀全开，储气槽进气阀全开。
（6）空压机气水分离器排污阀关闭。
（7）自动保护装置和操作机构良好。
（8）电动机检修后或空压机检修时间较长时，在启动前应测定电动机绝缘。
（9）投入操作熔丝、三相电源熔断器。
（10）操作回路电源空气开关投入。

### 5.2.6 任务　启动前发电机的检查

（1）发电机本体及励磁系统、引出母线及套管、瓷瓶完好，清洁完整，各部连接螺栓紧固，通过窥视孔观察发电机线棒绑扎完好，无脱线、无流胶、无结露现象。
（2）发电机定子铁芯绕组测温元件良好，励磁炭刷接触良好，压力适合，连线正常。
（3）发电机主断路器、隔离开关、电压互感器、高低压熔断器、电流互感器、电缆头、二次线均正常。
（4）轴承润滑油系统畅通、发电机及励磁机平台无渗油现象，风道清扫干净，进出口风温计完整，读数准确，发电机小室封闭良好，无漏风现象。
（5）发电机各测量表计、测温装置、继电保护的自动装置各压板投入正确。
（6）励磁回路元件及元件引出线等连接部位均清洁完整，接触良好。
（7）静止励磁装置的工作电源、备用电源、起励电源、操作电源等应正常可靠，并能按规定要求投入或自动切换。

## 5.3 项目　机组正常开机及开机后的检查

### 5.3.1 任务　调速器自动、手动切换操作

1. 调速器自动改手动的操作

（1）将导叶限制开度调整至当时导叶实际开度位置，导叶"条件"绿灯亮，按下导叶

"手动"按钮,检查导叶"手动"运行灯亮。

(2) 将轮叶限制开度调整至当时轮叶实际开度位置,轮叶"条件"绿灯亮,按下轮叶"手动"按钮,检查轮叶"手动"运行灯亮。

(3) 调整负荷时,用"增加"或"减少"按钮调整导叶开度,用"开启"或"关闭"按钮调整轮叶开度,使之与导叶开度相协联,调整负荷时应事先和电气操作人员联系好。

2. 调速器手动改自动操作

(1) 检查双微机电调各电源监视灯燃亮正常,无故障指示。

(2) 检查双微机电调 WA(WB) 工作正常,"正常"指示灯亮。

(3) 按下 WA(WB) 复位键,检查 WA(WB)"工作"指示灯亮。

(4) 检查导叶平衡表在平衡位置,若不平衡可调整双微机电调功率"增加"或"减少"按键使其平衡(机组空载运行时用液压开限"增加"或"减少"按键调整导叶开度使其平衡)。

(5) 按下导叶"自动"按钮,检查电液转换器喷油正常,导叶"手/自动"切换电磁阀在"自动"位置,导叶"自动"运行灯亮。

(6) 按下导叶"增加"按钮,将导叶限制开度开至最大负荷位置。

(7) 检查轮叶平衡表在平衡位置,若不平衡时调整机械液压柜轮叶开度限制"开启"或"关闭"按钮,调整轮叶开度使其平衡。

(8) 按下轮叶"自动"按钮,检查电液转换器喷油正常,"手/自动"切换电磁阀在"自动"位置,轮叶"自动"运行灯亮。

(9) 按下轮叶"开启"按钮,将轮叶限制开度开至最大位置。

3. 双微机电调的切换操作

(1) 检查 WA(WB),"正常"指示灯亮,无故障灯亮。

(2) 按下 WA(WB) 复位键切换至 WA(WB) 运行,检查 WA(WB)"工作"指示灯亮。

### 5.3.2 任务  机组正常自动开机操作

1. 机组开机条件

机组启动前应满足下列条件,若缺乏任何一条禁止启动机组:

(1) 进水闸门和尾水闸门全开。

(2) 机组自动装置和保护装置良好,并投入使用。

(3) 压油装置和事故压油装置工作正常。

(4) 调速器处于备用状态。

(5) 双微机调速器正常灯、工作灯燃亮正常,各电源指示灯燃亮正常,无故障灯指示。

(6) 液压柜各表计指示正常,各信号灯燃亮正常;导叶、轮叶液压手/自动切换阀在"自动"位置或"手动"位置(根据开机方式而定);电液转换器喷油正常,滤油器后压力表指示油压不低于 2.0MPa。

(7) 制动系统良好,风闸全部下落。

(8) 各轴承油面、油质合格;润滑水、冷却水系统处于待用。

(9) 机组各部检修结束，现场清理干净，检修工作票全部收回。

(10) 机组运行一年以后，停机超过 240h，或推力轴承检修后，在机组启动前必须顶转子一次。

(11) 机组无电气事故。若有电气事故，则须先处理电气事故，复归光字牌和掉牌信号，设备恢复正常后方能开机。

(12) 机组出口确在分闸位置，确保机组同期并网。

(13) 机组各设备操作电源电压正常。

(14) 发电机开机前的各项电气操作已完成。

2．自动开机操作

(1) 在"机组开机监控画面"中，检查开机条件满足。开机条件是：无电气事故、风闸无压、锁锭拔出、出口断路器分、导叶在自动位置、压油槽油压正常、机组无停机令、机组操作电源正常。

(2) 将 AVR 控制开关打在"手动"位置，合上灭磁开关 FMK。

(3) 按下"终止"按钮刷绿开机流程图，发出开机命令，机组按开机程序自动开机。在开机过程中，若自动回路不良，应查明原因后方可开机，在紧急情况下，经同意可改为手动开机。

(4) 检查润滑水阀＊208 阀打开正常（开 1 号机组或 2 号机组时）。

(5) 检查冷却水阀＊225 阀、＊229 阀打开正常。

(6) 检查润滑水泵启动正常，检查润滑水压符合附件 5.3 的规定。

(7) 检查冷却水泵启动正常，检查冷却水压符合附件 5.3 的规定。

(8) 待发电机转速达到额定转速，电压达到额定电压时，进行同期并网操作。

(9) 机组并网运行后，调 AVR 平衡至零，将 AVR 投"自动"位置，并根据电气要求，在"机组负荷棒图"中带上所需的有功功率和无功功率。

### 5.3.3 任务　在"机械液压柜"手动开机操作

(1) 在"机械液压柜"，复位。检查导叶开度限制在全关，导叶"手/自"动切换处在"手动"位置。若没有全关，按电液转换器（导叶"手/自"动切换钮），待导叶开度限制全关后，导叶"手/自"动切换就会处在"手动"位置。

(2) 在"机械液压柜"，检查轮叶开度限制在＋10°，轮叶电液转换器"手/自"动切换阀在"手动"位置。若电调轮叶部分正常时，可切换在"自动"位置，轮叶和导叶自动协联。

(3) 手动打开润滑水阀＊208 阀（开 1 号机组或 2 号机组时）。（冷却水界面）

(4) 手动打开冷却水阀＊225 阀。（冷却水界面）

(5) 手动打开冷却水阀＊229 阀。（冷却水界面）

(6) 手动启动润滑水泵（泵操作界面），检查润滑水压符合附件 5.3 的要求。（开 1 号机组或 2 号机组时）。

(7) 手动启动冷却水泵（泵操作界面），检查冷却水压符合附件 5.3 的要求。

(8) 按下机械液压柜面导叶"增加"按钮，打开导叶开度限制（导叶开限）到启动位置（视当时水头情况而定，在额定水头下启动开限约为 30%）。

(9) 将 AVR 控制开关打在"手动"位置。合上灭磁开关 FMK。机组转动时，按下机械液压柜面轮叶"开启"按钮，手动调整轮叶转角逐渐关回-10°。

(10) 当机组转速上升至 85％额定转速时，按下机械液压柜面导叶"减少"按钮，将导叶开限关至空载开限（视当时水头情况而定，在额定水头下空载开限约为 10.4％）。

(11) 待发电机转速达到额定转速，投入初励（或直流）起励开关（起励升压至 5.7kV 左右并稳定）。

(12) 投入初励（或自励）升压开关，断开初励（或直流）起励开关（升至 13.76kV 左右并稳定）。

(13) 用 DC 开关调电压升至 13.8kV，检查退出初励升压开关。

(14) 当转速和电压稳定在额定值，进行同期并网操作。

(15) 待机组并网运行后，用 AC 开关调平衡至零，将 AVR 控制方式置于"自动"。

(16) 根据电气的要求，将导叶限制开度调整至负荷需要对应的开度，同时调整轮叶角度使之与导叶相协联（或自动协联）。

### 5.3.4 任务　机组开机后的检查

开机后的检查是确保机组安全运行的重要工作之一。如发现设备异常，立即采取措施及时处理，将故障或事故消灭在萌芽之中。开机后的检查应注意以下几点：

(1) 机组手动开机或自动开机之后应检查机组振动情况，若振动偏大，应检查发电机三相电流是否平衡，水车室导叶剪断销是否折断，转动部分是否有异音。如现象判断不清时，可联系检修人员现地观察及有关技术负责人研究处理。

(2) 机组开机后检查机组制动装置是否处于正常工作状态，以备随时启用。

(3) 检查机旁盘各指示仪表正常。

(4) 检查机组各部水压正常。

(5) 检查机组摆度正常，水导上油良好。

(6) 检查发电机、励磁机炭刷接触良好，接触不良时可调整至正常。

(7) 检查水车室密封水及顶盖排水正常。

(8) 检查机组轴承各油面正常。

(9) 检查调速器液压机构各连接部分良好。

(10) 检查机组信号及操作电源正常。

(11) 检查电调电气控制回路正常，有功调节动作正常。

(12) 检查机械系统与电气系统有关设备操作项目完成，如变压器冷却水、电气系统灭火水等。

## 5.4 项目　机组停机操作及停机后的检查

### 5.4.1 任务　机组正常自动停机操作

(1) 在"机组停机监控画面"中，检查停机条件满足。停机条件是：压油槽油压正常、电调 A 无故障或电调 B 无故障、制动风压正常。

(2) 发出停机命令，机组按停机程序自动停机。在停机过程中，若自动器具动作不良应手动帮助。

（3）监视机组与系统解列（自动跳发电机出口断路器和跳灭磁开关 FMK）。

（4）当机组转速下降至 35% 额定转速时，检查制动闸动作正常。若制动闸不能自动投入，则应手动打开 *306 阀或电磁空气阀进行手动制动。

（5）机组全停后，检查制动闸排气情况，确保风闸下落。

（6）检查润滑水阀（*208 阀）关闭情况（停 1 号机组或 2 号机组时）。

（7）检查润滑水泵自动关闭（1 号机组、2 号机组都在备用时）。

（8）检查冷却水泵自动关闭。

（9）检查冷却水阀 *225 阀、*229 阀自动关闭。

### 5.4.2 任务　在"机械液压柜"手动进行机组停机操作

（1）调速器处在手动控制状态（导叶、轮叶）。

（2）减少导叶限制开度，将机组负荷平衡地降至接近于 0，同时将轮叶开度限制关至 −10°，将机组与系统解列（手动断发电机出口断路器和灭磁开关 FMK）。

（3）将导叶开度限制全关，并调整轮叶开度限制至 +10°。

（4）机组转速下降至 35% 额定转速时，手动制动机组（手动打开 *306 阀或电磁空气阀）。

（5）机组全停后，解除制动，检查风闸下落情况。

（6）手动关闭润滑水泵（1 号机组、2 号机组都在备用时）。

（7）手动关闭润滑水阀 *208 阀（停 1 号机组或 2 号机组时）。

（8）关闭冷却水泵。

（9）手动关闭冷却水阀 *225 阀和 *229 阀。

### 5.4.3 任务　紧急事故停机操作

按下"紧急停机"按钮，或水轮机控制装置发来紧急停机信号时，机组紧急停机。导叶全关后的操作与正常停机时操作一样。

### 5.4.4 任务　停机后的检查

停机后的检查主要应注意到停机过程中自动装置动作是否正常。对机组设备检查，应注意以下几点：

（1）调速器各部件连接有无异常。

（2）压油装置及油系统有无异常。

（3）机组轴承油面是否正常。

（4）机组转动部分有无异常。

（5）制动闸瓦是否全部下落。

（6）与机组停机相关的水系统是否正常。

（7）顶盖漏水是否增大。

（8）导叶全关时剪断销是否剪断。

（9）接力器锁锭是否投入。

（10）机旁盘各指示仪表指示是否正确。

## 5.5 项目　机组事故停机后的开机操作

### 5.5.1 任务　机组事故停机后重新自动开机操作

(1) 电气系统事故处理完毕。

(2) 发电机开机前的有关电气操作已完成。

(3) 有关光字牌复归完毕。

(4) 检查水轮发电机组正常。

(5) 检查风闸下落。

(6) 检查事故油泵关闭。

(7) 复归停机令。

(8) 将 AVR 控制开关置"手动"（计算机控制）。

(9) 合上灭磁开关 FMK。

(10) 按下"终止"按钮刷绿开机流程图。

(11) 检查开机条件满足，"开机准备"框为红色。

(12) 发出开机命令。机组按开机程序自动开机。在开机过程中，若自动回路不良，应查明原因后方可开机，在紧急情况下，经同意可改为手动开机。

(13) 检查润滑水阀 *208 阀打开正常（开 1 号机组或 2 号机组时）。

(14) 检查冷却水阀 *225 阀、*229 阀打开正常。

(15) 检查润滑水泵启动正常，检查润滑水压符合附件 5.3 的规定。

(16) 检查冷却水泵启动正常，检查冷却水压符合附件 5.3 的规定。

(17) 待发电机转速达到额定转速，电压达到额定电压时，进行同期并网操作。

(18) 机组并网运行后，将 AVR 控制开关置"自动"（电压由励磁柜自动调节）。

(19) 根据电气要求，在"机组负荷棒图"中带上所需的有功功率和无功功率。

### 5.5.2 任务　机组事故停机后重新手动开机操作

(1) 电气系统事故处理完毕。

(2) 发电机开机前的有关电气操作已完成。

(3) 有关光字牌复归完毕。

(4) 检查水轮发电机组正常。

(5) 检查风闸下落。

(6) 检查发电机出口断路器确在分闸位置。

(7) 检查锁锭拔出。

(8) 检查事故油泵关闭。

(9) 复归停机令。

(10) 在"机械液压柜"检查导叶开度限制在全关，导叶电液转换器"手/自"动切换阀在"手动"位置。

(11) 在"机械液压柜"，检查轮叶开度限制在＋10°，轮叶电液转换器"手/自"动切换阀在"手动"位置。若电调轮叶部分正常时，可切换在"自动"位置，轮叶和导叶自动协联。

(12) 手动打开润滑水阀＊208阀。(开1号机组或2号机组时)。

(13) 手动起动润滑水泵，检查润滑水压符合附件5.3的要求。(开1号机组或2号机组时)。

(14) 手动打开冷却水阀＊225阀。

(15) 手动打开冷却水阀＊229阀。

(16) 手动起动冷却水泵，检查冷却水压符合附件5.3的要求。

(17) 将AVR控制开关置于"手动"位置。

(18) 投入残压起励开关。

(19) 合上灭磁开关FMK。

(20) 按下机械液压柜面导叶"增加"按钮，打开导叶限制开度到起动开度位置（视当时水头情况而定，在额定水头下启动开度约为30%）。

(21) 机组转动时，按下机械液压柜面轮叶"开启"按钮，手动调整轮叶转角逐渐关回-10°。

(22) 当机组转速上升至85%额定转速时，按下机械液压柜面导叶"减少"按钮，将导叶开度限制关至空载开度（视当时水头情况而定，在额定水头下空载开限约为10.4%）。

(23) 待发电机转速达到额定转速，投入初励开关，断开残压起励开关。

(24) 用"DC开关"调电压升至13.8kV，再将AVR控制断路器置于"试验"位置，用AC开关调平衡至零，将AVR控制开关置于"自动"位置。

(25) 退出初励开关。

(26) 当转速和电压稳定在额定值，进行同期并网操作。

(27) 机组并网运行后，根据电气的要求，将导叶限制开度调整至负荷需要对应的开度，同时调整轮叶角度使之与导叶相协联（或自动协联）。

## 5.6 项目 机组运行中的维护

为确保水轮发电机组的安全运行，运行值班人员必须对运行中的机组及辅助设备全面地、认真地进行巡视检查，各设备的运行状态应符合机组运行规范的要求。对设备的异常状态做到及时发现、认真分析，并作好汇报和记录。

### 5.6.1 任务 机组运行中调速器的检查

(1) 调速器运行稳定，无异常摆动、抽动、跳动现象。

(2) 各杠杆传动装置动作正常，各部销钉无松动脱落现象。

(3) 调速器各管路接头不漏油，油压正常，油过滤器后压力指示不低于2.0MPa，与压油槽比较相差不大于0.2 MPa。

(4) 电液转换器喷油正常，无堵塞、发卡现象。

(5) 调速器各表计指示正确，液压柜各指示灯燃亮正确。

(6) 双微机电调WA（WB）"正常"灯亮，WA（WB）"工作"灯亮，状态指示灯指示正确,各参数显示正确,各电源监视灯亮,无故障指示。

(7) 液压柜各部关节润滑油正常。

### 5.6.2 任务　机组运行中压油装置及油管路的检查

(1) 压油装置油压、油面正常;压油泵一台置"自动",一台置"备用"。

(2) 集油槽油面正常。

(3) 各管路接头、阀门无漏油。

(4) 压力继电器、压力传感器工作正常。

(5) 压油泵、电动机运转声音正常,无剧烈振动、串动现象,定子外壳及轴承温度不过热,油泵停止时不反转。

### 5.6.3 任务　机组运行中机旁盘、制动系统的检查

(1) 机组水车保护盘无故障事故信号,保护压板或断路器位置正确;压油泵、顶盖水泵、漏油泵控制压板或断路器投、切位置正确。

(2) 各动力电源断路器投入,电源引线无松动、过热现象,动力盘电压正常,三相电压平衡。

(3) 各操作电源控制隔离开关或断路器投、切位置正确。

(4) 机组附属设备运行指示灯燃亮正常,指示正确。

(5) 水车微机监视系统 UPS 电源开关投入,各指示灯燃亮正常。

(6) 各轴承温度、冷热风温度、定子温度无异常变化。

(7) 机旁盘各仪表指示正确。

(8) 制动系统、风闸复归装置阀门位置正确,管路无漏气,制动电磁阀引线完好无损。

### 5.6.4 任务　机组运行中发电机部分检查

(1) 上导轴承油槽油面合格,油色正常,无漏油、甩油现象。

(2) 轴承内无异常响声。

(3) 受油器润滑油流畅通,摆动不过大,回转声音正常,内部清洁,排油良好。

(4) 同期发电机无异音和过热现象。

(5) 测速齿盘运转正常。

(6) 炭刷无剧烈火花和过热现象。

(7) 炭刷的刷握和刷架清洁无粉末、油污和杂物。

(8) 炭刷和软铜线完整、炭刷不过短。接触紧密,无摆动、发卡、跳动现象,对机壳无短路。

### 5.6.5 任务　机组运行中上风洞的检查

(1) 风洞内无异音,无焦味和杂物。

(2) 上导轴承冷却水压正常,管路、阀门无漏水,压力传感器接线完好,工作正常。

(3) 空气冷却器无漏水,冷风温度无异常变化,各冷却器温差不大,温度计接线完好。

(4) 油管路无漏油。

(5) 发电机三相引出线无闪络现象。

### 5.6.6 任务　机组运行中下风洞的检查

(1) 推力轴承、下导轴承油面合格，油色正常，无漏油、甩油现象，轴承内无异常声音。

(2) 轴承冷却水压正常，水流畅通，管路及阀门无漏水，各压力感器接线完好，工作正常。

(3) 风闸无跳动、摩擦现象，顶转子的排油阀全关。

(4) 轴承温度指示正常。

(5) 风洞内无异音，无焦味和杂物。

(6) 推力轴承油槽绝缘良好。

(7) 检查定子线圈下部端头无电晕现象。

### 5.6.7 任务　机组运行中水轮机部分的检查

(1) 接力器无异常抽动，各管路无漏油。

(2) 机组回转声音正常。

(3) 顶盖水泵，一台置"自动"，一台置"备用"，一台置"切"；漏油泵置"自动"。

(4) 顶盖水位不过高，水泵运行正常。漏油槽水银接点及引线完好，油泵运行正常，停止时不反转。

(5) 导水叶破断销完好。

(6) 水导轴承密封装置良好，导叶、真空破坏阀和机械补气阀无漏水，水导轴承润滑水流正常。

(7) 调速环油槽油面、油色正常。

(8) 水导轴承润滑水系统管路，阀门无漏水，水流畅通，水压正常，水封漏水不过大。

(9) 各仪表指示正常，压力传感器接线完好，工作正常。

(10) 水导轴承油位正常（对3号机组、4号机组），空气围带给、排风阀门位置正确。

## 5.7 项目　机组停机检修措施和恢复措施

### 5.7.1 任务　机组的停机检修措施

机组停机检修时，应做好如下工作：

(1) 机组进水闸门及尾水闸门根据需要进行关闭。

(2) 蜗壳内无水压（需要时）。

(3) 接力器锁锭投入。

(4) 导叶开度限制全关。

(5) 关闭压油槽出口阀（*120阀）。

(6) 切除冷却水泵电动机电源。

(7) 切除冷却水、润滑水液压阀操作电源。

(8) 关闭液压阀工作油阀门*1201阀和*127阀。

(9) 切水车交、直流电源;切水车保护压板;切 UPS 电源开关。
(10) 切双微机调速器交、直流电源。
(11) 切液压柜操作直流电源。
(12) 调速器挂"有人工作,禁止操作"标示牌。

### 5.7.2 任务　机组检修后的恢复措施

按 5.2 节"机组系统检修后启动前的检查"的内容逐项进行。

## 5.8 项目　机组辅助设备的检修措施和恢复措施

### 5.8.1 任务　压油泵的检修措施和恢复措施

1. 压油泵的检修措施
(1) 操作把手切。
(2) 电源空气开关切。
(3) 电源隔离开关切。
(4) 操作熔断器切。
(5) 关闭压油泵出口阀。

2. 压油泵的恢复措施
(1) 压油泵出口阀开。
(2) 投操作熔断器。
(3) 投电源隔离开关。
(4) 投电源空气开关。
(5) 手动启动试验一次,运行良好后,操作把手置于运行需要位置。

### 5.8.2 任务　事故油泵的检修措施和恢复措施

1. 事故油泵的检修措施
(1) 操作把手切。
(2) 电源把手切。
(3) 操作熔断器切。
(4) 电源熔断器切。
(5) 关事故油泵进、出口阀,开回油阀。

2. 事故油泵的检修恢复措施
(1) 事故油泵进口阀开。
(2) 投操作熔断器。
(3) 投电源熔断器。
(4) 手动起动试验一次,运行良好后,操作把手置"自动"。
(5) 开事故油泵出口阀,关回油阀。

### 5.8.3 任务　水泵和电动机的检修措施和恢复措施

1. 水泵和电动机的检修措施
(1) 操作把手切。

(2) 动力电源开关切。
(3) 操作熔断器切。
(4) 电源熔断器切。
(5) 关水泵进口、出口阀。

2. 水泵和电动机的恢复措施
(1) 水泵进口、出口阀全开。
(2) 经检查各部良好。
(3) 操作把手切,投操作熔丝、电源熔断器。
(4) 检查各部运行良好。
(5) 投电源开关。操作把手置"手动",手动启动水泵。
(6) 检查各部运行良好后停止水泵。

### 5.8.4 任务　空压机和电动机的检修措施和恢复措施

1. 空压机和电动机的检修措施
(1) 操作把手切,操作熔丝切。
(2) 切电源三相熔断器。
(3) 高压风机出口阀关闭或低压储气槽进气阀关。

2. 空压机和电动机的恢复措施
(1) 将高压风机出口阀全开或低压风储气槽进气阀全开。
(2) 投操作熔丝、电源三相熔断器。
(3) 检查各部良好。
(4) 操作把手置"手动",手动启动试验空压机。
(5) 检查各部运行良好后停止空压机。

## 5.9 项目　机组事故和故障仿真处理

机组事故处理的要求如下。

机组设备不同的事故有不同的处理方法,即使同一个事故,因引起的原因不同和系统的具体情况不同,其处理方法也有所区别。但在事故处理时,都应遵循以下原则:

(1) 当机组发生事故时,应根据当时所出现的现象,沉着、果断、正确地判明事故起因,迅速处理。事后得到值长的许可,才能复归事故断电器和事故信号(按下事故复归按钮)。

(2) 机组发生事故时,应检查保护装置是否动作,有哪些信号灯亮,对所发信号记录后才能复归,以便分析事故原因,发生事故时对主要设备所处的位置,有关数据应详细记录,并将事故经过情况立即汇报。

(3) 机组发生事故时,无论自动保护动作与否,只要已经危及机组设备的安全,就应立即采取紧急事故停机,以免设备遭受损坏。因此机组事故时,首先应考虑的是设备的安全。

(4) 无论机组事故或者电网事故,只要机组设备已确认未受到损害就就应将事故回路复归，并使机组自动空载运行。这样可以维持厂用动力电源不中断，有了厂用电，机组及辅助设备的控制和操作才有可能。

（5）当机组发生事故但设备未受到威胁损害，厂电也维持正常运行方式时，应尽快检查排除故障，为机组并网带负荷创造条件，以减少事故所造成的损失。因此在机组事故处理时，考虑的重点是：①设备；②厂用电；③电网，并且做到三者兼顾。

### 5.9.1 任务　机组过速仿真处理

1. 产生原因

机组突然甩负荷且调速系统失灵都可能引起机组转速超过额定值（即过速）。

2. 现象

（1）机组有高速回转声音。

（2）转速表指示高。

（3）机旁盘和中控室有事故音响发出。

（4）水车保护盘有事故掉牌、光字牌或事故信号。

（5）上位机有事故报警信号，并打印事故追忆状态。

3. 处理

（1）监视自动器具动作情况。

（2）检查导叶是否关闭，若不关闭，检查事故电磁阀是否失灵，若已失灵，检查事故油泵是否启动，若不启动，应手动启动停机。

（3）检查压油装置压力，如压力低于 1.3MPa 而导叶未关闭，则启动事故油泵停机。

（4）若上述方法仍不能停机，则迅速通知厂部或检修人员关进水口闸门。

（5）停机后，联系有关人员进入发电机内部检查。

### 5.9.2 任务　压油槽低油压事故

1. 现象

（1）机旁盘和中控室有事故音响。

（2）水车盘有掉牌、光字牌或事故音响。

（3）上位机有事故报警信号，并打印事故追忆状态。

（4）压油装置压力在 1.65 MPa 以下。

2. 处理

（1）监视自动器具动作（若油压因轮叶动作而急剧下降，应将轮叶改为手动控制）。

（2）若是单机运行时，发生压油槽油压降低则迅速启动备用机组。

（3）若是两台机以上并列运行时，如机旁盘动力电源消失，则应倒换机旁盘电源。

（4）检查压油泵是否启动，若不启动，应手动启动压油泵。若油泵仍不启动，应检查空气开关是否跳开。若已跳开，应重新投入，启动油泵运行。

（5）若油压过低不能停机，立即启动事故油泵停机。

### 5.9.3 任务　转轮操作油管折断

1. 现象

（1）压油泵启动频繁，油温较高。

（2）受油器排油量增大，若排油不及时，油溢出受油器平台上或励磁机上。

(3) 突然性折断时，有机组轴心不正等异音，或永磁发电机不转动或测速齿盘不转动，转速表无指示，轮叶开至最大。

2．处理

(1) 检查受油器回油情况。
(2) 调整轮叶操作机构，检查轮叶是否动作。
(3) 确认操作油管已折断，立即紧急停机。

### 5.9.4 任务　轴承温度升高

1．现象

(1) 机旁盘、中控室电铃响。
(2) 机旁盘有掉牌、光字牌。
(3) 上位机有轴承温度升高报警信号，并打印轴承故障温度值。
(4) 轴承信号温度计黑针与黄针重合。

2．处理

(1) 查阅或测定轴承温度是否真正升高。
(2) 立即检查故障轴承冷却水系统工作是否正常，不正常时，设法恢复正常。
(3) 检查故障轴承油面，油色是否正常，必要时要求进行油质化验，并测定轴绝缘，若油槽漏油应设法消除。
(4) 测定轴摆度，听轴承油槽内有无异音，判断轴承是否运行良好。
(5) 调整负荷，观察温度有否下降，确认无法保持继续运行时，如有备用机组，应立即开备用机组，并做好故障机组的停机准备，若已事故停机，则应监视自动器具的动作情况。
(6) 停机后，做好检修措施，联系检修人员进行检查处理。

### 5.9.5 任务　1号机组、2号机组单机或并列运行时，水导轴承润滑水中断

1．现象

(1) 机旁盘和中控室电铃响。
(2) 机旁盘有故障信号。
(3) 水箱水位指示为0或示流继电器指示在信号位置。
(4) 上位机有故障报警信号。

2．处理

(1) 检查水导轴承润滑水压是否正常，同时检查润滑水泵、生活水泵运行情况。
(2) 若工作润滑水泵已停止，检查备用润滑水泵是否投入，若不投入，则立即启动备用润滑水泵。
(3) 若备用润滑水泵不能投入，检查生活水泵未投入运行，则立即启动一台生活水泵运行。
(4) 若无备用生活水泵或水压偏低，上游水位在57.50m高程以上时，可采用自流供水。
(5) 若压力传感器误动，应联系检修人员检查处理。
(6) 若为滤水器堵塞，则应进行清扫。

（7）若是厂用电消失，立即采用自流供水，并监视水导上、下压力差不得小于 0.02MPa。

（8）水导轴承润滑水恢复正常后，应立即报告班、值长。

### 5.9.6 任务　压油槽油压降低不能自动恢复时的异常处理

1. 产生原因

压油泵电源事故造成油压过低、压油槽充气阀跑气、油管路破裂跑油。

2. 处理

（1）若当时只有备用压油泵运转，应检查自动压油泵的电源及操作回路，并设法恢复自动压油泵运行。

（2）若两台压油泵同时运行，当油压仍然下降时，应查找压油系统是否有跑油现象或是否油泵打不上油，并监视压油装置油面和压力及油泵运转情况。

（3）若两台泵均不运转，应检查电源及操作回路，若电源正常时，油泵入手动运行恢复油压，并联系检修人员检查处理。

（4）若因周波变化较大引起油压降低太快时，应改组合关系为手动，并报告班长。

### 5.9.7 任务　机旁盘母线两相或三相短路

1. 现象

（1）压油槽油泵启动运转未到停止油压时突然停止。

（2）机旁盘动力盘电压表无指示。

（3）机旁盘有"动力盘电源断相"、"冷却水中断"光字牌亮。上位机有"动力盘电源保护"报警信号。

（4）有短路响声。

2. 处理

（1）检查发现机旁盘母线短路，电压表无指示后，应立即切除进线电源隔离开关。

（2）切除两台压油泵微机控制压板或断路器。

（3）切除有备用电源的压油泵、顶盖水泵、漏油泵及励磁风机的原有电源空气开关、隔离开关或电源把手和三相电源熔断器。

（4）调速器改手动运行。

（5）投入另一台机旁盘的联络隔离开关（注：不能投入事故机组的动力盘联络隔离开关）。

（6）投入有备用电源的压油泵、顶盖水泵、漏油泵、励磁风机的电源空气开关、隔离开关或电源熔断器。

（7）恢复压油泵正常运行。

### 5.9.8 任务　集油槽油面升高、降低处理

（1）检查压油泵工作情况、压油槽油面及压力是否正常。

（2）检查油槽及管路是否漏油，排油阀门是否关严，压油装置是否有漏气现象。

（3）集油槽油面低于规定值时，通知检修人员处理。

### 5.9.9 任务　轴承油槽油面降低处理

（1）与油位指示器相对照，检查油位继电器是否误动。

## 5.9 项目 机组事故和故障仿真处理

（2）检查油槽及管路，如漏油设法处理。
（3）监视轴承温度是否有升高。
（4）若无异常状态，通知检修人员检查处理。

### 5.9.10 任务 轴承油槽油面升高处理
（1）与油位指示器对照，检查油位继电器是否误动。
（2）检查油色确认冷却器漏水时，立即报告班长。
（3）检查给油阀关闭是否严密。
（4）检查水系统是否正常。
（5）监视轴承温度是否升高。

### 5.9.11 任务 热风温度升高处理
（1）检查信号温度计是否误动。
（2）检查冷风温度是否同样升高。
（3）检查空气冷却器水压是否正常，管路是否有堵塞现象，阀门位置是否正确。

### 5.9.12 任务 漏油槽油位升高处理
（1）将漏油泵投入手动运行抽油，如不能启动，应检查电源及起动回路，并防止油槽跑油。
（2）如油泵打不上油，应检查出口阀是否打开，如未打开应将出口阀开。

### 5.9.13 任务 导水叶破断销折断处理
（1）检查破断销是否已断，接点装置是否完整。
（2）若破断销已折断，应立即联系检修人员进行处理。
（3）若属保护误动，应通知检修人员处理。

### 5.9.14 任务 电动机故障处理
（1）电动机发生下列情况之一者，应立即切除电动机电源，通知检修人员处理：
1）轴承或绕组发热超过容许值。
2）电动机冒烟着火，切除电源后用干式灭火器灭火。
3）剧烈振动或串动危及安全运行时。
4）电动机转速过低发出异音。
5）电动机转子与定子发生碰撞、摩擦或其所带的机械设备发生故障。
（2）电动机发生下列情况之一者，可将备用设备投入，无备用时，可继续运行，但必须加强监视：
1）电动机（或所带机械设备）外壳或轴承温度升高，但未超过容许值。
2）电动机或所带机械设备内部有异音。
3）振动或串动过大。

### 5.9.15 任务 水轮机顶盖水位升高处理
（1）检查备用泵是否启动，若不启动，应手动启动水泵抽顶盖水。
（2）检查自动泵不能自动启动的原因。
（3）检查机械补气阀、真空破坏阀和水导轴承止水盘根是否漏水或漏水过大。
（4）当两台水泵同时运转时，应检查水泵是否抽空，若水泵抽空，则停止水泵，向吸水管充水后，再启动抽水。

### 5.9.16 任务　集水井水位升高处理

（1）检查备用排水泵是否启动，若不启动，应手动启动。

（2）检查自动排水泵不能启动的原因。

（3）检查廊道各排水泵、阀门是否漏水过大，管路是否漏水，机组尾水入孔、廊道渗漏水是否过大。

（4）当两台排水泵同时运行时，应检查水泵是否抽空，若水泵抽空，则停止水泵，向吸水管充水后再重新启动抽水。

（5）若漏水过大两台排水泵不能保持水位，应考虑用7号排水泵抽集水井水。启动7号排水泵前应先向吸水管充满水，打开出口阀后才能启动水泵。

（6）必要时可以考虑用1～4号排水泵抽集水井水。

### 5.9.17 任务　计算机电调故障信号处理

1. 机组频率故障

（1）若工作机故障，备用机正常时，应切换至备用机运行。

（2）工作机、备用机均有故障，空载时可切换至手动调整。

（3）机组发电运行机组频率故障时，计算机电调以电网频率取代机频信号，能自动调节和控制。若机组频率信号和电网频率均有故障时，能维持当时负荷不变，此时应将调速器改手动运行。

（4）联系检修人员处理。

2. 电网频率故障

（1）若工作机有故障，备用机正常时，应切换至备用机运行。

（2）工作机及备用机均有故障，空载时可调整频率给定使机组频率与电网频率一致进行并网。

（3）机组发电运行时可通过功率给定来调节机组负荷。

（4）必要时可将调速器改手动运行。

（5）联系检修人员处理。

3. 导叶、轮叶反馈故障、D/A故障或功率给定故障

（1）若工作机故障，备用机正常，应切换至备用机运行。

（2）工作机、备用机均有故障时，应将调速器改手动运行。

（3）联系检修人员处理。

4. 水头信号故障

（1）若工作机故障，备用机正常时，应切换至备用机运行。

（2）工作机、备用机均有故障时，计算机电调按设计水头协联运行，当实际水头与设计水头相差太大时，应将调速器导叶、轮叶均改手动运行。

（3）联系检修人员检查处理。

5. 内部通信故障

（1）计算机电调能自动调节与控制，但因双计算机内部通信中断，故不能切换至备用机运行。

(2) 必要时将调节器改手动运行。
(3) 联系检修人员检查处理。

6. 计算机电调交、直流电源故障

(1) 计算机电调采用交、直流电源双向供电，若交流或直流电源监视灯灭时，应检查指示灯是否烧坏，或检查电源熔断器是否熔断，如已熔断，应更换电源熔断器。
(2) 如交、直流电源全部消失，检查 UPS 应能自动投入运行，检查各表计、导叶开度、轮叶角度、机组负荷无异常变化。
(3) 必要时将调速器改手动运行。
(4) 联系检修人员检查处理。
(5) 计算机电调交、直流电源消失。恢复正常供电后检查微机各整定参数是否消失或变化，若已消失或变化应重新输入，检查各部无异后将调速器改自动运行。

### 5.9.18 任务　导叶、轮叶机械故障

(1) 检查电液转换器是否有蘑菇状喷油现象，如没有，说明电液转换器发卡，应将调速器改手动运行。
(2) 如电液转换器有蘑菇状喷油现象，可能为引导阀发卡，应人为帮助。
(3) 联系检修人员检查处理。

### 5.9.19 任务　发电机着火处理

1. 产生原因

(1) 发电机年久失修，绕组绝缘因长期处于高温运行而老化，机组振动使其剥落，或者绕组绝缘受污油腐蚀使其破坏，造成发电机短路。
(2) 发电机绕组未能定期作预防性耐压试验，绝缘受损部位未能及时察觉，加之绕组脏污和处于低温运行，凝结水造成绕组短路。
(3) 发电机过电压运行，使绝缘击穿短路。
(4) 机组部件损坏，甩出后击伤绕组造成短路。
(5) 空气冷却器破裂或误投发电机消防水而引起发电机受潮短路着火。

2. 现象

(1) 机组有剧烈的冲击声。
(2) 机旁盘、中控室有事故音响发出。
(3) 发电机保护盘，机旁盘有掉牌、光字牌或事故信号。
(4) 上位机有事故报警信号，并打印事故追忆表。
(5) 发电机不严密之处有烟火冒出。

3. 处理

(1) 应迅速到下风洞检查确认着火，切除励磁开关停机。
(2) 确认发电机无电压后，打开消防水阀进行灭火，并及时关闭消防排水阀＊248 阀。
(3) 检查灭火情况，下部盖板有漏水。
(4) 确认火已熄灭后，关闭消防水阀。

在灭火过程中注意的事项：①不准用砂子、泡沫或灭火液对发电机内部灭火；②尽量

保持密封；③火熄灭后，进入风洞检查应尽可能戴防毒面具。

### 5.9.20 任务　励磁机或永磁发电机着火处理

1．现象

（1）励磁机或永磁发电机冒烟、着火。

（2）有绝缘焦味。

2．处理

（1）立即按"紧急停机"按钮停机。

（2）检查励磁开关 FMK 应跳开。

（3）停机后用干式灭火器进行灭火，不准使用砂和泡沫灭火器。

### 5.9.21 任务　厂用电全停时，机械部分处理

1．现象

（1）厂用电动力盘（机旁盘）电压表指示为 0。

（2）压油泵、冷却水泵、润滑水泵全停。

（3）中控室、机旁盘有"动力盘电源断相"光字牌亮，上位机有故障报警信号。

2．处理

（1）通知电气值班人员尽快恢复厂用电。

（2）调速器改手动控制，减少机组耗油量。

（3）打开自流水供给水导轴承润滑水。

（4）做好停机准备。

## 5.10 项目　辅助设备故障处理

### 5.10.1 任务　水泵吸水滤网堵塞处理

冷却水泵吸水滤网堵塞使水泵出口压力低于 0.05MPa 以下，并且压力表指针有较大的摆动时处理方案有如下几个：

（1）停止水泵运行，关闭进口阀 3~5min 后，再打开进口阀，启动水泵。

（2）停止水泵运行，关闭进口阀后，用低压风吹 5min 吸水滤网后恢复系统。

（3）启动廊道水泵冲滤网并监视水压不得超过规定值。

（4）润滑水泵、生活水泵吸水滤网堵塞使水泵出口压力较大摆动或已抽空，应做如下处理：

1）将运行机组的水导、水封润滑水倒到自流供水（监视水压正常），停止润滑水泵、生活水泵。

2）关 0201 阀、0202 阀。

3）开 0315 阀、开 0329 阀和 0330 阀用低压风吹进水管吸水滤网 5min 后停止给风（关 0329 阀、0330 阀、0315 阀）。

4）开 0201 阀、0202 阀，使各台水泵排气一次。

5）启动水泵，将机组自流供水倒回水泵供水，并及时清扫 2 号、3 号滤水器。

### 5.10.2 任务　处理滤水器堵塞、破裂引起水压显著降低，摆动很大

(1) 清扫滤水器（1号、2号、3号）；2号、3号滤水器可以切换使用。

(2) 若1号滤水器清扫无效或滤水器破裂，影响安全运行时，汇报有关领导，同意后，退出1号滤水器，由旁路供水（打开 *228 阀），并联系检修人员检查处理。

### 5.10.3 任务　冷却水泵抽空处理

(1) 检查水泵抽空原因。

(2) 若吸水滤网堵塞，按5.10.2处理。

(3) 若是水泵问题，先用其他水源供冷却水，并联系检修人员检查处理。

### 5.10.4 任务　集水井水位升高处理

(1) 检查自动泵是否运转，备用泵是否启动，若不启动，手动启动。

(2) 检查水泵不能启动的原因和漏水情况。

(3) 检查是否电源消失，若已消失，测电机绝缘良好后，联系电气尽快恢复。

(4) 水抽下去后，检查各部无异常，恢复正常运行系统。

(5) 若自动装置失灵应退出使用，及时联系检修人员处理。

### 5.10.5 任务　集水井水泵抽空处理

(1) 水泵运行绿灯亮时，立即把机旁盘的操作把手置"切"。

(2) 到现场检查集水井水位。

(3) 若备用泵启动，水位仍很高，检查备用水泵运行良好，将自动泵停止。

(4) 向自动泵吸水管充水后，再启动试抽一次，若底阀漏水或堵塞，联系检修人员处理，并将备用泵放自动。

### 5.10.6 任务　廊道排水泵抽空处理

(1) 水泵运行监视绿灯亮（水压指示为0或压力表摆动很大），立即停止水泵。

(2) 检查水位是否已很低，若不低，则检查水泵是否有空气，经吸水管充水排气后再次启动。

### 5.10.7 任务　电动机两相运行保护动作处理

(1) 电动机操作把手归断开位。

(2) 复归两相保护按钮。

(3) 检查三相电源是否正常，检查电动机绝缘是否正常；若电源正常、电动机绝缘合格，再次启动一次，若不能启动（两相保护又动作），则联系检修人员处理。

### 5.10.8 任务　高压空压机故障

高压空压机故障信号出现时，应立即到现场检查保护动作情况，空压机未停止时，应立即停止。还应根据故障信号和检查情况进行如下处理：

(1) 气压保护动作。

1) 检查各级排气压力是否过高，安全阀是否动作。

2) 若气压过低，则检查各部有无漏气，若严重漏气，应关闭阀门，联系检修处理。

(2) 油压保护动作。检查润滑油油质及油箱油位，油箱和管路有无漏油情况。

(3) 油温保护动作。到现场检查油箱油位、油色，若有异常，联系检修处理。

(4) 储气槽压力不正常保护动作。

1) 检查储气槽压力，安全阀是否动作。
2) 若压力过高，立即停止空压机。
3) 压力过低，应检查各部是否漏气，并联系检修处理。
(5) 工作压力不正常保护动作。
1) 检查气压是否过高或过低，检查继电器是否失灵。
2) 复归掉牌后，再启动空压机，若工作压力仍不正常，停下该空压机，作好检修措施，联系检修处理。
3) 若操作回路电源空气开关跳闸，则可强送一次；若强送不成功，则联系检修检查处理。

### 5.10.9 任务　低压空压机故障

低压空压机故障信号出现时，应立即到现场检查保护动作情况，空压机未停止时，应立即停止。还应根据故障信号和检查情况进行如下处理：

(1) 当压力过高信号出现时，到现场检查安全阀是否动作，气缸声音是否正常，若无异常，将控制把手放切，复归掉牌后再次启动。
(2) 若听出声音明显不正常，立即将控制把手放切，联系检修处理。

### 5.10.10 任务　高（低）压空压机应立即停止运转的情况

(1) 空压机本体、润滑油油温、电动机温升和温度超过容许值。
(2) 电动机或空压机内部有碰撞或摩擦声。
(3) 电动机冒着火，电源切除后，用干式灭火器灭火。
(4) 电源电压降低，不能维持正常转速。
(5) 空压机各级出口压力不稳定，上升或超过额定值。
(6) 润滑油压超过规定值。
(7) 电动机出现两相运行。先停止，做好安全措施后，测电机绝缘，良好后，若熔断器熔丝断，更换熔断器再次启动。若熔断器再次熔断，联系检修处理。
(8) 空压机故障自动停止后，在现场首先将故障机控制把手置"切"，再复归掉牌，以免再次启动。

## 5.11 项目　利用综合自动化装置进行机组监控实训

### 5.11.1 任务　四台水轮发电机一起全自动停机

（对3号机组、4号机组要合升压变中性接地隔离开关）
(1) 检查AVR工作方式在"自动"位置。
(2) 按调度命令用负荷棒图减P、减Q到要求值（注意：功率因数不大于0.85）。
(3) 检查发电机的计算机自动停机条件满足。若自动停机条件无法满足时，可手动完成发电机的停机。
(4) 发自动停机令。
(5) 监视计算机自动停机过程，停机结束。
(6) 将AVR工作方式复归到"手动"位置。

## 5.11.2 任务 四台水轮发电机从并网发电状态转额定转速冷备用状态

（AVR 工作方式在"自动"位置，在机组状态和励磁系统控制界面完成，3 号机组、4 号机组要合升压变中性接地隔离开关）

(1) 用负荷棒图减 $P$ 到零、减 $Q$ 到最小（注意功率因数不大于 0.85）。
(2) 断开发电机主断路器。
(3) 退出失磁保护和励磁消失保护。
(4) 断开发电机 MK 励磁开关。
(5) 检查发电机主断路器确断。
(6) 断开发电机主断路器出口隔离开关。
(7) 取出发电机机端互感器 TV 二次熔断器。
(8) 断开发电机机端互感器 TV 一次隔离开关。
(9) 检查发电机 MK 励磁开关确断。
(10) 断开发电机晶闸管整流装置 1SP、2SP、3SP 开关。
(11) 断开发电机晶闸管整流装置 1QK、2QK、3QK 隔离开关。
(12) 断开发电机自整流变 ZBG 隔离开关。
(13) 检查断开发电机初励开关 KQD 断开。
(14) 断开发电机中性隔离开关。
(15) 退出发电机主断路器的操作电源。
(16) 将 AVR 工作方式复归到"手动"位置。

## 5.11.3 任务 四台水轮发电机一起全自动开机

（3 号机组、4 号机组要合升压变中性接地隔离开关）

(1) 检查发电机满足计算机开机条件：检查低压风系统排气，在监控画面按下水轮机复位按钮。
(2) 将 AVR 工作方式切换到"手动"位置。
(3) 合 FMK。
(4) 发开机令。
(5) 选择同期方式，同期合上发电机出口断路器。
(6) 用 AC 调节"平衡表"指示为零。
(7) 将 AVR 工作方式归到"自动"位置。
(8) 按调度命令带负荷（注意功率因数不小于 0.85）。

## 5.11.4 任务 在机组综合自动化"机组监控盘台"进行"手动"开机操作

用 4 台机组全停初态，在机组监控盘台界面中按下"手动"按钮将导叶开限降到零（导叶手动灯亮，双微机调速器 A/B 此时自动退出）获手动开机初态，可保存该状态为"手动开机初态"。

步骤：
(1) 检查发电机在零转速热备用状态，保护正常投入，操作电源正常。
(2) 检查风闸压力为零。
(3) 到给排水系统界面开 *208（* 为 1 号机组或 2 号机组）。

(4) 到冷却系统打开有关阀门。

(5) 到泵操作界面,将处于"自动"方式的润滑水泵和冷却水泵方式开关置于"手动"方式位。

(6) 到给水系统界面手动操作投入冷却水泵。

(7) 到生活润滑水界面打开 1 号润滑水泵。

或 (5)、(6)、(7)、三步合改为:到泵操作界面"手动"打开 1 号润滑水泵和冷却水泵(泵编号在给水系统可查),然后回归自动方式位(以方便以后机组转回自动控制方式)。

(8) 检查"电气系统光字屏"和"机械系统光字屏"无报警。

(9) 对于 3 号机组或 4 号机组,检查 3T 和 4T 升压变冷却电源正常(冷却器有一组辅助、有一组备用)。

(10) 在机组监控界面中按下(或检查)"锁锭"拔出(参考图 5.3)。

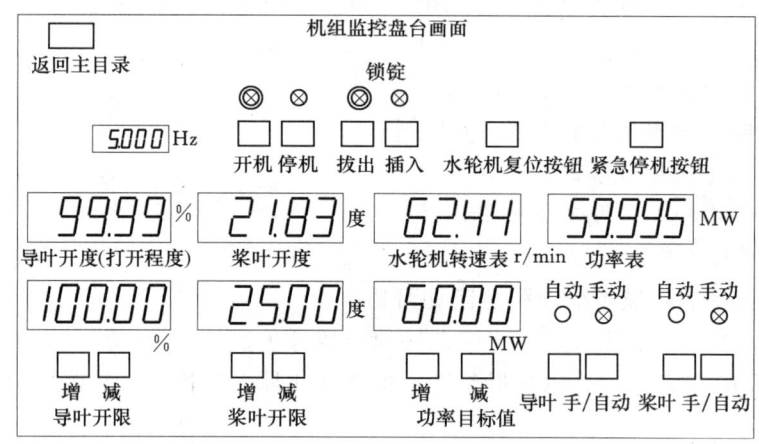

图 5.3 机组监控盘台图

(11) 检查"桨叶"在自动方式。

(12) 在机组监控界面按下"开机"按钮。

(13) 按下导叶开限"增",开限增到 30% 后,再按"减",使开限减到 10.4% 左右为止。

(14) 待转速升到 62.5r/min 左右且稳定。

(15) 到发电机组盘台将 AVR 置"手动"位,合上 FMK 开关。

(16) 完成升压操作(到 13.8kV 左右)。

(17) 完成发电机主断路器同期合闸并网操作。

(18) 在机组监控界面中手动"增"导叶开限带有功负荷。

(19) AVR 在"手动"位,用 DC"增"无功功率(如果完成平衡表归零操作后将 AVR 置在"自动"位,则用 AC"增"无功功率)。

可保存该状态为"发电机手动运行初态"。

以下操作完成由手动导叶开限带负荷转切换为由自动负荷调整装置带负荷。

(20) 完成 AVR 在"手动"位的平衡表归零操作。
(21) 将 AVR 由"手动"切换到"自动"位置。
(22) 到泵操作界面,将处于"手动"方式的润滑水泵和冷却水泵置于"自动"方式位。
(23) 将自动负荷调整装置目标值给定到与当前实际有功负荷值一致。
(24) 投入双计算机调速器(按下双计算机调速器 A 或 B"复位"钮)。
(25) 在机组监控盘台界面中按下导叶"自动"(导叶"自动"灯亮,双计算机调速器 A 和 B 此时投入一台)。
(26) 在机组监控界面中"增"导叶开限到 100%。
(27) 给定自动负荷调整装置有功目标值,"增"带有功负荷。
(28) 给定无功自动调整器目标值,"增"带无功负荷。
可保存该状态为"发电机自动运行初态"。

## 5.12 项目 在机组综合自动化"机组监控盘台"完成自动开、停机

### 5.12.1 任务 在机组监控盘台中"一键开机"

用 4 台机组全停的初态,在机组监控盘合上检查,如果导叶开限在 100%(此时"自动"灯亮),则可进行计算机自动开机或在机组监控盘台中"一键开机"。

步骤:
(1) 检查发电机在零转速热备用状态,保护正常投入,操作电源正常。
(2) 检查风闸压力为零。
(3) 到冷却系统打开有关阀门。
(4) 到给排水系统界面开 *208(* 为 1 号机组或 2 号机组)。
(5) 到泵操作界面"手动"打开冷却水泵和润滑水泵[泵编号在给水系统和生活用水(润滑水泵)界面可查]。
(6) 检查"电气系统光字屏"和"机械系统光字屏"无报警。
(7) 对于 3 号机组或 4 号机组,检查 3T 和 4T 升压变冷却水电源正常(冷却器有一组投"辅助"工作方式)。
(8) 在机组监控盘台中检查导叶开限在 100%,导叶开度在"自动"位。
(9) 检查双微机调速器 A/B 投入(若没有投入,此时应"复位"可正常自动投入)。
(10) 在机组监控界面中检查"锁锭"拔出,"桨叶"在"自动"位。
(11) 按下"开机"钮(一键开机)。
(12) 导叶开限自动开在 10.4%。
(13) 待微机调速器会自动稳定转速在 62.5r/min 左右。
(14) 到发电机组盘台将 AVR 投"手动"位,合上 MK 开关。
(15) 手动完成升压操作(到 13.78kV 左右)。
(16) 完成发电机主断路器同期合闸并网操作。

(17) AVR 在"手动"位，用"AC 增/减"完成平衡表归零操作。

(18) 将 AVR 切至"自动"位置。

(19) 给定自动负荷调整装置有功目标值，"增"带有功负荷。

(20) 给定无功自动调整器目标值，"增"带无功负荷。

以下操作是完成由自动负荷调整装置带负荷转切换为由手动导叶开限带负荷。

(21) AVR 在"自动"位，用"DC 增/减"完成平衡表归零操作（此时以 AC 量为基准）。

(22) 将 AVR 切"手动"位置。

(23) 机组监控界面中将导叶开限"减"到与实际有功值一致相应开度后。

(24) 在机组监控盘台界面中按下导叶"手动"（导叶"手动"灯亮，双微机调速器 A/B 此时自动退出）。

(25) 检查双微机调速器 A/B 自动退出。

(26) 用导叶开限（增/减）带有功负荷。

(27) AVR"手动"位，必须用 DC（增/减）无功功率。

## 5.12.2 任务　在机组监控盘台界面中"一键停机"

**1. 按阶段性要求手动控制逐渐减负荷到零后"一键停机"**

调用初态"发电机自动运行初态"。

步骤：

(1) 手动阶段性减有功目标值归零。

(2) 手动阶段性减无功目标值归零（AVR 在"手动"位，须用 DC"减"无功）。

(3) 手动减 P 到零、减 Q 到最小（注意功率因数不大于 0.85）。

(4) 手动断开发电机主断路器。

(5) 手动退出失磁保护和励磁消失保护。

(6) 手动断开发电机 MK 励磁开关。

(7) 机组监控盘台界面中按"停机"键（一键停机）。

(8) 自动完成停机（水机和发电机都处零转速热备用状态）。

**2. "一键停机"自动完成发电机从并网发电状态转零转速热备用状态**

用 4 台机组 100% 正常初态。

步骤：

(1) 机组监控盘台中按"停机"键，自动完成有功功率目标值归零。

(2) AVR 在"自动"位，用 AC 减无功功率目标值归零（AVR 在"手动"位，要用 DC"减"无功功率）。

(3) 待减 P 到零、减 Q 到最小（注意功率因数不大于 0.85）。

(4) 退出失磁保护和励磁消失保护。

(5) 断开发电机主断路器。

(6) 断开发电机 MK 励磁开关。

(7) 自动完成水机停机（水机和发电机都处零转速热备用状态）。

## 5.12.3 任务　在机组监控盘台中手动控制停机

调用初态"发电机手动运行初态"。

(1) 在机组监控盘台界面中手动"减"导叶开限减有功功率。

(2) AVR 在"手动"位，用 DC"减"无功功率（如果完成平衡表归零操作后将 AVR 置在"自动"位则用 AC"减"无功功率）。

(3) 减 P 到零、减 Q 到最小（注意功率因数不大于 0.85）。

(4) 断开发电机主断路器。

(5) 退出失磁保护和励磁消失保护。

(6) 断开发电机 MK 励磁开关。

(7) 手动导叶开限"减"开限到零停机。

# 5.13 项目　仿真事故处理实操演习

## 5.13.1 任务　处理 110kV Ⅰ 母线故障、1T 主变 110kV 101 断路器拒跳、3G 水轮机调速器故障事故

处理作业参考见表 5.1。

表 5.1　　　　　　　　　　处 理 作 业 记 录 表 1

| 年　月　日 | | 事故开始时间 | 时　　　分 | | 天气条件 | 阵　雨 |
|---|---|---|---|---|---|---|
| 考试人员姓名 | | | | | | |
| 事故前系统处正常运行方式 | | | | | | |

(1) 220kV 系统。1E 线 204 断路器、3E 线 206 断路器、1T 主变 201 断路器投Ⅰ母，2E 线 205 断路器、4E 线 207 断路器、2T 主变 202 断路器投Ⅱ母。1E、2E（双回线）、3E、4E（双回线）、重合闸全投同期检定。200 母联断路器投运行，290 断路器、旁母冷备用。

(2) 110kV 系统。1Y、2Y、3Y、4Y、101、102、100 投送电运行，1Y、2Y（双回线）、3Y、4Y（双回线）重合闸全投无压检定。190 断路器、旁母冷备用。

(3) 厂用电系统。5T、6T 和 6.3kV 系统Ⅰ、Ⅱ工作母线投运行，7T、8T、9T、10T 和 400V 四段厂用工作母线投运行，(607、3A、6A 投热备用) 11ABP、12ABP、13ABP 投入。照明变投两台。6.3kV 生活区、钢厂、修造车间线路由 6.3kV Ⅰ 段送电。横县由 6.3kV Ⅱ 段送电。

(4) 丰水期，1G、2G、3G、4G 发电机满发运行。

(5) 在正常运行方式下：3T、4T 中性点隔离开关不投接地。

(6) 事故前已有的异常现象：2G 上导轴承温度升高报警（滤网有堵在处理中）

| 水电站仿真系统主要参数 |
|---|

1G、2G、3G、4G 额定容量为 60MW，额定电压为 13.8kV，定子额定电流 2954A，功率因数为 0.85，转子电压为 439V，转子电流为 1235A。

1T、2T 自耦变额定容量为 150MVA；额定电压为 242kV/121kV/13.8kV；额定电流为 358A/716A/3138A。

3T、4T 额定容量为 80MVA；额定电压为 121kV/13.8kV；额定电流为 381.7A/3350A。

5T、6T 额定容量为 4MVA；额定电压为 13.8kV/6.3kV；额定电流为 167A/366A

## 模块 5　水电站机电一体运行岗位仿真实训

续表

| 年　月　日 | 事故开始时间 | 时　　分 | 天气条件 | 阵　雨 |
|---|---|---|---|---|

### 事故现象及分析判断

（1）现象。

音响：电铃响、电笛响。

光字牌：110kV Ⅰ 母线差动保护动作，掉牌未复归；1T 主变复合电压过电流保护、110kV 低压过电流保护、主变事故保护动作、掉牌未复归；1号机组（1F）电气事故，3号机组（3G）一级过速、二级过速；厂用电系统 11ABP 装置动作；等光字牌亮。

断路器变位情况：1T 主变 220kV 201 断路器、母联 200 断路器自动跳闸；110kV 1Y 线 105 断路器、2Y 线 106 断路器、母联 100 断路器自动跳闸；3G 发电机 103 断路器、3FMK 灭磁开关自动跳闸；1G 发电机 103 断路器、1FMK 灭磁开关自动跳闸；1号厂用分支 5T 变 801 断路器、604 断路器自动跳闸，6kV 分段备自投 607 断路器自动合闸；3G 事故油泵启动。

有关保护装置动作情况：110kV Ⅰ 母差动保护、1T 主变复合电压过电流保护、110kV 侧低压过电流保护、1G 主变事故保护、11ABP（6kV 分段备自投 BZT）动作，等掉牌指示灯亮。

有关表计变化情况：110kV 1Y 线、2Y 线：有功、无功、三相电流指示为零；110kV Ⅰ 母线电压指示为零；1T 主变 220kV 侧、110kV 侧电流指示为零。3G 和 1G 发电机定子电压、电流、有功功率、无功功率、转子励磁电压、励磁电流指示为零；3G 和 1G 转速和导叶开度降为零；1号厂用变 5T 有功功率、电流指示为零，6kV 母线电压指示正常

（2）事故分析及判断。110kV Ⅰ 母线故障、1T 主变 110kV 101 断路器拒跳、3G 水机调速器故障

### 处理过程步骤（方案）及处理操作内容

（1）退出 11ABP、复归各保护信号。

（2）隔离 1T 110kV 101 断路器。查 101 确断，断开 1012、1011 隔离开关。

（3）同期合上 200 断路器，再合上 201 断路器完成 1T 充电。

（4）恢复 1G 开机并网。

　　1）查 1G 机械光字牌，电气保护掉牌全部复归；查低 1G 风闸无压排气完结，排气阀关闭，事故油泵关闭，复归机械液压柜。

　　2）检查将 1G AVR 控制方式切换到"手动"；合 1FMK；发 1G 开机指令，监视 1G 开机过程，待机端电压升到 13.78kV；调节平衡表指示为 0.00 后将 AVR 投"自动"位。

　　3）1G 01 断路器切同期、合闸后给 1G 带负荷。

（5）6kV 厂用电恢复分段备自投正常运行方式。

　　1）合 801 断路器。

　　2）退出 12ABP、13ABP。

　　3）断开 607 断路器后合 604 断路器，检查所有厂用电设备运行正常。

　　4）投入 11ABP、12ABP、13ABP。

（6）隔离 110kV Ⅰ 母线和 3G。

　　1）查 105 确断，断 1053、1051 隔离开关；查 106 确断，断 1063、1061 隔离开关；查 100 确断，断 1001、1002 隔离开关，查 103 确断，断 1031 隔离开关；断开（11YH）1101 隔离开关。

　　2）3G 转冷备用。

（7）110kV 系统用 190 断路器对 2Y 线路代路送电。

　　1）确定 110kV 旁母 1103 隔离开关合上；投 190 断路器操作电源；调 190 断路器距离保护、零序保护、接地距离 Ⅰ、Ⅱ、Ⅲ 段保护的定值与 106 相同后投入断路器；投入 190 断路器失灵保护。

　　2）查 190 断路器确断；合 1901、1905 隔离开关；合上 190 断路器，检查 110kV 旁母电压正常。

　　3）断 190 断路器；查 190 断路器确断；合 1065，再合 190 断路器。

　　4）退 106 高频保护；退出 106 重合闸；退出 106 失灵保护；退出 106 操作电源。

　　5）投 190 高频保护；投 190 无压重合闸。

（8）善后工作。

　　1）退出 100 断路器失灵保护，退出 1T 主变 101 断路器的失灵保护；退出 105、101、100 操作电源；合上 3T 主变中性点 1030 接地隔离开关。

　　2）查找 110kV Ⅰ 母线故障点，同时通知立即抢修 3G 水机调速器、排除故障，以便能利用 3G 带 110kV Ⅰ 母线开机零起升压实验

## 5.13 项目 仿真事故处理实操演习

续表

| 年  月  日 | 事故开始时间 | 时  分 | 天气条件 | 阵 雨 |
|---|---|---|---|---|
| 处理实际操作完成后立即保存仿真机当前状态 ||||||
| 评分标准（得分和扣分）本题总得分 70 ||||||
| 误操作造成后果，扣 70 分 ||||||
| 无后果误操作，扣 4~15 分 ||||||
| 超时未完成，扣 4~50 分 ||||||
| 一次设备无保护送电，扣 11 分 ||||||
| 不复归信号，扣 2 分 ||||||
| 不记录事故现象，扣 2~15 分 ||||||
| 无操作成果，扣 35 分 ||||||
| 有操作成果而试卷无操作步骤，扣 2~35 分 ||||||
| 无操作成果而试卷有操作步骤，扣 2~35 分 ||||||
| 不清楚事故中的故障点和故障设备，扣 2~8 分 ||||||
| 事故分析及判断有不对，扣 5~15 分 ||||||
| 过程有违事故处理原则顺序，2~8 分 ||||||
| 处理结果审核意见及评价： ||||||

### 5.13.2 任务  处理 220kV I 母线电压互感器故障（单相接地）；1T 主变 220kV 侧 201 断路器拒跳事故

处理作业参考见表 5.2。

表 5.2        处理作业记录表 2

| 项 目 | 技 术 要 求 | 评分标准 |
|---|---|---|
| 事故现象<br>（10分） | （1）音响：电铃响、电笛响。<br>（2）光字牌：220kV I 母线差动保护动作，掉牌未复归；1T 主变 220kV 方向零序保护、220kV 零序过电流保护、110kV 低压过电流保护动作、主变事故保护动作、掉牌未复归；1号机组（1G）电气事故；厂用电系统 11ABP 装置动作，等光字牌亮。<br>（3）有关保护装置动作情况：220kV I 母差保护、1T 主变 220kV 侧方向零序保护、1T 主变 220kV 侧零序过电流保护、1T 主变 110kV 侧低压过电流保护、1G 主变事故保护、11ABP（6kV 分段备自投 BZT）动作，等掉牌指示灯亮。201 操作电源指示灯灭。<br>（4）断路器变位情况：220kV 1E 线 204 断路器、3E 线 206 断路器、母联 200 断路器自动跳闸；1T 主变 110kV 101 断路器、母联 100 断路器自动跳闸；1G 发电机 103 断路器、1FMK 灭磁开关自动跳闸；1号厂用支 5T 变 801 断路器、604 断路器自动跳闸，6kV 分段备自投 607 断路器自动合闸。<br>（5）有关表计变化情况：220kV 1E 线、3E 线有功功率、无功功率、三相电流示为零；220kV I 母线电压指示为零；1T 主变 220kV 侧、110kV 侧电压电流指示为零。1G 发电机定子电压、电流、有功功率、无功功率、转子励磁电压、励磁电流指示为零；1G 转速和导叶开度降为零；1号厂用变 5T 有功功率、电流指示为零，6kV 母线电压指示正常。<br>注：发电机开机前，作水轮机机械液压装置复位后，查有冷却水、润滑水中断报警 | （1）记录完整无遗漏，得 10 分。<br>（2）漏一大类，扣 3 分。<br>（3）每一大类中的现象有遗漏，酌情扣 1~3 分 |
| 事故性质<br>（10分） | 220kV I 母线电压互感器故障（单相接地）；1T 主变 220kV 侧 201 断路器拒跳 | （1）分析描述正确、完整，得 10 分。<br>（2）分析描述基本正确，得 5~8 分。<br>（3）分析错误较多或判断不对，得 0~4 分 |

续表

| 项 目 | 技 术 要 求 | 评分标准 |
|---|---|---|
| 参考处理方案<br>(30分) | （1）记录事故现象，判断事故性质，复归信号，退出 1IABP，退出 220kV 分段母联 200 断路器失灵保护；合上 3 号变中性点隔离开关。<br>（2）隔离 220kV Ⅰ 段母线，隔离 1 号主变 220kV 侧断路器 201。<br>（3）联系人员查找母线接地故障点。<br>（4）安排检修人员首先检查 2041 隔离开关、2042 隔离开关和 204 断路器，2061 隔离开关、2062 隔离开关和 206 断路器，2011 隔离开关、2012 隔离开关和 201 断路器处有无故障。<br>（5）安排人员处理 201 断路器拒动故障。<br>（6）同期合 100 断路器，恢复 110kV Ⅰ 母线送电。<br>（7）确认 2041 隔离开关、2042 隔离开关和 204 断路器，2061 隔离开关、2062 隔离开关和 206 断路器，2011 隔离开关、2012 隔离开关和 201 断路器确无故障，调整母线保护和有关失灵保护方式，由 220kV Ⅱ 母恢复 220kV 1E 线 204、3E 线 206 断路器及主变高压侧 201 断路器运行。<br>（8）同期试验合上 1T 主变中压 101 断路器，恢复正常运行方式，拉开 3 号变中性点隔离开关。<br>（9）恢复厂用电正常运行方式。<br>（10）检查 1G（事故油泵和 AVR 工作位置）正常，满足开机条件，恢复 1G 开机并网。<br>（11）尽快善后检查并处理 220kV Ⅰ 母线故障点，恢复 200 断路器备用，投入 200 断路器充电保护对 220kV Ⅰ 母试送电。<br>或者：<br>（7）合上 1T 主变中压 101 断路器（恢复 110kV 正常运行方式），拉开 3 号变中性点隔离开关。<br>（8）检查 1G（SGYB 和 AVR 工作位置）正常，满足开机条件，恢复 1G 开机并网。<br>（9）恢复厂用电正常运行方式。<br>（10）确认 2041 隔离开关、2042 隔离开关和 204 断路器，2061 隔离开关、2062 隔离开关和 206 断路器，2011 隔离开关、2012 隔离开关和 201 断路器确无故障，调整母线保护和有关失灵保护方式，由 220kV Ⅱ 母恢复 220kV 1E 线 204、3E 线 206 断路器及主变高压侧 201 断路器运行。 | 1：2分<br>2：4分<br>3：2分<br>4：2分<br>5：3分<br>6：3分<br>7：8分<br>8：2分<br>9：2分<br>10：1分<br>11：1分 |
| 实操<br>(20分) | 要求完成以上 1~2 和 6~10 的操作，参考处理操作过程有：<br>1→2→5→6→8→10→9→7；<br>1→2→5→6→7→8→9→10；<br>1→2→5→6→7→10→9→8；<br>1→2→5→7→10→9→6→8；<br>1→2→5→6→7→8→9。<br>只要在 220kV 送 1T 或 110kV 送 1T 且 1G 开机并网后，恢复厂用电正常运行方式才算正确 | 1：3分<br>2：1分<br>6：2分<br>7：8分<br>8：2分<br>9：2分<br>10：2分 |

## 附件 5.1　水电站仿真系统的机组仿真情况简介

水电站仿真系统实现了 4 台（每台机组容量为 60MW）轴流转浆式水轮发电机组的运行仿真实现了透平油系统、调速系统、技术供水及排水系统、压缩空气系统、励磁系统、变电站、厂用电系统、继电保护和自动装置等的运行仿真。水电站仿真系统作为水力发电站运行具有以下功能：

水电站仿真系统具有以下功能：

（1）各种水头下，水轮发电机组的正常自动开、停机操作。

（2）各种水头下，水轮发电机组的正常手动开、停机操作。

（3）水轮发电机组的同期操作、负荷调整。

（4）输电线路的停电、送电操作。

（5）水力发电厂的主要机械和电气设备的现地操作。

(6) 各种水头下,水轮发电机组的非正常自动开、停机操作。

(7) 各种水头下,水轮发电机组的非正常手动开、停机操作。

(8) 电气设备、水轮发电机组及其辅助设备的各种运行事故和故障仿真处理。

该仿真系统是仿大中型综合自动化水电厂的全功能培训仿真装置,能应用于水电厂的机电一体化运行培训,使上机人员在较短时间内掌握水电厂实现计算机监控后的运行技术,提高其了解、分析和处理事故及故障的能力。

## 附件5.2 发电机状态转换图

水电站机组和厂房概况图如图5.4所示。

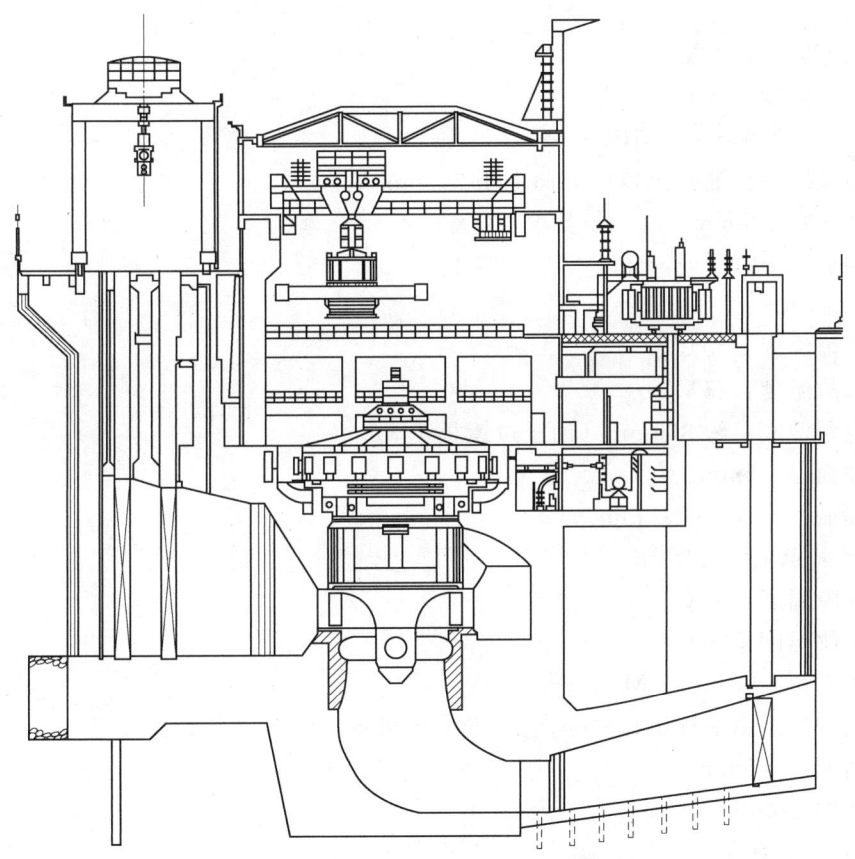

图5.4 水电站机组和厂房概况图

## 附件5.3 仿真机组运行规范

1. 发电机层

冷风最高温度为35℃。

冷风最低温度为20℃。

热风最高温度为74℃。

定子线圈最高温度为100℃。

空气冷却器水压：不超过 0.2MPa，如用自流供水，上游水位高程不低于 60.00m。

消防水压：不低于 0.15 MPa。

制动风压：0.5～0.7MPa。

制动转速：额定转速的 30%～40%。

2. 过速保护整定值

(1) 1号机组：Ⅰ级为140%额定转速；Ⅱ级为170%额定转速。

(2) 2号机组：Ⅰ级为140%额定转速；Ⅱ级为155%额定转速。

(3) 3号机组：Ⅰ级为110%额定转速；Ⅱ级为155%额定转速。

(4) 4号机组：Ⅰ级为110%额定转速；Ⅱ级为140%额定转速。

3. 上导轴承

轴瓦故障温度：60℃。

轴瓦事故温度：70℃。

冷却水压：0.05～0.2MPa。

油面标准线：由油标出口中心向上于 200mm 处。

停机油面：±5mm。

运行油面：+20～−5mm。

4. 推力轴承

轴瓦故障温度：70℃。

轴瓦事故温度：75℃。

"0"线距槽底：约 860mm（油浸过镜板 1/3）。

停机油面：±5mm。

运行油面：+20～−10mm。

5. 下导轴承

轴瓦故障温度：60℃。

轴瓦事故温度：70℃。

冷却水压：0.05～0.2 MPa。

标准油面线：由油标出口中心向上 260mm 处。

停机油面：±5mm。

运行油面：0～−25mm。

6. 水轮机导轴承

水导水压：0.05～0.15MPa。

水导上、下压力差：不小于 0.02MPa。

水导故障温度：60℃。

水导事故温度：70℃。

停机油面：±10mm。

运行油面：±50mm。

7. 压油装置

集油槽运行油面：+100～50mm。

集油槽故障油面：最高＋500mm，最低－380mm。
压油槽运行油面：35％～39％（额定压力下）。
事故低油压：1.65MPa。
备用油泵起动油压：2.05～2.15MPa。
自动油泵起动油压：2.2～2.25MPa。
油泵停止油压：2.5～2.55MPa。
安全阀动作油压：2.7～2.9MPa。

8. 机组摆动和振动容许值

上导轴承摆度：0.5mm。
下导轴承摆度：0.4mm。
水导轴承摆度：0.45mm。
上、下机架和顶盖轴向振动：0.10mm。
上、下机架径向振动：0.05mm。

9. 调速系统

调速系统参数见表5.3。

表5.3　　　　　　　　调速系统参数

| 项目＼机组 | 1号机组 | 2号机组 | 3号机组 | 4号机组 |
|---|---|---|---|---|
| 导叶主配压阀开启行程（mm） | 4.55 | 4.80 | 4.25 | 4.20 |
| 导叶主配压阀关闭行程（mm） | 4.95 | 4.60 | 4.00 | 4.00 |
| 轮叶主配压阀开启行程（mm） | 5.60 | 5.50 | 4.35 | 4.35 |
| 轮叶主配压阀关闭行程（mm） | 4.20 | 3.90 | 3.00 | 3.00 |
| 事故油泵全关导叶时间（s） | 83 | 85 | 56 | 61 |
| 事故电磁阀全关导叶时间（s） | 19.5 | 20.3 | 20.0 | 21.5 |
| 全开导叶时间（s） | 15.7 | 15.0 | 16.0 | 15.0 |
| 全关导叶时间（s） | 13.5 | 13.5 | 14.5 | 13.5 |
| 全开轮叶时间（s） | 38.0 | 27.0 | 67.0 | 33.0 |
| 全关轮叶时间（s） | 47.5 | 40.0 | 71.0 | 50.0 |

## 附件5.4　继电保护时间整定值

水轮机继电保护时间整定值见表5.4

表5.4　　　　　　　　继电保护时间整定值

| 项目＼时间＼机组 | 1号机组 | 2号机组 | 3号机组 | 4号机组 |
|---|---|---|---|---|
| 调速器失灵、事故电磁阀动作（s） | 25 | 27 | 1 | 0.8 |
| 事故油泵起动（s） | 2 | 1.4 |  |  |
| 取消制动（min） | 2 | 2 | 2 | 2 |
| 取消技术供水（min） | 1 | 1 | 1 | 1 |

## 附件5.5　仿真水电站1号、2号发电机组和1号、2号主变继电保护时间整定值

仿真水电站1号、2号发电机组和1号、2号主变继电保护时间整定值见表5.5。

表 5.5　　仿真水电站 1 号、2 号发电机组和 1 号、2 号主变继电保护时间整定值表

| 设备名称 | 保护名称 | | 整定时间（s） | 动作后果 | |
|---|---|---|---|---|---|
| 1号发电机 | 纵联差动 | | 0 | 切 01QF、切 1FMK、灭磁、停机，CPU 装置相应的保护动作指示灯亮，并打印出事故信息 | 1G电气事故信号 |
| | 纵差（备用） | | 0 | | |
| | 励磁消失 | | | | |
| | 主变事故 | | | | |
| | 横联差动 | | 0 | | |
| | 失磁保护 | | 2.0 | | |
| | 过电压 | | 0.5 | | |
| | 整流变 | 过流 | | | |
| | | 温超限 | | | |
| | | 速断 | | | |
| | 负序过流 | | 6.0 | 同纵差、切 801、201QF | |
| | 低压过流 | | | | |
| | 低压过流 | | 5.5 | 切 101QF、事故信号 | |
| | 负序过流 | | | | |
| | 低压过流 | | 5.0 | 切 201QF、事故信号 | |
| | 负序过流 | | | | |
| | TA 断线 | | 0 | 故障信号 | |
| | 定子接地 3U₀ | | 0 | | |
| | 定子接地 3W | | 0 | | |
| | 过负荷 | | 7.0 | | |
| | 负序过流 | | 7.0 | | |
| | 1TV 断线 | | 0 | | |
| | TA | | 0 | | |
| | 转子一点接地 | | 0 | | |
| | CPU1、2、3 电源消失 | | 0 | 故障信号 | |
| | CPU1、2、3 装置故障 | | 0 | | |
| | 整流变 | 过负荷 | 7.0 | 故障信号 | |
| | | 温度过高 | 0 | | |
| 1号主变压器 | 纵联差动 | | 0 | 切 201、101、801、01QF、连切 604QF、停机、灭磁。CPU 装置相应的保护对应灯亮，并打印 | 1G事故信号 |
| | 220kV 零序过流 | | 6.0 | | |
| | 220kV 负荷过流 | | 6.0 | | |
| | 复合电压过流 | | 6.0 | | |
| | 重瓦斯 | | 0 | | |

附件 5.5　仿真水电站 1 号、2 号发电机组和 1 号、2 号主变继电保护时间整定值

续表

| 设备名称 | 保护名称 | | 整定时间（s） | 动作后果 | |
|---|---|---|---|---|---|
| 1号主变压器 | 220kV 侧 | 方向零序 | 2.0 | 切 200QF、1B 事故信号 | |
| | | 另序过流 | 5.5 | | |
| | | 方向负序 | 1.5 | | |
| | | 复合电压过流 | 5.5 | | |
| | 非全相运行 | | 3.5 | 切 200QF、1B 事故信号 | |
| | 220kV 侧 | 方向零序 | 2.5 | | |
| | | 方向负序 | 2.0 | | |
| | 110kV 侧 | 方向零序 | 0.3 | 切 100QF | 1B 事故信号 |
| | | 低压过流 | 4.0 | | |
| | | 方向零序 | 0.6 | 切 100QF | |
| | | 低压过流 | 4.5 | | |
| | 110kV Ⅰ段母差 | | | 切 101QF | |
| | 101QF 失灵启动 | | | 起动 110kV Ⅰ段母差保护 | |
| | 220kV 失灵保护 | | | 切 201QF | |
| | 油温过高 | | | 80℃发故障信号 | |
| | 1T 过负荷 | TA 断线 | 0 | 故障信号 | |
| | | 中压侧 | 7.0 | | |
| | | 低压侧 | | | |
| | | 公共线卷 | | | |
| | 高压侧 | 过负荷 | 7.0 | | |
| | | 限负荷 | | | |
| | 轻瓦斯 | | 0 | 故障信号 | |
| | 主变压力释放 | | | | |
| | TV 断线（21TV） | | | | |
| | $3U_0$（81TV） | | | | |
| | CPU1、2、3 电源消失 | | 0 | | |
| | CPU1、2、3 装置故障 | | | | |
| 1号站用变压器 | 电流速断 | | 0 | 切 801QF、604QF、事故信号 | |
| | 重瓦斯 | | 0 | | |
| | 时限过流 | | 1.7 | | |
| | | | 1.0 | 切 607QF、事故信号 | |
| | 过负荷 | | 7.0 | 故障信号 | |
| | 轻瓦斯 | | 0 | | |
| | 油温过高 | | 0 | 85℃发故障信号 | |
| | CPU 电源消失 | | 0 | 故障信号 | |
| | CPU 装置故障 | | | | |

续表

| 设备名称 | 保护名称 | 整定时间（s） | 动作后果 | |
|---|---|---|---|---|
| 2号发电机 | 纵联差动 | 0 | 切02QF、切2FMK、灭磁、停机，CPU装置相应的保护动作指示灯亮 | 2G电气事故信号 |
| | 纵差（备用） | 0 | | |
| | 横联差动 | 0 | | |
| | 过电压 | 0.5 | | |
| | 励磁消失 | | | |
| | 失磁保护 | 2.0 | 同纵差。0s发信号 | |
| | 低压过流 | 6.0 | 切02QF、灭磁、停机、切202QF、802QF | |
| | | 5.5 | 切102QF、事故信号 | |
| | | 5.0 | 切200QF、事故信号 | |
| | 主变事故 | | 同纵差。事故信号 | |
| | 机械事故 | | 切02QF、停机，不灭磁 | |
| | 定子接地 $3U_0$ | 7.0 | 故障信号 | |
| | TA断线 | 0 | | |
| | 1TV断线 | 0 | | |
| | 1TV断线 | 0 | | |
| | 灵敏负序过流 | 7.0 | | |
| | 定子过负荷 | | | |
| | 转子一点接地 | 7.0 | | |
| 2号主变压器 | 纵联差动 | 0 | 切202、102、802、02QF 连切610QF、停机、灭磁，CPU装置相应的保护动作指示灯亮 | 2号主变电气事故信号 |
| | 重瓦斯 | 0 | | |
| | 220kV侧负序过流 | 6.0 | | |
| | 220kV侧复合电压过流 | 6.0 | 切200QF、闭锁重合闸 | |
| | | 5.5 | | |
| | 220kV侧方向负序 | 1.5 | 切200QF、闭锁重合闸 | 2号主变电气事故信号 |
| | | 2.0 | | |
| | 非全相 | 3.5 | 切02QF | |
| | 220kV侧方向零序 | 2.5 | | |
| | | 2.0 | 切200QF、闭锁重合闸 | |
| | 220kV侧零序过流 | 5.5 | | |
| | | 6.0 | 同纵差 | |
| | 110kV侧方向零序 | 0.6 | 切102QF | 主变事故信号 |
| | | 0.3 | 切100QF | |
| | 110kV侧低压过流 | 4.0 | | |
| | | 4.5 | 切102QF | |

附件 5.5  仿真水电站 1 号、2 号发电机组和 1 号、2 号主变继电保护时间整定值

续表

| 设备名称 | 保护名称 | | | 整定时间（s） | 动作后果 | |
|---|---|---|---|---|---|---|
| 2号主变压器 | TA 断线 | | | 0 | 故障信号 | |
| | 主变过负荷 | | 中压侧 | 7.0 | | |
| | | | 低压侧 | | | |
| | | | 公共线圈 | | | |
| | | | 高压侧 | 7.0 | | |
| | | | 限负荷 | | | |
| | 轻瓦斯 | | | 0 | | |
| | 主变压力释放 | | | | | |
| | 油温过高 | | | | 80℃发故障信号 | |
| | 110kVⅡ段母差 | | | 0 | 切 102QF | 事故信号 |
| | 220kVⅡ段母差 | | | 0 | 切 202QF | |
| | 102QF 失灵 | | | 0.5 | 起动 110kVⅡ段母差 | |
| | 220kV 失灵保护 | | | 0.5 | 切 202QF | |
| | 保护总出口 | | | | 切 202QF | |
| | | | | | 切 102QF | |
| | | | | | 切 802QF 连切 610QF | |
| | | | | | 切 02QF | |
| | | | | | 切 200QF | |
| | | | | | 切 100QF | |
| 2号站用变压器 | 重瓦斯 | | | 0 | 切 802、610QF | |
| | 电流速断 | | | 0 | | |
| | 时限过流 | | | 1.7 | CPU 装置相应的保护指示灯亮 | 事故信号 |
| | | | | 1.0 | 切 607QF | |
| | 过负荷 | | | 7.0 | 故障信号 | |
| | 轻瓦斯 | | | 0 | | |
| | 油温过高 | | | 0 | 85℃发故障信号 | |
| | 保护总出口控制 | | | | 切 802QF | 事故信号 |
| | | | | | 切 610QF | |
| | | | | | 切 607QF | |
| | 6.3kVⅡ段单相接地 | | | 0 | 故障信号 | |
| | 操作回路断线 | | | 0 | | |
| | CPU 电源消失 | | | 0 | 故障信号 | |
| | CPU 装置故障 | | | | | |
| 1号发电机 | CPU1、2、3 电源消失 | | | 0 | 故障信号 | |
| | CPU1、2、3 装置故障 | | | 0 | | |
| | 整流变 | | 过负荷 | 7.0 | 故障信号 | |
| | | | 温度过高 | 0 | | |

227

续表

| 设备名称 | 保护名称 | | | 整定时间(s) | 动作后果 | |
|---|---|---|---|---|---|---|
| 1号主变压器 | 纵联差动 | | | 0 | 切 201、101、801、01QF、连切 604QF 停机、灭磁。CPU 装置相应的保护对应灯亮，并打印 | 1G 事故信号 |
| | 220kV 零序过流 | | | 6.0 | | |
| | 220kV 负荷过流 | | | 6.0 | | |
| | 复合电压过流 | | | 6.0 | | |
| | 重瓦斯 | | | 0 | | |
| | 220kV 侧 | 方向零序 | | 2.0 | 切 200QF、1T 事故信号 | |
| | | 另序过流 | | 5.5 | | |
| | | 方向负序 | | 1.5 | | |
| | | 复合电压过流 | | 5.5 | | |
| | | 非全相运行 | | 3.5 | | |
| | 220kV 侧 | 方向零序 | | 2.5 | 切 200QF、1T 事故信号 | |
| | | 方向负序 | | 2.0 | | |
| | 110kV 侧 | 方向零序 | | 0.3 | 切 100QF | 1T 事故信号 |
| | | 低压过流 | | 4.0 | | |
| | | 方向零序 | | 0.6 | 切 100QF | |
| | | 低压过流 | | 4.5 | | |
| | 110kV I 段母差 | | | | 切 101QF | |
| | 101QF 失灵启动 | | | | 启动 110kV I 段母差保护 | |
| | 220kV 失灵保护 | | | | 切 201QF | |
| | 油温过高 | | | | 80℃发故障信号 | |
| | 1T 过负荷 | TA 断线 | | 0 | 故障信号 | |
| | | 中压侧 | | 7.0 | | |
| | | 低压侧 | | | | |
| | | 公共线圈 | | | | |
| | 高压侧 | 过负荷 | | 7.0 | | |
| | | 限负荷 | | | | |
| | 轻瓦斯 | | | 0 | 故障信号 | |
| | 主变压力释放 | | | | | |
| | TV 断线（21TV） | | | | | |
| | $3U_0$（81 TV） | | | | | |
| | CPU1、2、3 电源消失 | | | 0 | | |
| | CPU1、2、3 装置故障 | | | | | |

附件 5.5　仿真水电站 1 号、2 号发电机组和 1 号、2 号主变继电保护时间整定值

续表

| 设备名称 | 保护名称 | 整定时间(s) | 动作后果 | |
|---|---|---|---|---|
| 1号站用变压器 | 电流速断 | 0 | 切 801QF、604QF 事故信号 | |
| | 重瓦斯 | 0 | | |
| | 时限过流 | 1.7 | | |
| | | 1.0 | 切 607QF，事故信号 | |
| | 过负荷 | 7.0 | 故障信号 | |
| | 轻瓦斯 | 0 | | |
| | 油温过高 | 0 | 85℃发故障信号 | |
| | CPU 电源消失 | 0 | 故障信号 | |
| | CPU 装置故障 | | | |
| 2号发电机 | 纵联差动 | 0 | 切 02QF、切 ATT、ATB、停机、CPU 装置相应的保护动作指示灯亮 | 2G 电气事故信号 |
| | 纵差（备用） | 0 | | |
| | 横联差动 | 0 | | |
| | 过电压 | 0.5 | | |
| | 励磁消失 | | | |
| | 失磁保护 | 2.0 | 同纵差 0s 发信号 | |
| | 低压过流 | 6.0 | 切 02QF、停机、灭磁切 202QF、802QF | |
| | | 5.5 | 切 102QF，事故信号 | |
| | | 5.0 | 切 200QF，事故信号 | |
| | 主变事故 | | 同纵差事故信号 | |
| | 机械事故 | | 切 02QF，停机，不灭磁 | |
| | 定子接地 $3U_0$ | 7 | 故障信号 | |
| | TA 断线 | 0 | | |
| | 1TV 断线 | 0 | | |
| | 1TV 断线 | 0 | | |
| | 灵敏负序过流 | 7.0 | | |
| | 定子过负荷 | | | |
| | 转子一点接地 | 7.0 | | |
| | 纵联差动 | 0 | 切 202、102、802、02QF 连切 610QF、停机、灭磁 CPU 装置相应的保护动作指示灯亮 | 2 号主变电气事故信号 |
| | 重瓦斯 | 0 | | |
| | 220kV 侧负序过流 | 6.0 | | |
| | 220kV 侧复合电压过流 | 6.0 | 切 200QF、闭锁重合闸 | |
| | | 5.5 | | |

续表

| 设备名称 | 保 护 名 称 | | 整定时间(s) | 动 作 后 果 | |
|---|---|---|---|---|---|
| 2号主变压器 | 220kV侧方向负序 | | 1.5 | 切200QF闭锁重合闸 | 2号主变电气事故信号 |
| | | | 2.0 | 切02QF | |
| | 非全相 | | 3.5 | | |
| | 220kV侧方向零序 | | 2.5 | 切200QF，闭锁重合闸 | |
| | | | 2.0 | | |
| | 220kV侧零序过流 | | 5.5 | 同纵差 | |
| | | | 6.0 | | |
| | 110kV侧方向零序 | | 0.6 | 切102QF | 主变事故信号 |
| | | | 0.3 | 切100QF | |
| | 110kV侧低压过流 | | 4.0 | 切102QF | |
| | | | 4.5 | | |
| | TA断线 | | 0 | | |
| | 主变过负荷 | 中压侧 | 7.0 | 故障信号 | |
| | | 低压侧 | | | |
| | | 公共线圈 | | | |
| | | 高压侧 | | | |
| | | 限负荷 | 7.0 | | |
| | 轻瓦斯 | | | | |
| | 主变压力释放 | | 0 | | |
| | 油温过高 | | | 80℃发故障信号 | |
| | 110kVⅡ段母差 | | 0 | 切102QF | 事故信号 |
| | 220kVⅡ段母差 | | 0 | 切202QF | |
| | 102QF失灵 | | 0.5 | 起动110kVⅡ段母差 | |
| | 220kV失灵保护 | | 0.5 | 切202QF | |

# 参 考 文 献

[1] 袁铮喻,张国良. 电气运行 [M]. 北京:中国水利水电出版社,2004.
[2] 廖自强,余自强. 变电运行事故分析及处理 [M]. 北京:中国电力出版社,2004.
[3] 陈化钢. 水电站电气设备运行与维修 [M]. 北京:中国水利水电出版社,2006.
[4] 种衍师,王兴照. 变电运行仿真培训 [M]. 北京:中国电力出版社,2009.
[5] 刘政波. 变电站自动化系统中设备运行管理的开发 [J]. 电力自动化设备.2000,20 (2):23-25.
[6] 丁红旗. 新型变电运行管理软件 [J]. 电力系统自动化,1997,21 (7):75-76.
[7] 洪良山. 变电站自动化的现状与发展 [J]. 电力自动化设备.1999,19 (4):20-24.